高等职业教育系列教材

COMPUTER TECHNOLOGY

网络设备配置与管理

第2版

主编 | 危光辉　武春岭
参编 | 汪双顶　张　锋

机械工业出版社
CHINA MACHINE PRESS

本书从企业网络部署实际需求出发,讲解了网络互联技术和网络设备配置管理方法,将与企业网络部署相关的内容分为 6 个项目、15 个任务。本书按任务分阶段完成了一个企业网络部署中的各个环节。

项目 1 是网络设备基础配置,包括规划网络地址、网络设备基本配置和管理网络设备;项目 2 是路由配置,包括配置静态路由和默认路由、配置 RIP、配置 EIGRP 和配置 OSPF 路由协议;项目 3 是交换机配置,包括配置 VLAN 和配置 HSRP,项目 4 是局域网配置与管理,包括配置无线局域网和配置 DHCP,项目 5 是广域网配置与管理,包括配置网络地址转换和配置 PPP;项目 6 是网络安全,包括配置访问控制列表和设备安全管理配置。

本书的编排充分考虑教学及自学的特点,通过对知识点的标注、归纳和总结,使学习过程更加方便快捷。书中注重对知识点应用环境的讲解,确保读者在学习后形成整体性的知识架构。

本书可作为高职高专院校、职业本科的计算机及相关专业教材;同时,本书涵盖了 CCNA 考试及计算机网络技能竞赛中网络设备模块中的主要内容,因此也可作为 CCNA 考试及网络技能竞赛的参考用书。

本书配有微课视频,读者扫描书中二维码即可观看学习。本书配有教学资源包,包括电子课件、电子教案、习题及答案、模拟试题等丰富的教学资源,需要的教师可登录机械工业出版社教育服务网 www.cmpedu.com 免费注册,审核通过后下载,或联系编辑索取(微信:13261377872,电话:010-88379739)。

图书在版编目(CIP)数据

网络设备配置与管理 / 危光辉,武春岭主编. —2 版. —北京:机械工业出版社,2023.4(2025.1 重印)
高等职业教育系列教材
ISBN 978-7-111-72505-3

Ⅰ. ①网… Ⅱ. ①危… ②武… Ⅲ. ①网络设备-配置-高等职业教育-教材 ②网络设备-设备管理-高等职业教育-教材 Ⅳ. ①TP393

中国国家版本馆 CIP 数据核字(2023)第 010490 号

机械工业出版社(北京市百万庄大街 22 号 邮政编码 100037)
策划编辑:王海霞　　　　　责任编辑:王海霞　侯　颖
责任校对:丁梦卓　张　薇　责任印制:单爱军
北京虎彩文化传播有限公司印刷
2025 年 1 月第 2 版・第 3 次印刷
184mm×260mm・17 印张・435 千字
标准书号:ISBN 978-7-111-72505-3
定价:69.00 元

电话服务	网络服务
客服电话:010-88361066	机 工 官 网:www.cmpbook.com
010-88379833	机 工 官 博:weibo.com/cmp1952
010-68326294	金 书 网:www.golden-book.com
封底无防伪标均为盗版	机工教育服务网:www.cmpedu.com

Preface 前 言

《网络设备配置与管理》自 2016 年出版以来,得到了广大读者的喜爱,但由于第 1 版的编写形式采用的是传统的章节结构,侧重内容的完整性和学科性,偏重于理论,配套的数字教学资源不尽完善,没有完全体现产教融合的最新成果,思政教育方面的内容也应更好地呈现,结合 2020 年 4 月《国家职业教育改革实施方案》提出的"三教改革"中关于教材的改革要求,编者于 2020 年 7 月开始了本书的整合编写工作。

本书采用了新型的项目化教材体例,配套开发了信息化数字资源,并将与行业认证、技能竞赛及 1+X 证书相关的内容融入书中,实现了书证融通。编者结合多年的企业网络工程的实施经验和职业院校的教学经验,采用 15 个工作任务将网络设备配置技术和网络实施经验呈现出来。在内容的选取上,尽可能地将先进的、适用的技术融入其中,切实体现以企业对网络人才的需求为导向,以培养学生网络规划设计能力、网络设备配置与管理能力、分析和解决问题能力为目标,以企业网络工程项目的实施过程为主线的编写理念。在编写体系中注重对构建企业网络中网络设备的配置与管理所需能力的培养,并通过配套资源进一步予以丰富和强化。

为推进党的二十大精神进教材、进课堂、进头脑,全面贯彻党的教育方针,落实立德树人根本任务,培养德智体美劳全面发展的社会主义建设者和接班人。在本次改版中,编者紧跟社会需求和技术发展优化教材内容,完善育人目标,重组教材结构,以网络设备配置技术为载体,将课程思政融入教材,并在每个项目中增加了素质目标和项目意义,旨在培养学生的家国情怀,提升民族自豪感,培育精益求精的大国工匠精神与遵纪守法、奉献社会的职业道德。

本书不仅是一本教材,还是一套完整的"实验设备"。在本书的配套资源中,使用微课视频的方式呈现真实操作演示,详细讲解了实现书中所有实验的实现环境,使实验条件不充裕的读者可以仅仅通过一台计算机,根据本书讲述的实验方法,就可以在 Cisco Packet Tracer 或 DynamipsGUI 中虚拟出多台路由器、交换机、集线器和计算机,并进行完美的结合,完成本书中的所有实验过程,达到与配置真实设备相同的学习效果。

一、本书内容

本书主要讲解了网络设备配置与管理技术,包括以下 6 个项目。
- 项目 1 网络设备基础配置,包括规划网络地址、网络设备基本配置和管理网络设备等内容,使学生了解和掌握 IP 地址的规划以及网络设备的基本配置和管理方法。
- 项目 2 路由配置,介绍了在企业网络实施中常用的路由协议的配置与管理方法,包括配置静态路由和默认路由、配置路由信息协议(RIP)、配置增强内部网关路由协议(EIGRP)和配置开放式最短路径优先(OSPF)路由协议。

- 项目 3 交换机配置，介绍了主流交换机的配置方法、VLAN、生成树协议（STP）、热备份路由协议（HSRP）和配置管理方法。
- 项目 4 局域网配置与管理，主要介绍了企业无线局域网和动态主机配置协议（DHCP）的配置和管理方法。
- 项目 5 广域网配置与管理，主要介绍了网络地址转换和在广域网链路上点对点协议（PPP）的配置与管理方法。
- 项目 6 网络安全，介绍了如何配置路由器或交换机的各种口令、重置设备口令、IOS 的备份与恢复、配置的备份与恢复，以及交换机端口的安全配置等内容。

二、本书特色

- 知识强调适用性，内容的详略安排根据应用需求而定。
- 设备配置过程完整，同时对关键配置语句即时注解，并对知识点进行了扩充讲解，还在设备配置后做了归纳总结，既便于初学者快速入门，也有利于读者对知识的应用进行提高和扩展。书中拓扑图标注清晰，适合教学使用。
- 知识储备部分的实验均配有微课视频，方便读者自主学习。
- 涵盖了各类认证考试及计算机网络技能竞赛中网络设备模块的主要内容，并通过"考赛点拨"分析了认证考试和技能竞赛所涉及的知识点。
- 紧跟网络技术发展，动态更新与本书配套的在线教学资源。

三、配套资源

本书配套资源包括：
- 电子课件。
- 电子教案。
- 课后习题及答案。
- 模拟试题。
- 实训工作手册。
- 微课视频。
- 模拟软件 Cisco Packet Tracer 和 DynamipsGUI 使用方法讲解。
- 超星平台在线课程（"网络设备配置与管理"课程）。

四、致谢

本书由重庆电子工程职业学院危光辉和武春岭任主编，锐捷网络股份有限公司汪双顶和奇安信科技集团股份有限公司集团教育部张锋参编。编写工作历经了两年多的时间，在本书编写过程中，得到了重庆电子工程职业学院人工智能与大数据学院领导和同事们的鼎力相助，在此表示衷心的感谢！

由于编者水平有限，错漏之处在所难免，敬请广大读者批评指正！

编　者

微 课 索 引

	名称	页码		名称	页码
1	IP 地址的组成与分类（1）	2	34	基于三层交换机的 VLAN 间路由	126
2	IP 地址的组成与分类（2）	3	35	基于路由器物理端口的 VLAN 间路由	127
3	子网掩码（1）	6	36	独臂路由	128
4	子网掩码（2）	6	37	VTP（1）	130
5	子网掩码（3）	8	38	VTP（2）	133
6	IPv6 地址基础	12	39	了解 STP	138
7	IPv6 配置	12	40	配置 STP 和 RSTP	145
8	任务实施	15	41	了解 HSRP	158
9	IOS 基本配置	23	42	配置 HSRP	161
10	交换机基本配置	26	43	无线局域网配置	174
11	路由器基本配置	30	44	DHCP 基础	179
12	IOS 管理	36	45	配置 DHCP	181
13	管理 IOS 的操作	40	46	动态 NAT 基础	188
14	ping 命令的使用	43	47	配置动态 NAT	190
15	traceroute 命令的使用	46	48	配置 PAT	191
16	直连网络	55	49	配置静态 NAT	192
17	静态路由	59	50	配置 PPP	196
18	默认路由	60	51	CHAP 配置基础	199
19	RIP 基础	66	52	CHAP 单向验证	201
20	配置 RIPv1	68	53	CHAP 双向验证	201
21	在 VLSM 网络中配置 RIPv2	71	54	ACL 基础	208
22	在不连续子网中配置 RIPv2	73	55	标准数字式 ACL 配置基础	210
23	RIP 路由验证	75	56	配置标准数字式 ACL	210
24	EIGRP 基本配置	81	57	配置标准命名式 ACL	212
25	EIGRP 的邻居表	83	58	配置扩展数字式 ACL	213
26	EIGRP 的拓扑表与路由表	84	59	配置扩展命名式 ACL	214
27	EIGRP 汇总	89	60	配置基于时间的 ACL（1）	214
28	EIGRP 非等值负载均衡	92	61	配置基于时间的 ACL（2）	214
29	OSPF 的基本配置	104	62	设置口令	218
30	OSPF 的三张表	106	63	配置的备份与恢复	222
31	DR 的选举	110	64	交换机端口的安全配置	222
32	了解 VLAN	120	65	Cisco Packet Tracer 模拟软件	226
33	VLAN 的基本配置	122	66	DynamipsGUI 模拟软件	226

目录 Contents

前言
微课索引

项目 1　网络设备基础配置 1

任务 1.1　规划网络地址 2

【任务描述】 2
【任务分析】 2
【知识储备】 2
　1.1.1　IP 地址的组成与分类 2
　1.1.2　子网掩码 6
　1.1.3　网关地址 8
　1.1.4　IP 地址计算示例 9
　1.1.5　IPv6 12
【任务实施】 15
【考赛点拨】 17

任务 1.2　网络设备基本配置 17

【任务描述】 17
【任务分析】 18
【知识储备】 18
　1.2.1　了解网络设备 18
　1.2.2　了解互联网络操作系统 23

　1.2.3　掌握交换机的基本配置 26
　1.2.4　配置文件 28
　1.2.5　掌握路由器的基本配置 30
【任务实施】 34
【考赛点拨】 35

任务 1.3　管理网络设备 36

【任务描述】 36
【任务分析】 36
【知识储备】 36
　1.3.1　了解 IOS 36
　1.3.2　远程登录 38
　1.3.3　CDP 40
　1.3.4　配置主机名解析 42
　1.3.5　连通性测试 43
【任务实施】 47
【考赛点拨】 51

项目 2　路由配置 52

任务 2.1　配置静态路由和默认路由 53

【任务描述】 53
【任务分析】 53
【知识储备】 53
　2.1.1　路由 53
　2.1.2　配置直连网络 55
　2.1.3　配置静态路由 59

　2.1.4　配置默认路由 60
【任务实施】 62
【考赛点拨】 63

任务 2.2　配置 RIP 64

【任务描述】 64
【任务分析】 64
【知识储备】 64

	2.2.1	路由选择原则	64
	2.2.2	距离矢量路由协议	65
	2.2.3	RIP 的主要特征	66
	2.2.4	理解 RIP 计时器	67
	2.2.5	配置 RIPv1	68
	2.2.6	配置 RIPv2	71
【任务实施】		77
【考赛点拨】		80

任务 2.3　配置 EIGRP ……………… 80

【任务描述】………………………………… 80
【任务分析】………………………………… 80
【知识储备】………………………………… 81
　2.3.1　EIGRP 的主要特征 …………… 81
　2.3.2　EIGRP 的基本配置 …………… 81
　2.3.3　对 EIGRP 的理解 ……………… 83
　2.3.4　EIGRP 的高级配置 …………… 89
【任务实施】………………………………… 95
【考赛点拨】………………………………… 99

任务 2.4　配置 OSPF 路由协议 …… 100

【任务描述】……………………………… 100
【任务分析】……………………………… 100
【知识储备】……………………………… 100
　2.4.1　了解 OSPF 路由协议 ………… 100
　2.4.2　OSPF 的基本配置 …………… 104
　2.4.3　对 OSPF 路由协议的理解 …… 106
　2.4.4　DR/BDR 的选举过程 ………… 110
【任务实施】……………………………… 114
【考赛点拨】……………………………… 118

项目 3　交换机配置　　　　　　　119

任务 3.1　配置 VLAN ………………… 120

【任务描述】……………………………… 120
【任务分析】……………………………… 120
【知识储备】……………………………… 120
　3.1.1　了解 VLAN 的特性 …………… 120
　3.1.2　VLAN 的配置 ………………… 122
　3.1.3　配置 VLAN 间路由 …………… 126
　3.1.4　配置 VLAN 中继协议 ………… 130
　3.1.5　生成树协议 …………………… 138
　3.1.6　快速生成树协议 ……………… 148
【任务实施】……………………………… 151
【考赛点拨】……………………………… 158

任务 3.2　配置 HSRP ………………… 158

【任务描述】……………………………… 158
【任务分析】……………………………… 159
【知识储备】……………………………… 159
　3.2.1　了解 HSRP 的相关术语 ……… 159
　3.2.2　HSRP 的工作过程 …………… 160
　3.2.3　HSRP 的配置 ………………… 161
【任务实施】……………………………… 164
【考赛点拨】……………………………… 168

项目 4　局域网配置与管理　　　　169

任务 4.1　配置无线局域网 …………… 170

【任务描述】……………………………… 170
【任务分析】……………………………… 170
【知识储备】……………………………… 171
　4.1.1　了解无线网络 ………………… 171
　4.1.2　无线局域网的安全性 ………… 173
　4.1.3　无线网络的应用 ……………… 173
【任务实施】……………………………… 174
【考赛点拨】……………………………… 178

任务 4.2　配置 DHCP ………………… 179

【任务描述】……………………………… 179
【任务分析】……………………………… 179

【知识储备】 179
　　　4.2.1 理解 DHCP 179
　　　4.2.2 DHCP 配置 181
　　【任务实施】 183
　　【考赛点拨】 185

项目 5 广域网配置与管理 187

任务 5.1 配置网络地址转换 188
　　【任务描述】 188
　　【任务分析】 188
　　【知识储备】 188
　　　5.1.1 了解 NAT 的基础知识 188
　　　5.1.2 配置动态 NAT 190
　　　5.1.3 配置 PAT 191
　　　5.1.4 配置静态 NAT 192
　　【任务实施】 194
　　【考赛点拨】 196

任务 5.2 配置 PPP 196
　　【任务描述】 196
　　【任务分析】 196
　　【知识储备】 196
　　　5.2.1 了解 PPP 196
　　　5.2.2 PPP 的配置 197
　　　5.2.3 PPP 的验证 199
　　【任务实施】 203
　　【考赛点拨】 205

项目 6 网络安全 206

任务 6.1 配置访问控制列表 207
　　【任务描述】 207
　　【任务分析】 207
　　【知识储备】 208
　　　6.1.1 了解 ACL 的基础知识 208
　　　6.1.2 配置标准 ACL 208
　　　6.1.3 配置扩展 ACL 213
　　　6.1.4 配置基于时间的 ACL 214
　　　6.1.5 动态 ACL 215
　　【任务实施】 215
　　【考赛点拨】 217

任务 6.2 设备安全管理配置 217
　　【任务描述】 217
　　【任务分析】 218
　　【知识储备】 218
　　　6.2.1 配置路由器（或交换机）口令 218
　　　6.2.2 口令重置 220
　　　6.2.3 IOS 的备份与恢复 221
　　　6.2.4 配置的备份与恢复 222
　　　6.2.5 交换机端口的安全配置 222
　　【任务实施】 223
　　【考赛点拨】 225

附录 构建实验环境 226

参考文献 227

项目 1　网络设备基础配置

🎯 学习目标

【知识目标】
了解 IP 地址的分类方法及各类的特点。
掌握 IP 地址的分配与计算方法。
了解路由器和交换机的基础知识。
掌握管理 IOS 的方法。
掌握路由器和交换机的基本配置方法。

【能力目标】
根据实际工程需求规划 IP 地址。
完成路由器与交换机基本配置。
对 IOS 进行管理。
恢复路由器和交换机的密码。
远程登录路由器和交换机。

【素质目标】
培养学生检索信息、查阅资料及自主学习的能力。
培养学生良好的设备操作规范和习惯。
培养学生严谨治学的工作态度和工作作风。
培养学生独立思考问题、分析问题的能力及团队合作意识。

📖 项目简介

网建公司承接了七彩数码集团的网络建设项目，网建公司任命该企业的网络工程师李明作为项目经理，负责七彩数码集团网络的部署和实施。七彩数集团是一家大型商贸连锁集团，该集团总部在北京，下辖的码两个分部分别位于重庆和上海。

网建公司的网络设计和部署项目组在项目经理李明的带领下，根据七彩数码集团的网络建设需求设计了网络拓扑，如图 1-1 所示。

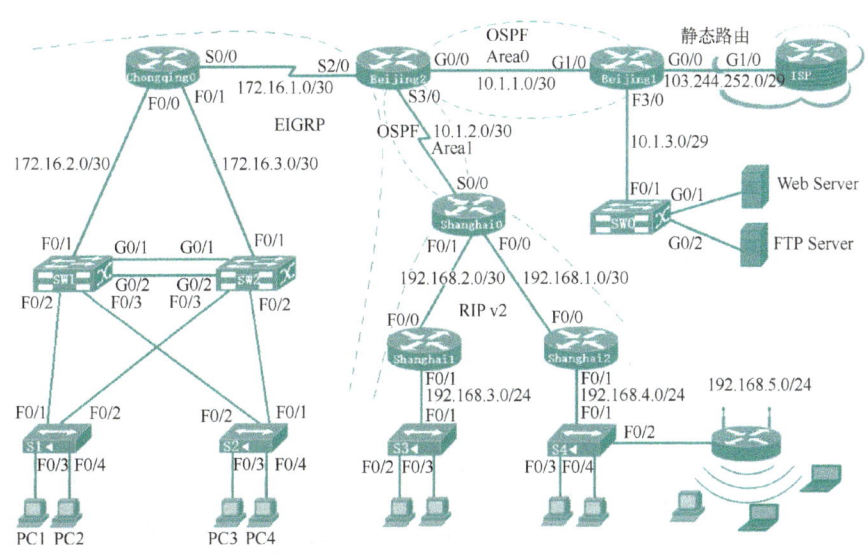

图 1-1　七彩数码集团的网络拓扑

本项目将围绕图 1-1 所示的网络拓扑完成网络基本配置。

项目意义

"2014 年,谁动了我的高考志愿?""2020 年,浙江省湖州吴兴警方破获一起网络诈骗案件。""2021 年,安徽省滁州市凤阳县警方成功破获一起跨境网络赌博案件"等,在这些案件中,警方是依据什么来找到案件当事人的?在日常工作和生活中,人们通过手机或计算机访问互联网上的资源时,又是如何定位到想要的资源的?

这就是本项目要学习的 IP 地址。在本项目中,主要实现 IP 地址的规划及网络设备的基本配置,其中 IP 地址在计算机网络的实际应用中有着非常重要的作用。在互联网上,IP 地址的应用无处不在,每时每刻都在影响着人们的学习、工作和生活。因此学好、用好 IP 地址具有很实际的意义。

任务 1.1 规划网络地址

【任务描述】

在网络中,为使相互通信的主机间能相互区分和识别,需要为这些主机指定一个唯一的编号,这个编号就是 IP 地址。在七彩数码集团网络的实施配置过程中,在对网络设备进行配置时,会频繁地用到 IP 地址,因此掌握 IP 地址的规划设计非常重要。本任务的目标就是要完成七彩数码集团网络拓扑的 IP 地址规划设计。

【任务分析】

作为网建公司的网络设计和部署项目组成员,要完成本任务的工作,需要具备关于 IP 地址的以下能力。

- ➢ 了解 IP 地址的组成。
- ➢ 理解 IP 地址的分类方法及各类的特点。
- ➢ 掌握子网的划分方法及子网掩码的作用。
- ➢ 掌握 IP 地址的分配与计算。

【知识储备】

1.1.1 IP 地址的组成与分类

1. IP 地址的组成

在企业网内部,现在常用的 IP 地址是 IPv4 地址,它是由 32 位二进制数组成的,如 10010010001000100100000100000010。显然,这一串数字很难记忆,因此就用点按每 8 位为一组分隔开:10010010.00100010.01000001.00000010。为了书写和记忆更加方便,将每组转换成为十进制数,即 146.34.65.2。这就是平常所见的 IP 地址的形式,称之为"点分十进制"形式的 IP 地址,如图 1-2 所示。

1 IP 地址的组成与分类(1)

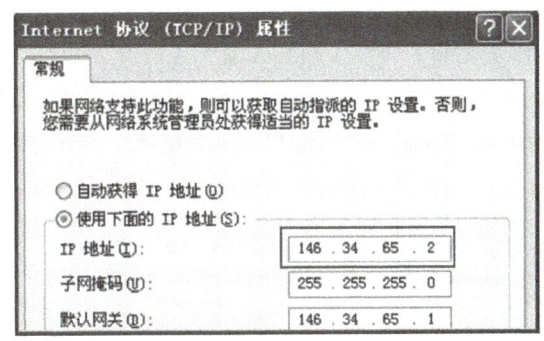

图 1-2 "点分十进制"形式的 IP 地址

2. IP 地址的分类

为什么要对 IP 地址分类呢？

简单地说，就是为了管理方便。由于不同的组织（如公司、企业、单位、学校等）对 IP 地址的需求量可能不同，有的组织大，包含的主机数量多，对 IP 地址需求量就大。因此，为了满足不同组织对 IP 地址的不同需求量，IANA（因特网号码分配管理委员会）对 IP 地址进行了分类，将其分为 A、B、C、D、E 五类。

2 IP 地址的组成与分类（2）

其中，A、B、C 三类 IP 地址称为主类地址，是日常大量使用的 IP 地址，而 D 类地址和 E 类地址没有直接分配使用。D 类地址主要是作为广播地址，E 类地址作为保留地址，主要用于研究使用，如下一代的 IPv6 地址就是在 E 类地址基础上研究出来的。要完成本任务的 IP 地址分配，就需要掌握 A、B、C 三类地址的特点。

IP 地址的组成：IP 地址=网络号+主机号。网络号用于标识网络中的某个网段，主机号唯一地标识网段上的某台主机。网络号和主机号在使用时要遵循以下规则。

网络号不能全 0 或全 1：全 0 和全 1 的网络号保留，未分配使用。

主机号不能全 0 或全 1：全 0 的主机号表示某个网络；全 1 的主机号表示广播地址，不能作为一个主机地址分配。

A、B、C、D、E 五类 IP 地址就是根据不同的网络号来划分的。

（1）A 类 IP 地址

由于 IP 地址由 32 位二进制数组成，因此在表达 IP 地址时，可使用 4 个字节的二进制数来表示，其结构及分析如图 1-3 所示。

（2）B 类 IP 地址

同 A 类地址一样，B 类地址也由 4 个字节构成，其结构如图 1-4 所示。

（3）C 类 IP 地址

C 类 IP 地址的结构及分析如图 1-5 所示。

D 类和 E 类这两类 IP 地址未被分配使用，这里就不花费时间去讨论它了。

3. A、B、C 三类 IP 地址的特点总结

（1）IP 地址类别的判断

IP 地址类别可按表 1-1 所列方法来进行判断。

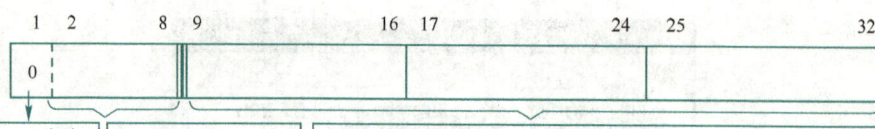

图 1-3 A 类 IP 地址的结构及分析

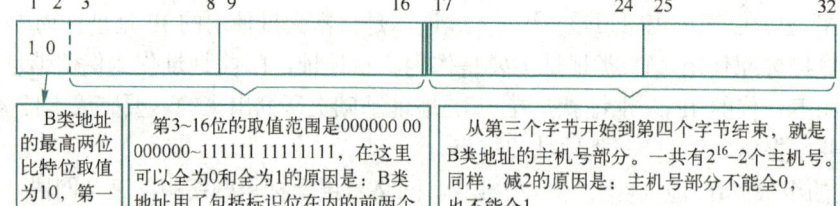

图 1-4 B 类 IP 地址的结构及分析

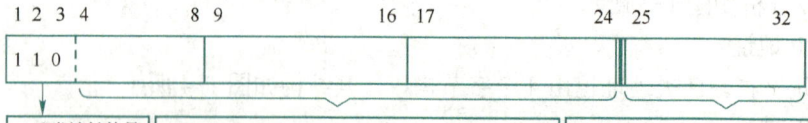

图 1-5 C 类 IP 地址的结构及分析

表 1-1　IP 地址类别的判断

地址类型	十进制格式的 IP 地址：第一个十进制数	二进制格式的 IP 地址：第一个字节的前 n 位二进制位
A 类	1～126	0
B 类	128～191	10
C 类	192～223	110
D 类	224～239	1110
E 类	240～254	1111

例如：14.5.7.190 是 A 类地址，由于这个 IP 地址的第一个十进制数 14 在 1～126 之间；199.45.233.43 是 C 类地址，由于这个 IP 地址的第一个十进制数 199 在 192～223 之间；11101100.11110011.10101110.11110001 是 D 类地址，由于这个 IP 地址的第一个字节前四位为 1110；01111100.11110011.10101110.11110001 是 A 类地址，由于这个IP地址的第一个字节第一位为 0。

（2）A、B、C 三类 IP 地址的特点

A、B、C 三类 IP 地址的特点见表 1-2。

表 1-2　A、B、C 三类 IP 地址的特点

类别	网络个数	每个网络最多包含的主机数	特点	适用情况
A 类	126	$2^{24}-2=16\,777\,214$	网络个数少，每个网络中可供分配的 IP 地址数多	大型网络，如分给一个国家或一个跨国大公司
B 类	$2^{14}=16\,384$	$2^{16}-2=65\,534$	介于 A 类和 C 类之间	中等规模的网络
C 类	$2^{21}=2\,097\,152$	$2^{8}-2=254$	网络个数多，每个网络中可供分配的 IP 地址数少	小型网络

4．保留地址

为了满足组织内网的需求，A、B、C 类 IP 地址中的一部分不在公网上使用。这些未在公网上使用的地址被称为保留地址，或称私有地址。这些保留地址可以在一个组织内部分配使用，但不能直接访问 Internet，要访问 Internet 需要进行地址转换。

这些保留地址是通过 RFC 1918 所指定的，见表 1-3。

表 1-3　保留地址

类别	IP 地址范围	网络号	网络数（个）
A 类	10.0.0.0～10.255.255.255	10	1
B 类	172.16.0.0～172.31.255.255	172.16～172.31	16
C 类	192.168.0.0～192.168.255.255	192.168.0～192.168.255	256

例如，常见的形如 192.168.1.56 或 172.16.2.1 这样的 IP 地址，就属于在内网中使用的 IP 地址，如图 1-6 所示。

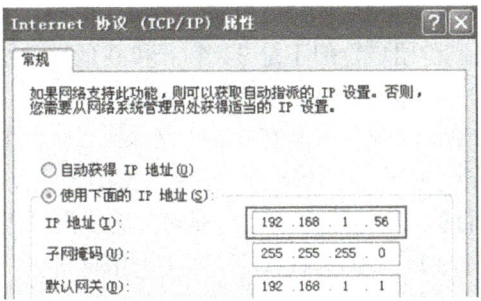

图 1-6　配置的私有 IP 地址

1.1.2 子网掩码

1. 理解子网掩码

如前所述,一个 A 类网络能够分配的 IP 地址数多达 1670 多万个,但很少有一个组织需要这么多的 IP 地址,即使是一个 B 类网络也有 6 万多个 IP 地址,因此地址的使用效率是一个问题。

为了提高 IP 地址的使用效率,解决方法之一就是划分子网。

什么是划分子网?就是将一个 A 类、B 类,甚至是 C 类网络,利用其主机号部分的高比特位作为子网号来创建更多小的网络,这种重新划分过的网络称为子网。

将划分子网之后形成的更小的网络根据需要分配给不同的组织,就可以减少 IP 地址的浪费,从而更高效地利用 IP 地址。

在划分子网后,如何区分子网号(网络号)和主机号呢?这就需要用到子网掩码。

子网掩码的功能:区分 IP 地址的网络号和主机号。

子网掩码的特征:由 32 位组成,高位为 1,低位为 0。

子网掩码的 32 位与组成 IP 地址的 32 位一一对应,子网掩码的位为 1,对应 IP 地址的网络号;子网掩码的位为 0,对应 IP 地址的主机号。

表 1-4 列出了 A、B、C 类 IP 地址的子网掩码。

表 1-4 A、B、C 类 IP 地址的子网掩码

类别	二进制形式子网掩码	十进制形式子网掩码	掩码长度
A 类	11111111 00000000 00000000 00000000	255.0.0.0	8
B 类	11111111 11111111 00000000 00000000	255.255.0.0	16
C 类	11111111 11111111 11111111 00000000	255.255.255.0	24

例如,对 IP 地址 192.168.0.2,其子网掩码有以下四种表示方式。

十六进制表示:　　192.168.0.2　　0xFFFFFF00

二进制表示:　　　192.168.0.2　　11111111111111111111111100000000

点分十进制表示:　192.168.0.2　　255.255.255.0

比特数表示:　　　192.168.0.2/24

其中,最后两种表示方式最为常用,子网掩码在用户的计算机配置如图 1-6 所示。

2. 子网掩码的特点

在计算子网掩码值之前,需要掌握子网掩码的特点。

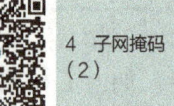

(1) 有效子网掩码

子网掩码由 32 个二进制位组成,但不是 32 个 1 和 0 的任意组合都是有效的。在二进制形式的子网掩码中,要求 1 和 0 必须是连续的,并且 1 序列在前,0 序列在后。例如,11111111111111000111111100000111 就不是有效的子网掩码,因为其中的 1 和 0 不连续。

用十进制形式表示的子网掩码,在转化为二进制形式的子网掩码后,也要保证"1 和 0 必须是连续的,并且 1 序列在前,0 序列在后"才是有效的子网掩码。例如,240.255.255.0 是无效的,因为它转为二进制后为 11110000111111111111111100000000,所以无效。另外,十六进制的子网掩码很少使用,其判定方法与十进制形式的类似。

（2）子网掩码的长度

在关于子网掩码的表述中，"**长度为多少位的子网掩码**"是指子网掩码中位为 1 的位数有多少位。例如，长度为 27 比特的子网掩码，就指前面 27 个 1、后面 5 个 0 的子网掩码。

一个具体网络的掩码长度，一定大于或等于其用于划分子网的掩码长度。在前面讲划分子网时讲过，"利用其<u>主机号</u>部分的高位作为子网号来创建更多小的网络"，如何理解这句话？就是指子网号是从主机号部分借位产生的，借了多少位来产生子网号，掩码长度就比原网络号多了多少位。

因此，A、B、C 类网络的最短子网掩码长度如下。

A 类网络：由于网络号有 8 位，划分子网只能从后 24 位主机号中去划分，<u>A 类网络的子网掩码长度至少是 8 位</u>。

B 类网络：由于网络号有 16 位，划分子网只能从后 16 位主机号中去划分，<u>B 类网络的子网掩码长度至少是 16 位</u>。

C 类网络：由于网络号有 24 位，划分子网只能从后 8 位主机号中去划分，<u>C 类网络的子网掩码长度至少是 24 位</u>。

上面讨论了子网掩码的最少位数，那么 A、B、C 类网络子网掩码的最多位数又是多少呢？下面通过示例来分析。

【示例 1-1：分析掩码长度】

对一个 B 类网络 135.3.4.0 划分子网时，该网络的网络号是前 16 位，其子网掩码长度最少就是 16 位（不划分子网时）；该网络的主机号是后 16 位，在划分子网时，就是从后 16 位主机号中去划分。

不可能把后 16 位主机号都用于划分子网，因为这样划分的结果是每个子网中没有主机号可以分配使用了。

那么，在后 16 位中，能否只留最后 1 位作主机号，前 15 位都用于划分子网呢？由图 1-7 可见，在第 32 位上 "X" 只有两种取值：1 或 0。如果取 0，则整个 IP 地址表示一个子网号；如果取 1，则表示一个广播地址，所以，在这种情况下将没有可用于分配给主机使用的 IP 地址。因此在划分子网时，不能只保留 1 位作为主机号。

图 1-7　最后 1 位作主机号

如果在后 16 位中保留最后 2 位作主机号，前 14 位用于划分子网，由图 1-8 可见，在最后的第 31、32 位上 "XX" 可能的取值有 00、01、10、11 四种情况，其中 00 表示某个子网的子网号，11 表示某个子网的广播地址，在这个子网中就只有主机号为 01 和 10 两个真正可分配的 IP 地址。

图 1-8　最后 2 位作主机号

通过上面这个例子的分析可见，在划分子网时，为使划分的子网有意义，至少要留两位给主机号。因此可以用表 1-5 来总结子网掩码长度。

表 1-5　A、B、C 类网络的子网掩码长度范围

类别	子网掩码最小长度/位	子网掩码最大长度/位
A 类	8	30
B 类	16	30
C 类	24	30

3. 可变长子网掩码

如前所述，IPv4 地址的长度是 32 位，最多可提供 40 多亿个 IP 地址，但事实上可用的 IP 地址并没有这么多。IPv4 是 20 世纪 70 年代创建的，当时并没有意识到 IPv4 会应用到因特网上，并且也没有预料到因特网会发展得如此之快。IP 地址资源随着因特网的发展变得越来越紧张了。为了缓解 IPv4 地址资源短缺问题，产生了划分子网、VLSM、CIDR、NAT、IPv6 等一些解决方案。在这里先了解一下 VLSM。

5　子网掩码（3）

VLSM（Variable Length Subnet Masking，可变长子网掩码）是一种产生不同大小的子网的划分方法。前面讲述的"划分子网"技术，可以避免浪费大量的 IP 地址，在一定程度上缓解了 IPv4 地址的消耗速度，但这种方法可扩展性较差，仅产生了 IP 地址数相等的各个子网，仍然难以满足实际需求。例如，在一条点对点的专线上，只需要两个 IP 地址，如果不采用 VLSM，则仍然会浪费大量的 IP 地址。VLSM 通过在相同类地址空间提供不同的子网掩码长度，从而产生不同大小的子网来解决此问题。在点对点专线上，采用 VLSM 设计一个长度为 30 位的子网，刚好可提供两个 IP 地址，从而尽可能地节省 IP 地址。

在 VLSM 中，在 IP 地址后使用"/掩码长度"来表示。例如，192.168.2.34/27 表示 IP 地址 192.168.2.34 在一个长度为 27 位掩码的子网 192.168.2.32 内。（192.168.2.32 是怎么得来的，将在下一节举例说明）。

CIDR（Classless Inter-Domain Routing，无类域间路由）是将多个小网络合并在一起构成一个大的"超级网络"，是 VLSM 的逆过程。CIDR 使用一种无类别的路由选择算法，可以减少路由器的路由条目，从而减少路由选择算法，提高路由性能。

1.1.3　网关地址

在给计算机配置 IP 地时，需要配置一个"默认网关"地址，如图 1-9 所示。为什么需要配置这个"默认网关"地址呢？

在网络中，不同的子网地址之间是不能直接相互通信的，必须使用网关地址进行转发。例如，两台分属于 192.168.1.0 子网和 172.16.1.0 子网的主机需要相互通信，就需要路由器作为它们的网关。在实际应用中，用户可在自己的计算机上输入"默认网关"地址，这个地址可以是一个路由器的接口地址，此接口就是用户计算机的网关，意思是用户主机上的数据信息交给此接口，由它送达目的主机，如图 1-10 所示。

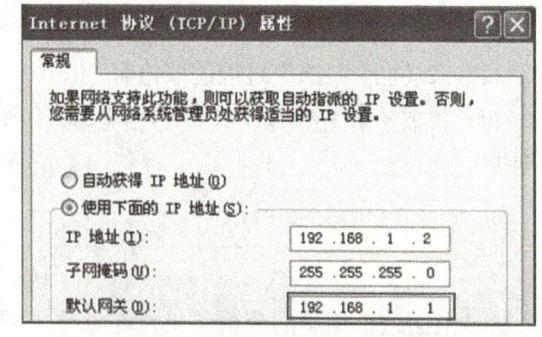

图 1-9　配置"默认网关"地址

图 1-10 IP/网关地址

应特别注意的是，网关地址与和它相连的设备应在同一个子网中。例如在图 1-9 所示的配置中，IP 地址是 192.168.1.2，子网掩码长为 24 位，这就要求网关地址的前 24 位（即前 3 个字节）应该与 IP 地址相同，这样就确保子网号相同，都是 192.168.1.0。

IP 网关可由路由器、三层交换机或者由一台计算机来充当，其作用就是帮助把数据发送到目的主机。

1.1.4 IP 地址计算示例

在网络工程中，需要经常对 IP 地址的分配进行规划，下面通过示例，按从易到难的顺序讲解有关 IP 地址计算的问题。

【示例 1-2：判断 IP 地址是否可分配使用】

以下哪一个是可分配的标准 B 类 IP 地址？

A. 1.1.1.1　　　　B. 135.34.43.255　　　C. 222.2.255.255　　　D. 188.23.255.255
E. 136.258.23.64　F. 12.22.255.255　　　G. 224.0.0.5

分析：一个 IP 地址是可分配的标准 B 类地址，必须同时满足以下几个条件。

1）第一个十进制数在 128~191 之间。
2）网络号和主机号不能全 0 或全 1。
3）每个十进制数的大小在 0~255 内（可以为 0 或 255）。

从上面这些条件可知，只有选项 B 正确。

选项 A：1.1.1.1 是一个合法的 A 类地址。注意，不要误认为它各位全为 1，就不是一个合法的 IP 地址。因为这是一个十进制形式的 IP 地址，如果用二进制表示，则为 00000001.00000001.00000001.00000001。

选项 C：从第一个字节 222 来看，这是一个 C 类地址。由于 C 类地址最后 8 位为主机号，该地址的最后一个节字为 255，转换为二进制为 11111111，因此，这是一个 C 类的广播地址，不能分配给主机使用。

选项 D：第一个字节是 188，说明是一个 B 类地址，后两个字节为主机号，并且全为 255，表示主机号为全 1，因此是一个 B 类的广播地址，不能分配使用。

选项 E：在组成它的 4 个字节中，有一个字节是 258，超出了 255，因此它不是一个 IP 地址，因为组成 IP 地址的 4 个字节中，任意一个字节的大小均要求在 0~255 之间。

选项 F：第一个字节为 12，说明是一个 A 类地址，A 类地址前 8 位为网络号，后 24 位为主机号，都不为全 0 或全 1，因此是一个合法的 A 类地址。

选项 G：第一个字节为 224，说明是一个 D 类地址（前面讲过，只有 A、B、C 类地址才能分配使用，D 类地址和 E 类地址不能分配使用）。

【示例 1-3：计算子网数和地址数 1】

将一个标准的 C 类网络划分子网，子网掩码长度为 27 位，能划分多少个子网？每个子网内能有多少个可分配的 IP 地址？

分析：标准 C 类网络的网络号部分为 IP 地址的前 24 位，划分后的子网掩码长度为 27 位，因此有 27-24=3 位使用了主机号部分的高位来划分子网，可划分 2^3=8 个子网。由于在标准的 C 类网络中，最后 8 位是主机号部分，现使用 3 位来划分子网，剩余 5 位作为子网的主机号，因此每个子网内可分配的 IP 地址数为 2^5-2=30 个，如图 1-11 所示。

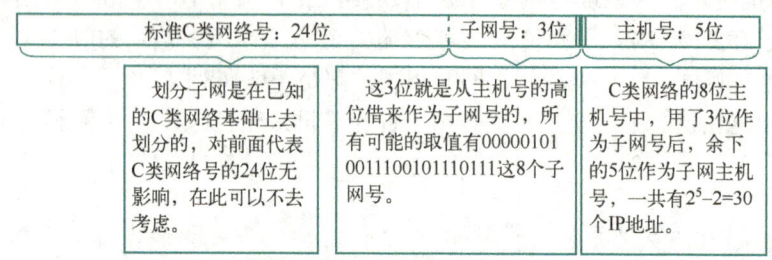

图 1-11 计算子网数和地址数

【**示例 1-4：计算子网数和地址数 2**】

给定一个子网掩码为 255.255.248.0 的 A 类网络，请问能划分多少个子网？每个子网内有多少个可分配的 IP 地址？

分析：思路同示例 1-3，此子网掩码长度为 21 位，标准 A 类网络掩码长度为 8 位，因此用于表示子网号的位数就是 21-8=13 位，可划分的子网数就是 2^{13} 个，每个子网的主机号有 32-21=11 位，因此每个子网内可分配的 IP 数为 $2^{11}-2$ 个。

总结示例 1-3 和示例 1-4，计算子网数和地址数的方法的关键是先计算出表示子网号的位数和表示主机号的位数。

【**示例 1-5：判断两个 IP 地址是否在同一个子网内**】

判断 IP 地址 210.23.4.90/26 和 210.23.4.125/26 是否在同一个子网内。

分析：判断 IP 地址是否在同一个子网内，主要是看这两个 IP 地址的子网号是否相同。这需要将之转化为二进制形式来进行对比。在本例中，采用 26 位作为子网掩码的长度，则每个子网中主机号长度为 6 位，见表 1-6。

表 1-6 采用位方式分析

IP 地址	子网号部分 26 位	主机号部分 6 位
210.23.4.90	11010010.00010111.00000100.01	011010
210.23.4.125	11010010.00010111.00000100.01	111101

从上表对比分析可见，这两个 IP 地址的子网号相同，因此在同一个子网内。

说明：像这种采用位方式的分析速度太慢，可以在此原理的基础上使用一种更快的方法，见示例 1-6 和示例 1-7 的分析。

【**示例 1-6：计算子网号、子网广播地址、所在子网能容纳的最大主机数 1**】

对 IP 地址 159.34.58.217/27，计算出它的子网号、子网广播地址、所在子网能容纳的最大主机数。

分析：第 1 步，根据掩码长度，找出"关键字节"。一个 IP 地址有四个字节，"关键字节"

指掩码长度对应到的那一个字节,这里掩码长度为 27,对应到第四字节,这样第四字节为关键字节,在计算时,就不必理会前三个字节了,最后直接照写即可。

第 2 步,根据 IP 地址的子网掩码长度,求出每个网段的最大地址容量作为步长。这里是 27 位的子网掩码,表示有 5 位主机号,步长就是 2^5=32。

第 3 步,对"关键字节"按步长的整数倍分段。从 0 开始,一直到 256,可分为 0—32—64—96—128—160—192—224—256,在这个分段中的每个数字(256 除外),再加上前三个字节就形成一个子网号。例如 64,表示子网号为 159.34.58.64;又例如 192,表示子网号为 159.34.58.192。在每个子网中能够使用的 IP 地址是该子网号加 1 至下一个子网号减 2。例如在子网号为 159.34.58.64 的子网中,可用的 IP 地址是 159.34.58.65~159.34.58.94,一共有 30 个 IP 地址可分配使用。"下一个子网号减 1 就是该 IP 地址所在子网的广播地址",所以 159.34.58.95 就是 159.34.58.64 这个子网的广播地址。

第 4 步,将所求 IP 地址的"关键字节"的数值与上面分段比较,看它属于哪一段。本例中"关键字节"为 217,显然它属于 192—224 段。所以 IP 地址 159.34.58.217/27 的子网号是 159.34.58.192,所在子网的广播地址是 159.34.58.223。

第 5 步,求 IP 地址 159.34.58.217/27 所在子网能容纳的最大主机数。在 IP 地址 159.34.58.217/27 中,主机号为 5 位,所在子网能容纳的最大主机数为 2^5-2=30。

【示例 1-7:计算子网号、子网广播地址、所在子网能容纳的最大主机数 2】

对 IP 地址 159.34.58.217/20,计算出它的子网号、子网广播地址、所在子网能容纳的最大主机数。

分析:本例 IP 地址的关键字节是第三个字节,计算时只需针对第三个字节计算即可。它的步长为 2^{24-20}=16。注意,由于子网掩码落在第三个字节内,计算步长时就用三个字节长度 24 减掩码长度 20。所以分段为

0—16—32—48—64—80—96—112—128—144—160—176—192—208—224—240—256

这里关键字是 58,58 属于 48—64 段中,因此有以下几条结论。

1)该 IP 地址的子网号为 159.34.48.0。

2)该 IP 地址所在子网的广播地址为 159.34.63.255。这里为什么不是 159.34.63.0 呢?因为下一个网络号为 159.34.64.0,它减 1 是在第四个字节减 1,所以是 159.34.63.255。

3)该网络的主机号为 32-20=12 位,因此最大主机数为 2^{12}-2 个。

小经验:在分段时,在计算出每段大小之后,不必把每个分段都算出来。在本例中,可直接去找 58 附近的两个能整除 16 的数,一个数小于 58,另一个数大于 58,则这两个数为 48 和 64,58 就属于 48—64 段,159.34.48.0 就是该 IP 地址的子网号,159.34.63.255 就是广播地址。

现在再回看示例 1-5,可以知道采用 26 位的子网掩码,每段大小为 64,关键字节 90 和 125 均落在 64—128 段内,因此这两个 IP 属于同一个子网。这种方式可以一次判断多个 IP 地址是否在同一个子网内。

【示例 1-8:计算子网及子网掩码长度】

将一个 B 类网络 172.16.0.0 划分子网,每个子网要求提供的 IP 地址数为 480 个,可以划分出多少个子网?每个子网的掩码长度是多少?

分析:要满足每个子网所需的 IP 地址数为 480 个,只要找出式子 $2^{x-1}<480<2^x$ 中的 x 的值即

可知道需要的主机号长度。因为 $2^8<480<2^9$，因此需要主机号为 9 位。

在 B 类网络中，后 16 位为主机号，因此，还有 16-9=7 位用于划分子网，可以划分出 2^7=128 个子网，各子网的掩码长度为 16+7=23 位，其中 16 就是标准 B 类的网络号长度，7 就是子网号部分的长度。

1.1.5 IPv6

从 20 世纪 90 年代，人们就开始意识到 IPv4 地址空间不足问题的严重性，并进行 IPv6 地址的研究。在 IPv6 中，地址的长度是 128 位，可提供约 $3.4×10^{38}$ 个 IP 地址，可给地球上 65 亿人每人分配 $5×10^{28}$ 个地址，地球表面每平方米可分配 $6.65×10^{23}$ 个地址，因此，在可预计的时间内，IPv6 地址空间是十分充足的。

6　IPv6 地址基础

1. IPv6 的新特性

IPv6 具有以下一些 IPv4 没有的主要特性。

1）更大的地址空间。IPv4 的地址长度为 32 位，在 2011 年 2 月，就已经基本分配完了，而 IPv6 地址扩展到 128 位，这样的地址空间没有人能预计出什么时候可以耗尽。

2）更加高效。由于 IPv4 地址空间不够，虽然采用 VLSM、CIDR、NAT/PAT 等技术可以缓解了地址空间枯竭，但也大大降低了网络传输的速度。

3）更加安全。在 IPv4 的互联网中，存在如可信度问题、端到端连接遭受破坏问题、网络中没有强制采用 IPSec 而带来的安全性问题。而 IPv6 彻底解决目前互联网架构的弊端，提供高服务质量，充分考虑了网络安全问题，支持各种安全选项，包括数据完整性、审计功能保密性验证等。

4）ICMP 新增功能。使用 IPv6 的一台主机可以发送一条 ICMP 消息，以了解在到达目标节点之间的链路上最小的 MTU（Maximum Transmission Unit，最大传输单元），然后该主机就以此 MTU 的大小进行分组并发送，此特性使得从源主机到目的主机中的路由器不必再进行分组以及对数据进行重组，大大提高了网络传输效率。

5）固定报头。IPv6 具有固定长度的报头，为 40 个字节。IPv4 报头中的大部分选项在 IPv6 中都没有，这样使得 IPv6 的执行速度更快。

2. IPv6 地址的表示方法

IPv6 地址是 128 位长的，如果采用二进制格式，那人们在书写时的复杂程度可想而知，因此，IPv6 在表示时也像 IPv4 一样，采用了替代方法，即用 8 组以冒号分隔的 4 个十六进制数来表示一个 IPv6 地址。例如

7　IPv6 配置

2001：0da8：0202：1000：0000：0000：0000：0001

使用十六进制后的 IPv6 更加利于书写和阅读，但很多时候，在 IPv6 地址中，都有大量一连串的 0 出现，像上面这个地址，可以使用如下方法进行简化书写。

1）把每组中开头的 0 省略，把 4 个 0 写成 1 个 0，于是上面这个地址可写为

2001：da8：202：1000：0：0：0：1

2）还可以把连续为 0 的组使用双冒号代替，上面地址可写为

2001：da8：202：1000：：1

注意：使用双冒号代替连续 0 的时候，为了避免混淆，一个 IPv6 地址中只能使用一次，如 2001：0000：0000：f001：0000：0000：0000：0001，不能写成 2001：：f001：：1，而只能写成 2001：0：0：f001：：1 或 2001：：f001：0：0：0：1 的形式。

IPv6 中没有了 IPv4 中的子网掩码的概念，也没有网络号与主机号的概念，取而代之的是"前缀长度"和"接口 ID"。在理解"前缀长度"和"接口 ID"时，可与 IPv4 进行对应：前缀长度可以理解为子网掩码，接口 ID 可以理解为主机号。例如地址 2001：da8：202：1000：：1/64 就表示前缀长度为 64 位，剩下的 64 位是接口 ID。

3．IPv6 的地址类型

IPv6 地址类型主要包括单播地址、组播地址、任播地址、保留地址、私有地址、环回地址和不确定地址。

（1）单播地址

单播地址用来表示某台设备的地址，新的因特网通信协定 RFC3513 描述了 IPv6 单播地址的通用格式，如图 1-12 所示。

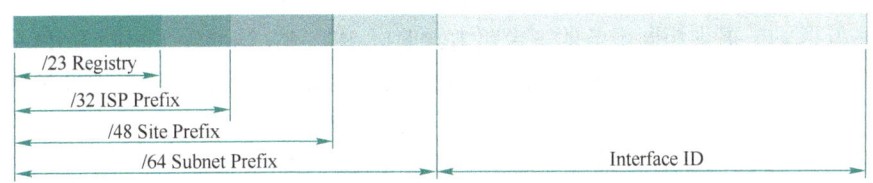

图 1-12　IPv6 单播地址的通用格式

/23 Registry：注册机构前缀。

/32 ISP Prefix：ISP 前缀。

/48 Site Prefix：站点前缀。这 48 位的高位部分，通常由 IANA（Internet Assigned Number Authority，Internet 地址授权委员会）把长度为/32 或 35 的 IPv6 前缀分配给大型的 ISP（如中国的三家电信公司，他们各自申请了一个或多个/32、/36、/40、/48 等的 IPv6 地址块），由他们再把更长的前缀分配给他们的客户。

/64 Subnet Prefix：子网前缀。

Interface ID：接口 ID。地址的主机部分称为接口 ID，在大多数情况下，接口 ID 是 64 位的，一台主机可以配置不止一个 IPv6 接口，单个接口也可配有多个 IPv6 地址，还可以附加一个 IPv4 地址。

RFC3513 还规定，IANA 对 IPv6 全球单播地址的空间分配权限只局限于前三位以二进制 001 开头的地址范围，即 IANA 当前划定的全局单播地址是 2000::/3，这样全球单播地址只占整个 IPv6 的 1/8（前三位的组合有 000、001、010、011、100、101、110、111 共 8 种，所以 001 占 1/8）。

（2）组播地址

与 IPv4 一样，可以使用一个 IPv6 的组播地址将数据包发送到属于该组播组内的所有主机上。在 IPv6 中，组播地址始终是以前缀 FF00::/8 开始的，第 3 个 4bit 表示生存期，第 4 个 4bit 表示组播地址范围。

在 IPv6 中没有广播地址，对 IPv4 中的广播行为完全可以使用 IPv6 的组播来完成。

（3）任播地址

这种地址类型在 IPv4 中没有，它与 IPv4 的组播和广播都不一样。任播地址不能作为源地址，只能作为目标地址，并且任播地址不能指定给 IPv6 主机，只能指定给 IPv6 路由器。

使用任播的结果是：将一个数据包发送出去之后，多个路由器都可以收到，但只有最早收到的路由器会接收该数据包，并产生回应，其余路由器既不接收，也不响应。任播的示意图如图 1-13 所示：

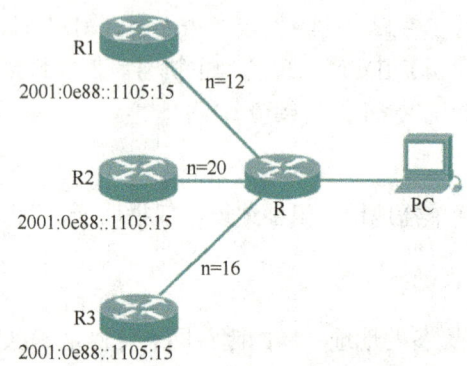

图 1-13　任播的示意图

假设在互联网上提供相同服务的三台路由器 R1、R2、R3 均通告了相同的 IPv6 地址，而与之相连的路由器 R 在接到需要到达的目的地址是 2001:0e88::1105:15（任播地址是从单播地址空间中进行分配的，使用单播地址的格式）后，只会选一条代价最小的路由，这里选中的是 R1，它的代价是 12。在 IPv6 的任播地址经常用于移动 IPv6 技术中。

（4）保留地址

保留地址是留给将来使用的 IPv6 地址。

（5）私有地址

IPv6 的私有地址和 IPv4 的私有地址类似，都只具有本地意义。

IPv6 的私有地址前两个字符是 FE，第三个字符的范围是从 8 到 F。IPv6 的私有地址有两种：链路本地地址（link-local address）和站点本地地址（site-local address）。

链路本地地址是一种 IPv6 独有的地址，当两个支持 IPv6 特性的路由器直连时，直连的接口会自动给自己分配一个链路本地地址，其主要作用是在没有管理员的配置下设备间就能够相互通信，并且完成邻居发现等工作。链路本地地址前 3 个字符可以是 FE8、FE9、FEA、FEB。常见的链路本地地址以 FE80/10 开头，接下来的 54bit 全为 0，最后 64bit 是 EUI-64 地址。

站点本地地址和链路本地地址一样，也是 IPv6 独有的 IP 地址，但区别在于链路本地地址只能用于共享链路上的设备，而站点本地地址可以用于本站点内部，获得站点本地地址的设备是不能将数据包路由到站点之外的。站点本地地址前 3 个字符可以是 FEC、FED、FEE、FEF。

（6）环回地址

IPv6 中的环回地址只有一个：0:0:0:0:0:0:0:1，即 "::1"。IPv6 的环回地址与 IPv4 环回地址（以 127 打头的 IP 地址）的意义一样。

（7）不确定地址

IPv4 中的不确定地址是用 0.0.0.0 表示的，IPv6 中的不确定地址是 0:0:0:0:0:0:0:0，即 "::"。

4. IPv6 的过渡策略

由于在使用 IPv6 前互联网上运行的协议是 IPv4，大量的网络设备也只支持 IPv4，要将整个互联网升级到 IPv6 需要花一段较长的时间，因此要求在使用 IPv6 的同时，仍然需要支持 IPv4 的功能。要将整个互联网从 IPv4 网迁移到 IPv6 网，要求 IPv6 必须支持并处理 IPv4 体系的遗留问题。主要的迁移技术有下面三种。

（1）双栈（Dual Stacking）

利用这种技术可以通过在一台设备上同时运行 IPv4 和 IPv6 协议使得设备能同时运行 IPv4 和 IPv6 协议栈并能发送和接收两种类型的数据包，而主机根据目的地址来决定采用 IPv4 还是 IPv6 协议。它的主要缺点是：在主机上增加了额外的负载，并且老式的网络设备可能不支持 IPv6。

（2）隧道（Tunneling）

利用这种技术可以通过现有的运行 IPv4 协议的 Internet 骨干网络将局部的 IPv6 网络连接起来。例如，一个公司的两个分支机构都使用了 IPv6 网络，数据从其中一个分支机构传出来时，将被封装在一个 IPv4 的包中，通过运行 IPv4 的远程网络传到另一个分支机构时拆封并提交。隧道技术是 IPv4 向 IPv6 过渡初期最易于采用的技术。

（3）网络地址转换-协议转换（Network Address Translator-Protocol Translator，NAT-PT）

这是一种纯 IPv6 节点和 IPv4 节点主机之间的互通方式，所有包括地址、协议在内的转换工作都由网络设备来完成。

【任务实施】

在网络设计方案中，IP 地址的规划非常重要，IP 地址分配方案直接影响网络的稳定性、可管理性和可扩展性。如果在建网初期没有充分考虑 IP 地址的规划方案，很容易引起 IP 地址冲突或浪费，从而导致整个网络地址都需要重新设计会导致长时间的断网，消耗大量的人力和物力。

网建公司的网络设计和部署项目组在项目经理李明的带领下，为七彩数码集团的新建网络进行了 IP 地址的规划，主要实施步骤如下。

第 1 步：IP 地址整体规划。
第 2 步：总部 IP 地址规划。
第 3 步：重庆分部 IP 地址规划。
第 4 步：上海分部 IP 地址规划。

1．IP 地址整体规划

由于公司网络地址紧张，因此除了必要的公网地址需求以外，在公司总部和各分部都使用私网地址。公网地址是从北京电信（ISP）申请到的地址，需要配置公网地址的设备包括企业边界路由器 Beijing1 的 G1/0 端口和两台对外提供访问服务的服务器 Web Server 和 FTP Server。表 1-7 列出了计划使用的 IP 地址及设备名称。

表 1-7　IP 地址及设备名称

设备及端口名称	IP 地址	
Beijing1：G1/0	103.244.252.2/29	
Web Server	内 10.1.3.2/24	外 103.244.252.3/29
FTP Server	内 10.1.3.3/24	外 103.244.252.4/29

2. 总部 IP 地址规划

北京总部的网络主要由两台路由器和一台交换机组成。其中，路由器 Beijing1 对外与 ISP 相连，对内与连接服务器的交换机 SW0 和路由器 Beijing2 相连；路由器 Beijing2 与公司的另两个分公司路由器相连。其网络拓扑如图 1-14 所示。

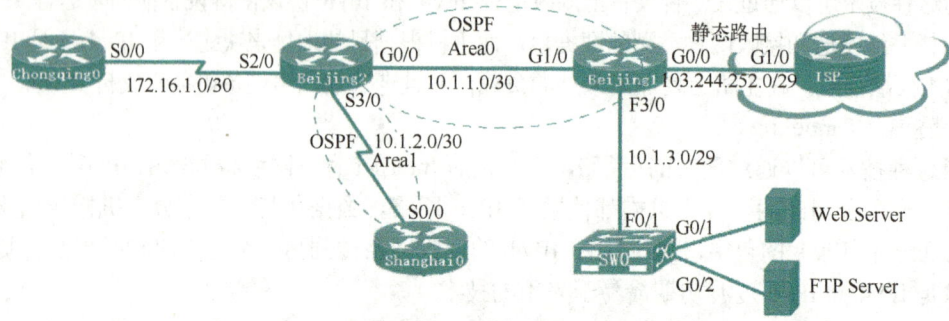

图 1-14 七彩数码集团北京总部的网络拓扑

表 1-8 列出了北京总部计划使用的设备与 IP 地址。

表 1-8 北京总部设备与 IP 地址

设备及端口名称	IP 地址	网络 ID
Beijing1：F0/3	10.1.3.1	10.1.3.0/29
Beijing1：G1/0	10.1.1.1	10.1.1.0/30
Beijing2：G0/0	10.1.1.2	10.1.1.0/30
Beijing2：S2/0	172.16.1.1	172.16.1.0/30
Beijing2：S3/0	10.1.2.1	10.1.2.0/30
Web Server	10.1.3.2	10.1.3.0/24
FTP Server	10.1.3.3	10.1.3.0/24

3. 重庆分部 IP 地址规划

重庆分部的网络主要包括一台路由器、两台三层交换机和若干台二层交换机。其中，路由器 Chongqing0 与北京总部路由器 Beijing2 相连。其网络拓扑如图 1-15 所示。

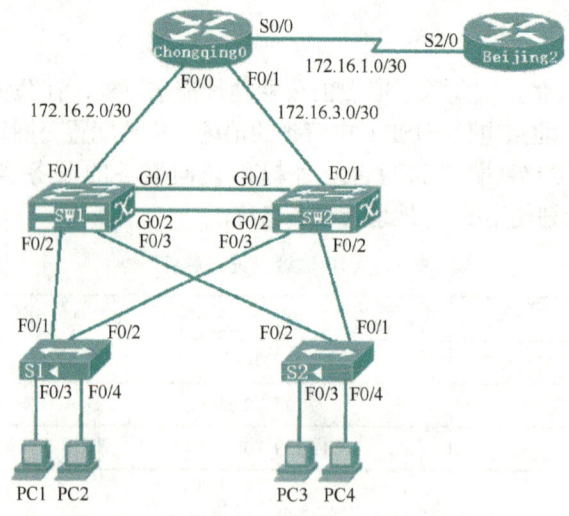

图 1-15 七彩数码集团重庆分部的网络拓扑

表 1-9 列出了计划使用的设备及 IP 地址。

表 1-9 重庆分部设备与 IP 地址

设备及端口名称	IP 地址	网络 ID
Beijing2：S2/0	172.16.1.1	172.16.1.0/30
Chongqing0：S0/0	172.16.1.2	172.16.1.0/30
Chongqing0：F0/0	172.16.2.1	172.16.2.0/30
Chongqing0：F0/1	172.16.3.1	172.16.3.0/30
SW1：F0/1	172.16.2.2	172.16.2.0/30
SW2：F0/1	172.16.3.2	172.16.3.0/30

说明：关于在重庆分部网络中划分 VLAN 及各 VLAN 地址的分配，将在项目 3 的任务实施中完成。

4．上海分部 IP 地址规划

上海分部 IP 地址规划方法可参照重庆分部 IP 地址规划方法，这里不再赘述。

【考赛点拨】

本任务内容涉及认证考试和全国职业院校技能竞赛的相关要求如下。

1．认证考试

关于网络设备的认证考试主要有华为、锐捷、思科等公司认证，以及 1+X 证书考试。这里列出了这些认证考试中关于 IP 地址管理的要求。

- 使用私有和公共 IP 地址进行 IPv4 地址管理操作。
- 采用 VLSM 识别恰当的 IPv4 地址管理框架以满足 LAN/WAN 环境下的地址管理需求。
- 描述 IPv6 地址。
- 识别恰当的 IPv6 地址管理框架以满足 LAN/WAN 环境下的地址管理需求。

2．技能竞赛

IP 地址在网络设备技能竞赛操作模块中不会单独出现，但又是必考知识点。各种关于网络设备的竞赛模块中，都要求对各种网络设备分配和配置 IP 地址，要求参赛者熟练掌握 IPv4 地址组成、二/十进制转换、公网地址与私网地址、子网掩码、子网号、广播地址等知识。关于 IPv6 技术，也是网络技术技能竞赛的一个新型考点，要求参赛者对 IPv6 有清晰的认识，掌握基于 IPv6 的 OSPFv3 的配置和 RIPng 的配置。

任务 1.2　网络设备基本配置

【任务描述】

在对七彩数码集团网络的实施过程中，必须完成对路由器和交换机的配置，才能使这些网络设备正常工作，充分发挥其性能。在建网初期，在项目经理李明的带领下，要对全网中的交换机和路由器进行基本配置，如配置主机名、端口速率、双工模式，管理 IP 地址、网关地址、路由器端口 IP 地址，激活端口等，最后还需要对信息进行保存、查看及修改等。

【任务分析】

作为网建公司的网络设计和部署项目组成员，要完成本任务的工作，需要具备关于 IP 地址的以下能力。

> 了解路由器的各种端口及其命名规则。
> 掌握设备间使用的线缆类型。
> 了解路由器的硬件组成。
> 了解 IOS 的基本操作。
> 了解 IOS 的几种模式。
> 掌握交换机的基本配置方法。
> 掌握路由器的基本配置方法。
> 掌握查看设备配置信息的方法。

【知识储备】

1.2.1 了解网络设备

1. Cisco 路由器和交换机的分类

在 Cisco 的网络产品中，在网络工程中接触和使用最多的就是交换机与路由器。

交换机分为二层交换机、三层交换机和多层交换机。使用量最大的交换机是二层交换机。二层交换机工作在数据链路层，用于在组建的网络中解决带宽和冲突问题。在本书中，除非有特别的指明使用三层交换机或多层交换机，一般指的都是二层交换机。

Cisco 的交换机有许多种不同的系列，用于支持不同的使用环境，包括：Catalyst 1900/2800、Catalyst 2950、Catalyst 3550、Catalyst 4000、Catalyst 6500 和 Catalyst 8500 系列交换机。

说明：一般所说的 Catalyst 1900、Catalyst 2900 等交换机，实际上指的是这个交换机的系列。在这个系列下又有多种不同的型号，如 Catalyst 1912、Catalyst 1924 等。

路由器在网络中用于解决网络中不同子网间路由的问题。路由器同交换机一样也分为多个系列，如 800、1600、1700、2500、2600、3600、7200、12000 等系列，各系列又分为多种不同型号，如 2500 系列路由器，根据其提供的端口数量和类型的不同，分为 2501、2502、2509 等。

不同型号的交换机和路由器，其功能和性能是不一样的。Cisco 公司在生产网络设备时，一般以一个数字代表一个编号或批号，一般来讲，数字越大的性能越好，如能提供更多的功能，有更大的内存和更快的处理器等。不同系列的网络设备在配置时也有所不同，但是绝大多数设备的基本操作是相同的。读者在工作和学习过程中只需记住不同点就行了。

2. 联网端口

Cisco 网络设备之间或与别的网络设备之间，通过线缆相互连接，从而组建网络。Cisco 2621 路由器的面板如图 1-16 所示。

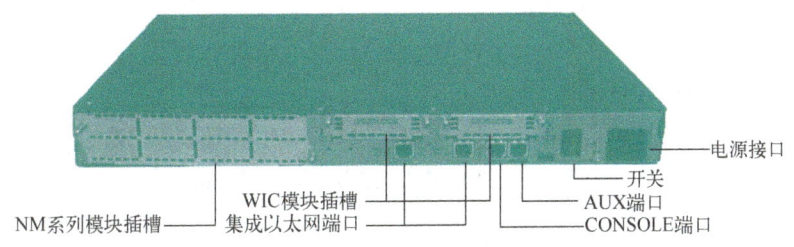

图 1-16　Cisco 2621 路由器面板

常见的联网端口有如下一些。

（1）CONSOLE 端口

CONSOLE 端口就是控制台端口。当用户首次对 Cisco 网络设备进行配置时，必须从 CONSOLE 端口开始。基本上每个 Cisco 网络设备都有一个 CONSOLE 端口。由于一个全新的设备里不带有任何 IP 地址，通过此端口与用户计算机上的超级终端相连后，在超级终端上就可以进行各种配置了。在这些配置中，最主要的是配置 IP 地址，以及允许进行远程配置的设置，这样就可以通过其他接口连接到设备上进行远程配置了。

对于 Cisco Catalyst 系列的交换机，如果不做任何配置，直接将计算机与它的端口相连，也可以正常工作。但这样做的结果是你可能就浪费了数千数万元钱，因为对交换机不做任何配置而直接使用，只发挥了交换机最基本的功能，它的更多高级管理功能没有被充分发挥。如果不使用它的管理功能，那么可以只花两三百元买一台无管理功能的交换机即可。

对于 Cisco 各系列全新的路由器，如果不做任何配置而直接将计算机或其他网络设备接到它的各端口上，是不能工作的。因此，路由器必须要先配置后使用。

下面以路由器为例，讲述控制台端口的连接过程。

第 1 步：将路由器的 CONSOLE 端口与计算机的 COM 口相连。使用的连线是买路由器时配送的特制线缆，称为"console 线"，它是一根反转线。反转线指：引脚 1 连到对端的引脚 8，引脚 2 连到对端的引脚 7，引脚 3 连到对端的引脚 6，引脚 4 连到对端的引脚 5。

反转线两端的连接器可能不同，可能两端都是 RJ-45 接口，或者一端是 RJ-45 接口而另一端是 DB9/15 接口。如果在连接时遇到接口不匹配的情况，需要使用在购买路由器时附送的连接器，或者自行购买相应的适配器。

第 2 步：打开计算机上的超级终端。注意：从 Windows 7 开始，系统中默认没有超级终端，这种情况下，可以到网上下载超级终端软件"Hyper Terminal"来使用。如果是 Windows XP 系统，那么可以通过"开始—程序—附件—通讯—超级终端"来打开超级终端，然后随意输入电话号码，接下来在超级终端的"端口设置"中进行设置，如图 1-17 所示。

其中，每秒位数，即波特率为 9600，数据位为 8，奇偶校验为无，停止位为 1，数据流控制为无。

如果上述参数记不住，最简单的方法是单击下面的"还原为默认值"按钮即可还原到上述参数。经过上述两步后，打开路由器即可看见在超级终端上出现路由器的启动过程，如图 1-18 所示。

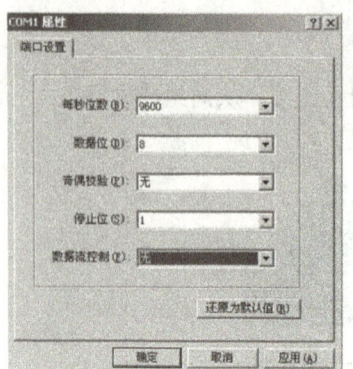

图 1-17 设置超级终端属性

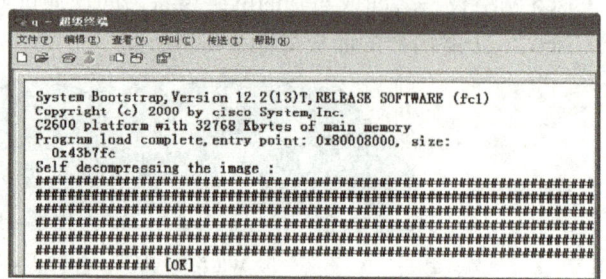

图 1-18 启动路由器

（2）AUX 端口

AUX 端口是一个辅助端口，主要用于带外管理与远程配置路由器。在前面使用 CONSOLE 端口进行了基本配置之后，可以通过收发器与调制解调器（Modem）相连，进行远程配置。例如一个公司有多个分公司在全国各地，该公司的网管可以通过将路由器接 Modem 再与电话线相连，进行远程管理配置。AUX 端口很少被使用。

（3）以太网端口

在 Cisco 2621 路由器中，集成了两个快速以太网端口。快速以太网端口是用于局域网连接的端口。Cisco 路由器的以太网端口包括普通的以太网端口（Ethernet，10Mbit/s）、快速以太网端口（Fast Ethernet，100 Mbit/s）和吉比特以太网端口（Gigabit Ethernet，1000Mbit/s）等。

（4）WIC 模块插槽

WIC（WAN Interface Card，广域网接口卡）模块插槽用于插广域网接口卡模块。在实验室里做实验时，串口也常用于两台路由器相互连接来完成许多广域网的实验。

（5）NM 系列模块插槽

NM（Network Module，网络模块）系列模块插槽用于插各种网络模块。网络设备的模块是可根据用户网络需求而选用的一种可插拔的网络功能接口卡，具有很强的灵活性。

3. 端口命名

在对 Cisco 的网络设备进行配置时，往往需要进入某个特定的端口，这就要求掌握网络工程中的两个重要设备——交换机和路由器的端口命名规则。

（1）交换机端口

在 Cisco 的交换机中，采用固定端口和模块化端口两种。

固定端口：生产时直接将端口固定在交换机的主板上，不采用插槽增减端口的形式。

模块化端口：在交换机上有像计算机主板插槽一样的插槽，可以插入端口模块以增加交换机的端口。

交换机端口的命名规则：端口类型 插槽号/端口号（type slot_#/port_#）。无论这个交换机是固定端口的交换机，还是模块化端口的交换机，都要有这三个部分：端口类型、插槽号和端口号。

端口类型（Type）：可以是 Ethernet、FastEthernet 或 GigabitEthernet。如 Ethernet 0/4 中的 Ethernet 就是端口类型。

插槽号（slot_#）：也称模块号，针对固定端口的交换机，如 1900、2950 等系列，插槽号都是 0。如 Ethernet 0/4 中的 0 就是插槽号，表示是一个固定端口的插槽号。对于模块化端口的交换机，主要指 4000 及以上的机型，插槽号为 0 的表示固定端口，而插槽号为 1 和 2 的表示交换机模块是插在 1 和 2 中的端口，如 FastEthernet 1/3 中的"1/3"，表示在插槽 1 中的模块上的第 3 个端口。

端口号（port_#）：表示是第几个端口，它是从 1 开始增加的。如 1912 交换机的以太网端口有 12 个，其范围是 Ethernet 0/1～Ethernet 0/12。

（2）路由器端口

Cisco 的路由器分为固定端口路由器和模块化端口路由器。其端口命名规则与交换机的端口命名规则有一定的区别。

1）有模块的路由器才需要加上模块号，对固定端口命名时，交换机需要加上 0 模块。

2）它的端口号是从 0 开始的，交换机是从 1 开始的。

3）有模块的路由器，其插槽号是从 0 开始的。

例如 2501 路由器，是一种固定端口的路由器，有一个以太网端口 Ethernet 0，有两个串行端口，分别命名为 Serial 0 和 Serial 1，从这里可见，端口号是从 0 开始的，并且不需要加模块号。

再如 3640 路由器，是一种模块化路由器，它的第 3 个插槽中的 4 个串行端口分别命名为 Serial 2/0、Serial 2/1、Serial 2/2、Serial 2/3。

 注意：早期的 1600 和 1700 系列路由器，虽然有模块，在配置时也不需要指定模块号。

掌握了这些规则之后，在实际工作中，对于在交换机或路由器的面板上标示的某个端口的类型、插槽号和端口号，在配置时对照这些标识即可进入某个端口进行配置。

4. 连接线缆

网络中各种不同的设备之间，需要相互连接才能通信，在组建一个园区网络时，除了主干部分采用光缆之外，其余大部分线缆都采用双绞线电缆（简称双绞线）。双绞线有反转线、直通线和交叉线三类。

不同的网络设备间互联时，应该采用哪一种类型的双绞线呢？

（1）反转线

反转线只有一个用途，即用于将网络设备的 CONSOLE 端口与计算机的 COM 口相连时的初始配置。

（2）直通线

直通线的线序：两端都采用相同的线序。EIA/TIA（美国电子工业协会/美国通信工业协会）制定的标准有两个：EIA/TIA 568-A 和 EIA/TIA 568-B。直通线就是两端都采用其中的同一个标准来制作（现大多按照 EIA/TIA 568-B 标准来制作），如图 1-19a 所示。

直通线的用途：用于路由器与交换机或集线器相连、交换机或集线器与计算机相连等。

（3）交叉线

交叉线的线序：一端采用 EIA/TIA 568-A 的线序，另一端采用 EIA/TIA 568-B 的线序。在制作交叉线时，就是将线序的 1 和 3、2 和 6 对调，如图 1-19b 所示。

交叉线的用途：两台路由器的以太网端口相连，两台交换机相连，两台计算机的网卡相连，一台交换机与一台集线器相连。

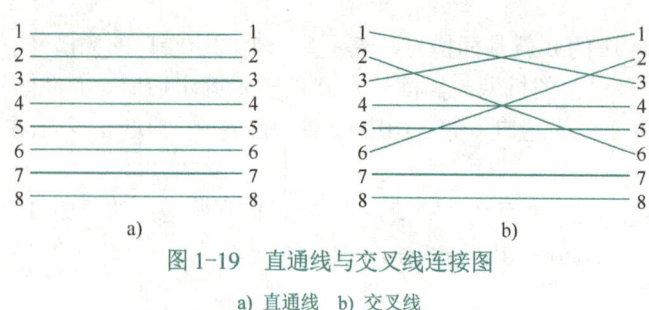

图 1-19 直通线与交叉线连接图

a) 直通线　b) 交叉线

> **注意：** 针对交叉线和直通线的用途，可以这样去记忆：直通线连接的是两台不同类型的设备，如路由器与交换机、路由器与集线器、交换机与计算机，属于不同类型的设备，需要用直通线；交叉线连接的是两台同种类型的设备，如两台计算机、两台交换机、两台集线器、交换机与集线器、两台路由器的以太网端口等。

在后面任务中用"Cisco Packet Tracer"做模拟实验时，如果对交叉线和直通线选择错误，实验将不会成功。当然，在实际工程中同样需要注意这个问题。

5. 路由器的硬件组成

Cisco 的路由器与交换机两者内部的基本硬件组成是大致相同的，下面以路由器为例来说明它们的硬件组成情况。

从前面的讲述可知，路由器的种类和型号有许多种，但它们的基本硬件组成却大致相同，与常用的计算机主机内部组成非常相似，它由以下这些部件组成。

（1）中央处理器（CPU）

它解释并执行路由器 IOS 指令、用户输入的各种命令，以及根据路由表、MAC 地址表进行计算等。不同档次的设备，其 CPU 的处理能力不同，如 1600 系列路由器的 CPU 就比 3600 系列路由器的 CPU 性能差。

早期的低端 Cisco 网络设备大多使用与普通计算机相同的处理器，如 700 系列的路由器，采用的是 Intel 80386 的处理器，而现在则采用专用的 CPU。

（2）存储器

Cisco 的设备配有 4 种类型的存储器。

1）内存（Random Access Memory，RAM）：用于启动路由器的互联网络操作系统（Internetwork Operating System，IOS）时的加载存储、启动后配置文件的载入存储、用户输入信息的存储，以及路由器在运行过程中产生的数据（如路由表和缓存等）的存储等。其功能相当于计算机的内存。在路由器关电后这些信息都将丢失。

2）只读存储器（Read-Only Memory，ROM）：在 ROM 中存储的内容有开机自检程序（Power On Self Test，POST）、系统引导程序（Bootstrap）、路由器 IOS 的精简版本（RXBoot）和 ROMMON。

POST：用于在开机时检查设备的硬件状态，与计算机开机时的系统自检一样。

Bootstrap：用于确定从什么地方加载 IOS。可以从 TFTP、Flash 或是 ROM 中加载。

RXBoot：又称为迷你 IOS，是一个袖珍的 IOS，是正常 IOS 的分拆版本，它比 ROMMON 有更强的功能，具有更多的命令。

ROMMON：是一个命令集，一般用于在路由器的 Flash 中的 IOS 被破坏时，连接到 TFTP 服务器以恢复 IOS。

3）闪存（Flash）：用于保存路由器正常启动时使用的 IOS。如果一个路由器中的闪存足够大，可以存储多个 IOS 以提供多重启动；闪存也可用来存储其他文件。根据路由器的类型不同，一台路由器可能有多块闪存。

4）非易失性内存（Non-Volatile RAM，NVRAM）：用于存储路由器的启动配置文件。也就是说，在网络管理人员将路由器配置好后，这些配置信息就是存储在 NVRAM 中，当电源关闭时，存在其中的配置文件也不会丢失，下次启动时，从 NVRAM 中读取配置该设备的信息。

1.2.2 了解互联网络操作系统

9 IOS 基本配置

Cisco 的互联网操作系统（IOS）用于管理和控制 Cisco 硬件设备的运行。IOS 为用户和硬件提供了交互的界面，不同型号的 Cisco 设备一般使用不同版本的 IOS。

最初 Cisco 的 IOS 主要是为路由器开发的，现在已将路由器使用的 IOS 移植到 Cisco Catalyst 交换机上，使得 Cisco 的路由器与交换机在操作 IOS 时的基本命令是一致的。并且不同版本的 IOS，在配置相同功能时也可以使用相同的命令，当然，少数命令也会有差别。

1. IOS 的启动过程

在前面讲过，对一个路由器进行初始配置时，需要将 Console 端口与计算机的 COM 口相连，然后从计算机的超级终端上可以看到路由器的启动界面。

路由器在启动时，需要经历以下几个步骤。

1）硬件自检。在给路由器加电之后，要执行硬件测试以确定路由器是否能正常工作，如果没有发现严重问题，进入下一步。

2）路由器定位 IOS 并加载到 RAM。首先查看配置寄存器的值，然后根据在 ROM 中的系统引导程序 Bootstrap，检查在 NVRAM 中的启动配置文件中的引导顺序。

3）从 NVRAM 中加载配置文件到 RAM 中。前面讲过，用户对路由器的配置信息是存储到 NVRAM 中的，在正常情况下，每次开机时，都会将保存在 NVRAM 中的配置文件读入内存供路由器调度和使用。

2. 命令行接口

对 Cisco 的网络设备进行配置管理时，可以通过多种形式实现，如图形界面的 Web 浏览器、Cisco 的专门管理软件 CiscoWorks 2000、命令行模式等。在这些方式中，命令行模式的功能最为强大，学习时难度也最大。要充分利用这些网络设备提供的功能，就必须掌握命令行模式的配置方法。

命令行接口（Command Line Interface，CLI）是一个与 DOS 命令行相似的界面格式，在配置时不区分大小写。它与 DOS 命令不同之处在于对命令可以进行缩写。一个路由器或交换机的命令行称为一个 EXEC 会话。EXEC 会话有以下 4 种常用模式。

（1）用户模式

当通过超级终端或 Telnet 远程登录到路由器后，将会看到提示符"Router>"。这个模式常用于网络故障的基本查找。这是一种只读模式，用户可以查看路由器的某些信息，但不能进行任何的修改。在提示符"Router>"中，"Router"是 Cisco 路由器的默认名称，这个名称可以根据需要进行修改。

对于交换机,提示符一般是"Switch>",但 Catalyst 1900 交换机的用户模式提示符是">"。

(2) 特权模式

在用户模式下的"Router>"提示符后,输入 enable 命令,如果没有设置加密口令,则会进入特权模式,提示符为"Router#",这个过程如下所示。

```
Router>enable
Router#
```

 注意: 在以后的配置代码中,在">"或"#"之前的是系统提示符信息,">"或"#"之后的是用户输入的配置信息。

在特权模式下,用户可以使用很多高级管理命令实现查看路由器的详细信息、更改路由器配置、测试与调试及故障排除等。

要从特权模式回到用户模式,可以输入 disable 命令。

```
Router#disable
Router>
```

要从用户模式或特权模式中退出,可以使用 exit 命令。

(3) 全局配置模式

在路由器的特权模式的"Router#"提示符后,输入 configure terminal 命令,可进入全局配置模式,提示符为"Router(config)#"。

```
Router#configure terminal
Router(config)#
```

在全局配置模式下,可以对影响整个路由器工作的功能进行修改,也可以在这种模式下进入更有针对性的配置模式进行进一步的配置,如进入端口模式、线路模式、路由协议配置模式等。

(4) 端口模式

在路由器的全局模式的"Router(config)#"提示符后,输入"interface 端口名称",将进入某个端口,提示符为"Router(config-if)#"。

```
Router(config)#interface Ethernet 0
Router(config-if)#
```

在这个模式下,就可以设置这个端口的 IP 地址、子网掩码、改变速率、双工模式、带宽、封装协议等。

以上 4 种模式是经常用到的,另外还有几种模式,都是通过全局配置模式进入的。例如线路模式,进入方式如下。

```
Router(config)#line console 0
Router(config-line)#
```

再如路由协议配置模式,进入方式如下。

```
Router(config)#router rip
Router(config-router)#
```

其他一些配置模式如控制器子模式、子接口模式的配置和使用在后面任务中再做详细介绍。

3. 命令的简写

在上面介绍的命令行接口模式中,都要求手动输入路由器的配置命令,有的命令很长,是否有必要花费很多的时间去准确地将这些命令记忆下来呢？答案是不需要，Cisco 的 IOS 允许输入这些命令的简写。

简写规则：用户所输入的命令不与其他的命令产生混淆。也就是说，用户输入的命令必须在当前模式下是唯一的。例如：

从用户模式进入特权模式时，可以将 Router>enable 简写为 Router>en；

从特权模式进入全局配置模式时，可以将 Router#configure terminal 简写为 Router#conf t。

再如，如果想将当前 RAM 中的配置信息保存到 NVRAM 中，以便下次启动路由器时仍能使用，此命令的完整输入为 Router#copy running-config startup-config。这么长的命令，无论是记忆、输入、准确性上实现都比较困难，这时可以简写为 Router#copy run start，也可以更短。建议读者养成一个输入简写的风格与习惯，这样可以大大提高工作效率和降低记忆难度。

4．命令错误提示

对初学者而言，命令输入错误是常见问题，在这里讲几种命令输入错误的情况。

（1）输入无效命令

1）对命令不熟悉。

```
Router#cofig t
        ^
% Invalid input detected at '^' marker.
```

这里本来想输入 config t，但少输了字母 n。

2）命令使用的模式不正确。

```
Router(config)#copy run start
               ^
% Invalid input detected at '^' marker.
```

这个命令应该在特权模式下使用，这是命令使用模式不正确。

（2）命令不完整

```
Router#copy run
% Incomplete command.
```

这是错在没有输入要保存到什么位置，如 NVRAM 或 TFTP 服务器等，导致输入不完整。

（3）命令不唯一

```
Router#e
% Ambiguous command: "e"
```

命令 e 在这里不唯一，因为以字母 e 开头的命令有许多，如 enable、erase、exit 等。

在上面的错误提示信息中，大多有一个"^"符号，它用来指示输入错误的位置，结合错误提示信息，一般可以在此处找出错误。

5．命令帮助提示

Cisco 网络设备的命令非常丰富，没有人能完全记住这些命令，因此需要借助 IOS 的命令帮助提示。

在 Cisco 的 IOS 中，无论前处于哪一种模式下，如用户模式、特权模式、全局配置模式、端口模式或线路模式等，都支持命令帮助提示。在需要帮助时，只需输入"？"即可。

```
Router>en?    ❶
enable
Router#conf?    ❷
  terminal Configure from the terminal
  <cr>
Router#conf t
Enter configuration commands,one per line.End with CNTL/Z.
Router(config)#?    ❸
Configure commands:
  aaa                Authentication, Authorization and Accounting.
  access-list        Add an access list entry
  banner             Define a login banner
  bba-group          Configure BBA Group
  boot               Modify system boot parameters
  cdp                Global CDP configuration subcommands
  class-map          Configure Class Map
  clock              Configure time-of-day clock
```

在上面的输入中,❶处是在命令未输完时加"?"可以看到以已输入部分 en 开头的命令;❷处是查看 conf 命令之后还可以有哪些参数的帮助;❸处只有"?",可查看在当前模式下的命令列表,这种情况用得较少,因为会列出大量的命令供选择。

6. 常用的命令行快捷键

在配置路由器与交换机时,可以通过快捷键来提高配置效率。例如,用户需要修改前面输入的错误命令,或是想让前面输入的某条命令无效(称为"no 掉"),这时可以使用命令行的快捷键来帮助提高工作效率。常用的快捷键见表 1-10。

表 1-10　常用快捷键

快捷键	功能说明
↑	恢复上一条命令。默认可以翻回到最近 10 条命令。可以使用 Router#terminal history size ×× 来设置可恢复的命令数量,其中 ×× 最多可为 256
↓	如果向上翻得太多了,可以恢复到下一条命令
Ctrl+A	将光标定位到行首。常用于当想删掉某一条语句时,先按〈Ctrl+A〉组合键,使光标定位到行首,然后在这条件语句前面输入"no"
Ctrl+E	将光标定位到行尾
Delete	删除光标后的一个字符
Backspace	删除光标前的一个字符
Tab	当输入一个命令的前几个字符后,如果命令是唯一的,则 IOS 自动补全此命令字的余下字母。例如,先输入"enable pa",按〈Tab〉键,IOS 会在下一行中自动产生补全的命令 enable password。再如,输入"enable s",按〈Tab〉键,会在下一行中自动产生补全的命令 enable secret
Ctrl+Z	从全局配置模式、端口模式、路由模式、路由协议配置模式回到特权模式

1.2.3　掌握交换机的基本配置

10　交换机基本配置

一台 Cisco 的交换机即使没有配置,也可以直接连接计算机并开机使用,这似乎说明对交换机来说不需要配置。其实,对于没有配置的交换机,在前面讲过,只用到了它其中的部分功能。因此,为了充分发挥交换机的功能,是需要对它进行配置的。下面以图 1-20 所示的拓扑为例,来学习交换机的基本配置。

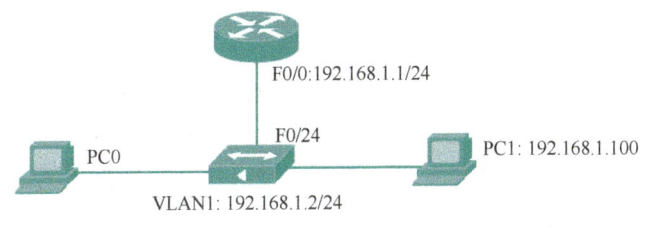

图 1-20　交换机的基本配置

1. 设置主机名

交换机默认的主机名是"Switch",在对交换机进行管理时,应该配置一个具有实际意义的名字。例如部门 1 使用的交换机可以使用"part1"作为主机名,以与其他的交换机进行区别。修改交换机的主机名是在全局配置模式下进行的。

```
Switch>
Switch>en
Switch#conf t
Enter configuration commands, one per line. End with CNTL/Z.
Switch(config)# host part1   ❶
❷ part1 (config)#
```

可见,❶处在全局模式下,使用命令 host part1(完整命令是 hostname part1)配置交换机的主机名为 part1,按〈Enter〉键后,在❷处可见,交换机名就改了 part1 了。

2. 配置交换机的管理 IP 地址

交换机属于数据链路层设备,不需要为交换机的每个端口配置 IP 地址。但是,如要想要通过 Web 浏览器或远程登录 Telnet 来管理交换机,以及在使用 SNMP 系统的网络管理软件(如 Cisco Works 2000)时,此交换机要能自动被这个软件所发现并能被管理,就需要为此交换机配置管理 IP 地址和网关地址。

在交换机中,有一个可以包括所有端口的虚拟端口,称为 VLAN1 端口。在这个虚拟端口上可以为交换机配置一个管理 IP 地址,同时,还可以给交换机配置一个网关地址,这个网关地址就是与交换机相连的路由器端口地址。

```
Switch>en
Switch#conf t
Switch(config)#host part1
part1(config)#int vlan 1   ❶
part1(config-if)#ip add 192.168.1.2 255.255.255.0   ❷
part1(config-if)#no shut
part1(config-if)#exit
part1(config)#ip default-gateway 192.168.1.1   ❸
part1(config)#
```

其中,❶处是进入 VLAN1 端口;❷处是设置交换机的管理 IP 地址为 192.168.1.2;❸处是在全局模式下指定交换机的默认网关地址。

注意:这里所说的默认网关,就是一个与交换机相连的最近的路由器以太网端口的 IP 地址,如果需要将交换机进行远程配置,那么网关地址也是必须配置的。

3. 配置交换机端口的速率与双工模式

Cisco 1900 系列交换机的端口速率是固定的 10Mbit/s，2900 及以上系列的交换机支持 10Mbit/s、100Mbit/s 和 auto（自适应）三种速率模式。其中 auto 是指交换机自身可以根据对端设备的速率自动调整，但为了这些设备能更稳定工作，用户可以配置其端口速率，使某个端口的速率同与此端口相连的设备的速率一致。

交换机具有连接不同类型设备的能力，例如与 PC、路由器、集线器及其他交换机连接。这些不同类型的设备可能支持不同的双工通信模式，包括半双工（half）、全双工（full）和自动（auto）三种。其中 auto 是指根据所连的对端设备来自动调整各个端口工作的双工模式。用户也可以手动调整其工作模式。对于传统以太网，使用集线器作为主要的中心连接设备，工作在半双工方式下，因此，应该将与集线器相连的交换机的端口设置为半双工方式；而现在交换机主要是与计算机相连，且现在的计算机大多是全双工的网卡，在全双工模式下，可以极大地提高网络的性能，可以保证一台主机在接收数据时也能发送数据。例如一台计算机网卡为 100Mbit/s，与 100Mbit/s 的交换机端口相连接，如果采用全双工模式工作，将会使得此计算机与交换机相连的链路上具有 200Mbit/s 的可用带宽。因此，凡是相连的两端节点都支持全双工时，最好将之设置为 full 模式。下面是配置交换机端口的速率与双工模式的方法。

```
part1#
part1#conf t
part1(config)#int f0/1
part1(config-if)#speed?     ❶
  10   Force 10 Mbps operation
  100  Force 100 Mbps operation
  auto Enable AUTO speed configuration   ❷
part1(config-if)#speed 100   ❸
```

其中，❶处是进入交换机的 f0/1 端口，并使用 speed?来查看此交换机端口支持哪些速率模式；❷处显示的是此端口所支持的速率模式有 10Mbit/s、100Mbit/s 和 auto 三种；❸处是为 f0/1 端口设置速率为 100Mbit/s。（注意后面不需要加速率单位 Mbit/s。）

```
part1(config-if)#duplex?
  auto Enable AUTO duplex configuration   ❶
  full Force full duplex operation
  half Force half-duplex operation
part1(config-if)#duplex auto    ❷
part1(config-if)#
```

其中，❶处显示此端口所支持的双工模式有 auto、full、half 三种；❷处是设置 f0/1 端口的双工模式为 auto 模式。

1.2.4 配置文件

在对交换机配置之后，需要将配置信息保存起来，下次重启之后才能生效（1900 系列交换机是个特例，其配置语句在输入 30s 之后会自动保存到 NVRAM 中，其他大多数交换机都没有此功能）。

1. 保存配置文件

在前面讲过，Cisco 网络设备的配置文件被保存在 NVRAM 中，而用户正在配置的信息是在 RAM 中。RAM 的特性是一旦掉电，将会丢失里面的所有信息，因此，需要用户执行命令 copy running-config startup-config 保存配置信息，此操作应在特权模式下完成。此命令一般可简写为：Switch#copy run start。

其中，copy 是保存配置文件的关键命令；running-config 是正在 RAM 中运行的配置文件；startup-config 是存储在 NVRMA 中的配置文件，这也是 IOS 在开机启动时查找的文件。

```
part1#copy run start        ❶
Destination filename [startup-config]?    ❷
Building configuration…
[OK]    ❸
```

其中，❶处是执行保存的命令；❷处是询问是否覆盖原有的 startup-config 文件，如果不覆盖，在此输入其他文件名，这里直接按〈Enter〉键，表明要覆盖原 startup-config 文件；❸处是提示保存完成。

> 说明：一般可以直接输入"wr"（或"write"）命令来保存配置文件，"wr"相当于文档编辑软件中的"保存"命令，而"copy run start"相当于"另存为"命令。

2. 查看正在运行的配置信息

在特权模式下，可以使用 show run 命令查看 RAM 中的配置信息。这个命令是经常使用，因为在配置过程中，需要确定当前的配置信息或排查配置错误。

```
part1#show run        ❶
Building configuration…
Current configuration : 1095 bytes
version 12.1
no service timestamps log datetime msec
no service timestamps debug datetime msec
no service password-encryption
hostname part1        ❷
enable secret 5 $1$mERr$ob4H19B4t2AvtsZbg.28A1
enable password 1234            ❸
interface FastEthernet0/1
speed 100    ❹
```

其中，❶处是查看配置的命令，此命令的完整形式是"show running-config"；❷处是设置主机名的命令；❸处是设置口令（即 secret 和 password）的命令；❹处是在端口 Fast Ethernet0/1 上所配置的双工与速率。（此段只是配置信息的一部分。）

3. 查看启动配置文件

在特权模式下，可以使用 show start 命令来查看保存在 NVRAM 中的配置文件。

```
Switch#show start
```

此命令的完整形式是"show startup-config"，它与上面讲的 show run 命令的显示格式是完全相同的，只是此命令查看的是保存在 NVRAM 中的配置信息。

1.2.5 掌握路由器的基本配置

11 路由器基本配置

与交换机相比，路由器需要更多的配置才能发挥其正常的功能。本小节主要讲的是路由器的基本配置，为后面的更多高级配置打下基础。

在前已讲过，Cisco 交换机的 IOS 是从路由器的 IOS 中移植而来的，因此，路由器的基本配置有很多地方与交换机非常类似。

1. 系统会话配置

在路由器启动时，将查看 NVRAM 中的配置文件 startup-config，如果没有找到此文件，路由器将运行系统会话配置。另外，如果在配置过程中，在特权模式下输入 setup 命令，也可以进入系统会话配置状态。

```
Continue with configuration dialog?[yes/no]:y    ❶
At any point you may enter a question mark '?' for help.
Use ctrl-c to abort configuration dialog at any prompt.
Default settings are in square brackets '[]'.
Basic management setup configures only enough connectivity
for management of the system, extended setup will ask you
to configure each interface on the system
Would you like to enter basic management setup? [yes/no]: y    ❷
Configuring global parameters:
  Enter host name[Router]: R1    ❸
  The enable secret is a password used to protect access to
  privileged EXEC and configuration modes. This password, after
  entered, becomes encrypted in the configuration.
  Enter enable secret: cisco    ❹
  The enable password is used when you do not specify an
  enable secret password, with some older software versions, and
  some boot images.
  Enter enable password: Microsoft    ❺
  …
```

其中，❶处是系统询问是否继续配置系统会话，要求输入"y"或是"n"来回答，这里输入"y"；❷处是询问是否进入基本管理设置，如果回答 n，表明不想进入系统会话状态，如果输入 y，IOS 将会一步步给出回答配置提示；❸处提示要求输入路由器名，这里输入的是"R1"；❹和❺处提示要求输入 secret 和 password。后面还有很多配置提示，不必对这种配置方式深究。

> **说明：** 这个系统配置会话在交换机中也有。一般不采用这种方式去完成路由器或交换机的配置，因为这个会话只能完成一个基本的配置，并且相当麻烦，IOS 不知道用户想配置某个选项，它总是依次提示，并且一旦出错，则无法返回上面的提示，而只能按〈Ctrl+C〉组合键中断。因此，一般会在❶处输入"n"直接进入命令行界面（CLI）进行配置。

2. 路由器端口基本配置

（1）串行端口时钟速率的配置

在实验室里练习配置命令时，需要将两台路由器的串口相连，这里就需要使用一根特制的背对背电缆来实现串口间的连接。而在实际网络工程中，路由器与外网相连的串行端口上是不需要配置串行端口时钟速率的，这时的时钟速率是由外部设备（如 ISP 的调制解调器或 CSU/DSU）来提供定时。

背对背电缆指的是电缆的一端为 DCE 端，另一端为 DTE 端，都采用 60 个针脚，并在缆线的端头标有 DCE 和 DTE 字样。这种缆线用于连接两台路由器的串口，在串行端口上，必须有一端来提供时钟速率，这里就是由标有 DCE 一端的串口提供时钟速率。

在图 1-21 中，R2 端为 DCE 端，应该在路由器 R2 上配置时钟速率以提供两个串口通信的定时。

```
Router>en
Router#conf t
Router(config)#host R2
R2(config)#int S0/0        ❶
R2(config-if)#clock rate?  ❷
Speed (bits per second
  1200
  2400
  4800
  …
  1300000
  2000000
  4000000         ❸
  <300-4000000> Choose clock rate from list above
R2(config-if)#clock rate 1200    ❹
R2(config-if)#
```

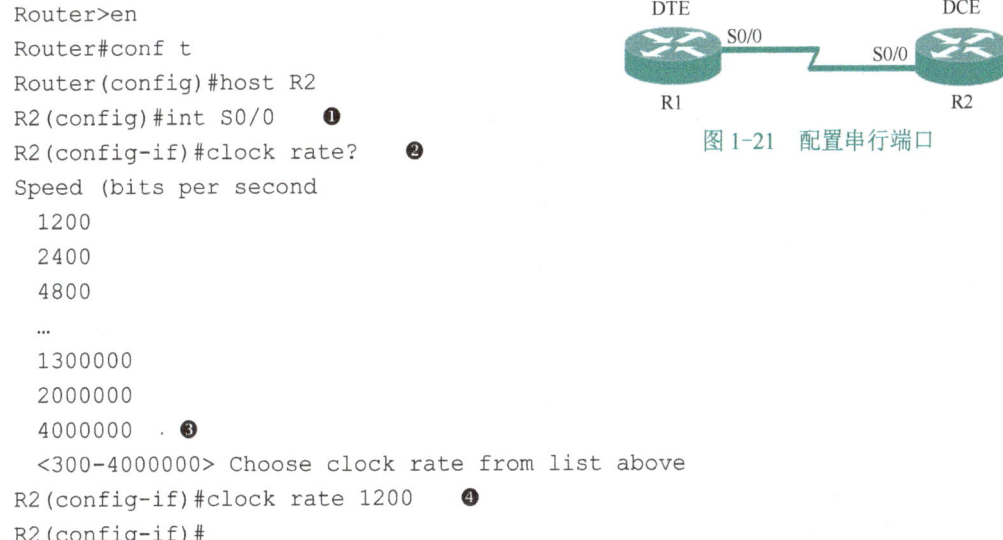

图 1-21　配置串行端口

其中，❶处是进入串行端口 s0/0；❷处是查询此串行端口支持的时钟速率，注意，不是任意一个值都被此串行端口支持；❸处列出了此串行端口支持的时钟速率；❹处是配置时钟速率的语句，这里配的是 1200，但 Cisco 一般建议配置 64 000。时钟速率不要配置得太高，否则容易造成丢包的情况。

（2）配置端口带宽

端口带宽的作用是在某些路由选择协议进行路由选择时，向其报告此端口的通信能力，是计算路由时使用的。

例如，某端口的实际时钟速率为 128 000bit/s，这是它的位传输速率；而端口带宽被设置为 56kbit/s，是指路由协议计算开销时采用的带宽值。配置端口带宽的过程如下。

```
R2#conf t
Enter configuration commands, one per line. End with CNTL/Z.
R2(config)#int s0/0
R2(config-if)#bandwidth 56    ❶
R2(config-if)#
```

其中，❶处是对端口带宽的设置语句。

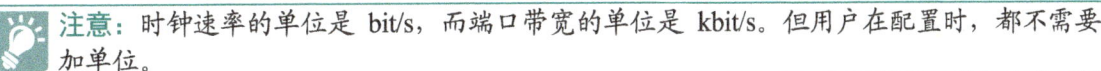

注意：时钟速率的单位是 bit/s，而端口带宽的单位是 kbit/s。但用户在配置时，都不需要加单位。

（3）激活端口

交换机的每个端口在默认情况下都是打开的，可以直接连上计算机使用，而路由器的端口与交换机不同，在默认情况下都是禁用的，这称为管理性关闭。

如果没有激活这个端口，即使配置了 IP 地址、掩码，以及封装的协议等信息，这个端口还是不能工作，就好像根本没有启动一样。因此，要让某个端口工作，就必须在这个端口上运行 no shutdown 命令去激活它。激活路由器 R1（和 R2）的端口 S0/0。

在 R1 上的配置如下。

```
R1(config)#int s0/0
R1(config-if)#no shut          ❶
%LINK-5-CHANGED: Interface Serial0/0, changed state to up     ❷
R1(config-if)#
```

其中，❶处是对进入 S0/0 端口使用 no shut 命令激活，使 S0/0 可正常使用；❷处是在❶处使用了 no shut 命令之后得到的提示信息，表示 S0/0 端口已被激活。

这里需要特别注意的是，与 R1 的 S0/0 端口相连接的 R2 的 S0/0 端口也需要激活才行，否则 R1 与 R2 仍然不能通过 S0/0 端口来通信。

如果需要关闭某个端口，可以使用 shutdown 命令。

```
R1(config)#int s0/0
R1(config-if)#shutdown
%LINK-5-CHANGED: Interface Serial0/0, changed state to administratively down
R1(config-if)#
```

可见，对 R1 的 S0/0 端口使用 shutdown 命令后，该端口被管理性关闭了。

（4）配置 IP 地址

给路由器配置 IP 地址与给交换机配置的不同之处有：一是需要为交换机指定网关地址，而路由器不需要另外指定网关地址，因为路由器的每个端口就是网络之间的网关；二是给交换机配置 IP 地址的目的主要是为了远程管理，只需要配置一个 IP 地址即可，而路由器则需要对每个端口配置不同的 IP 地址，因为路由器的每个端口都与不同的网段相连，所以这些 IP 地址应该处于不同的网段。

图 1-22 中 R2 的两个端口 F0/0 和 F0/1 的 IP 地址都属于 192.168.1.0/24 网段，是一个无效的 IP 地址分配方式。

图 1-22 在 R2 上无效的 IP 地址

现在通过配置举例来验证 R2 上的两个端口 IP 的地址无效。

```
R2#conf t
R2(config)#int f0/0
R2(config-if)#ip add 192.168.1.1 255.255.255.0     ❶
R2(config-if)#no shut
%LINK-5-CHANGED: Interface FastEthernet0/0, changed state to up
R2(config-if)#int f0/1
R2(config-if)#ip add 192.168.1.2 255.255.255.0     ❷
```

```
    %192.168.1.0 overlaps with FastEthernet0/0     ❸
    R2(config-if)#ip add 192.168.2.1 255.255.255.0    ❹
    R2(config-if)#no shut
    %LINK-5-CHANGED: Interface FastEthernet0/1, changed state to up
    R2(config-if)#
```

其中，❶处是给 F0/0 分配 IP 地址 192.168.1.1，后面的 255.255.255.0 是子网掩码，是 24 位的掩码，说明 F0/0 端口属于 192.168.1.0 网段，这是给路由器端口配置 IP 地址的方法；❷处是给 F0/1 分配 IP 地址 192.168.1.2，该地址也属于 192.168.1.0 网段，这样在❸处就看见一个错误提示："% 192.168.1.0 overlaps with FastEthernet0/0"，提示 192.168.1.0 与 FastEthernet0/0 重叠。有效的分配方案可以是将❷处的配置改为❹处的配置，即用另一个网段的 IP 地址。

3. 保存配置文件

路由器与交换机一样，在进行配置之后，需要将配置信息保存起来，下次重启之后才能生效。Cisco 路由器的配置文件同交换机一样，也是被保存在 NVRAM 中，并且保存配置文件的方法也一样，读者可参照交换机保存配置文件的方法，这里不再赘述。

4. 查看路由器配置信息

路由器与交换机一样，也可以使用 show run 或 show startup-config 命令来查看配置信息，这两个命令的使用方法和功能与交换机一样，这里不再赘述。

5. 查看路由器端口信息

查看路由器端口信息有以下两个命令。

（1）show interface 命令

此命令是用来显示路由器端口的参数、状态信息、统计信息。此命令经常在排除故障时使用。命令格式是 "R1#show interfaces 端口名"。

```
    R2#show interfaces f0/0     ❶
    FastEthernet0/0 is up❷, line protocol is down ❸(disabled)
      Hardware is Lance, address is 0010.11d2.6001 (bia 0010.11d2.6001)
      Internet address is 192.168.1.1/24      ❹
      MTU 1500 bytes, BW 100000 Kbit, DLY 100 usec,    ❺
    …
    R2#
```

其中，❶处是用于查看端口 F0/0 信息的命令；❷处的 up 表示此端口当前的物理层已打开，这个端口正在侦听物理层信号，如果为 down，表示此端口的物理层未打开；❸处的 down 指的是数据链路层状态，表示数据链路层不可用，可能是由两端封装协议不一致引起的，或者没有连线等，如果为 up，则表示数据链路层已开启，可正常通信；❹处当前端口上所配置的 IP 地址和掩码长度；❺处是以太网帧的最大传输单元，这里为 1500 字节，以及端口带宽、延迟等信息。

> **说明：** 如果❶处的命令中没有指明要查看的端口名称（这里查看的是 F0/0），则将显示所有端口，包括已经激活的端口和还没有被激活的端口。

（2）show ip interface 命令

此命令用于显示某端口的状态，以及配置的 IP 地址、子网掩码、广播地址等。

```
R2#show ip interface f0/1                       ❶
FastEthernet0/1 is up, line protocol is up (connected)    ❷
  Internet address is 192.168.2.1/24            ❸
  Broadcast address is 255.255.255.255          ❹
  Address determined by setup command
  MTU is 1500
  Helper address is not set
  …
```

其中，❶处是用于查看端口 F0/0 信息的命令；❷处的两个 up 表示此端口当前的物理层和数据链路层已打开；❸处是本端口的 IP 地址 192.168.2.1，掩码长度为 24 位；❹处表示定向广播地址为 255.255.255.255。

【任务实施】

网建公司的网络设计和部署项目组在项目经理李明的带领下，为七彩数码集团的新建网络规划完 IP 地址，且北京总部网络已部署完毕，现需要对总部网络的网络设备进行基本的配置工作。

主要实施步骤如下。

第 1 步：配置 Beijing1 和 Beijing2 两台路由器的主机名和 IP 地址。
第 2 步：配置交换机的管理 IP 地址、端口速率与双工模式。
第 3 步：保存配置信息。

北京总部网络拓扑如图 1-23 所示。

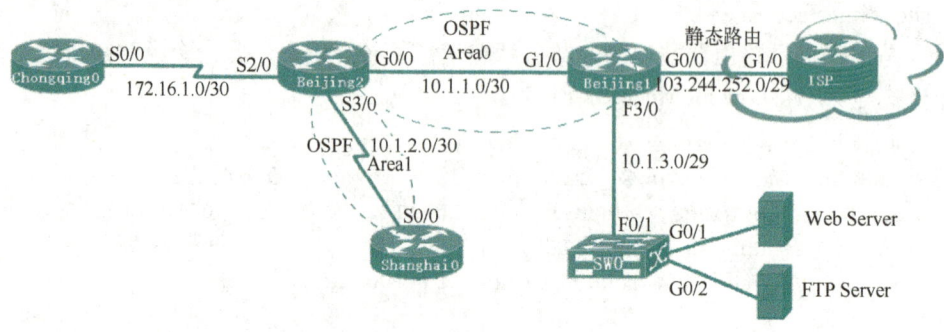

图 1-23　北京总部网络拓扑

1. 配置 Beijing1 和 Beijing2 两台路由器的主机名和 IP 地址

Beijing1 路由器的主机名和 IP 地址配置如下。

```
Router#conf t
Router(config)#host Beijing1
Beijing1(config)#int G1/0
Beijing1(config-if)#ip add 10.1.1.1 255.255.255.252
Beijing1(config-if)#no shut
Beijing1(config)#int f3/0
Beijing1(config-if)#ip add 10.1.3.1 255.255.255.252
Beijing1(config-if)#no shut
Beijing1(config-if)#
```

Beijing2 路由器的主机名和 IP 地址配置如下。

```
Router#conf t
Router(config)#host Beijing2
Beijing2(config)#int G0/0
Beijing2(config-if)#ip add 10.1.1.2 255.255.255.252
Beijing2(config-if)#no shut
Beijing2(config-if)# int s2/0
Beijing2(config-if)#clock rate 64000
Beijing2(config-if)#ip add 172.16.1.1 255.255.255.252
Beijing2(config-if)#no shut
Beijing2(config-if)#int s3/0
Beijing2(config-if)#clock rate 64000
Beijing2(config-if)#ip add 10.1.2.1 255.255.255.252
Beijing2(config-if)#no shut
```

2. 配置交换机的管理 IP 地址、端口速率与双工模式

```
Switch>en
Switch # conf t
Switch (config) # host SW0   //设总部交换机名为SW0.
SW0(config)#
SW0(config)#int vlan 1
SW0(config-if)#ip add 10.1.3.254 255.255.255.0
SW0(config-if)#no shut
SW0(config-if)#exit
SW0(config)#ip default-gateway 10.1.3.1
SW0(config)#int f0/1
SW0(config-if)#speed 100
SW0(config-if)#duplex auto
SW0(config-if)#
```

3. 保存配置信息

```
SW0(config-if)#end
SW0#wr
Building configuration…
[OK]
SW0#
```

路由器和交换机保存配置信息的方法是相同的,按保存交换机配置信息的方法完成 Beijing1 和 Beijing2 两台路由器配置信息的保存。

【考赛点拨】

本任务内容涉及认证考试和全国职业院校技能竞赛的相关要求如下。

1. 认证考试

关于网络设备的认证考试主要有华为、锐捷、思科等公司认证,以及 1+X 证书考试。这里列出了这些认证考试中关于网络设备基本配置的要求。

- 为满足给定网络场景要求选择设备组件。
- 识别并适当选用 LAN 中用于将网络设备与其他设备或主机相连的介质、电缆、端口等。
- 运用 CLI 建立基本的路由设置。
- 配置初始交换机和路由器并核实其配置信息。
- 配置以太网端口并核实其运行状态。

2. 技能竞赛

网络设备基本配置在网络设备竞赛操作模块中属于设备的基础配置，是必考的内容，包括端口命名规则、线缆的选择与连接、设备硬件的组成及功能、端口 IP 地址配置、IOS 管理、配置信息管理等内容。

任务1.3　管理网络设备

【任务描述】

在对七彩数码集团网络的实施过程中，需要对组网的各种网络设备进行管理，包括：了解 IOS 的命名规则及查看 IOS、远程登录功能的配置、CDP 的管理、配置主机名解析、使用 ping 命令和 traceroute 命令进行网络连通性测试等。

【任务分析】

作为网建公司的网络设计和部署项目组成员，要完成本任务的工作，需要具备关于路由器管理的以下相关能力。

- 了解 IOS 文件的命名规则。
- 理解远程登录的作用及配置方法。
- 理解 CDP 的作用。
- 了解配置主机名解析的作用与配置方法。
- 掌握连通性测试的方法。

【知识储备】

12　IOS 管理

1.3.1　了解 IOS

管理 IOS 主要包括：IOS 文件的命名规则、备份与恢复 IOS、备份与恢复配置、远程登录、CDP、配置主机名解析和 Debug 的使用等。

1．IOS 文件的命名规则

Cisco 的 IOS 文件有其专门的命名规则，通过 IOS 文件名就可以知道此 IOS 的运行平台、特性、运行位置、压缩方式及软件版本等。例如，路由器的 IOS 名为 c7200-js-mz.123-5.bin，其中：

1）硬件平台为 c7200，表示此 IOS 文件是运行在 7200 系列路由器上的。

2）特性集为 js，其中 j 表示运用于企业，s 是增强版的意思，因此 js 就表示此 IOS 是企业增强版。部分特性集代码见表 1-11。

表 1-11　IOS 的部分特性集代码

特性集代码	说明
js	企业增强
j	企业
is	IP 增强
i	IP
i3	简化的 IP，没有 BGP、EBP
k9	IPSec 3DES
jk8s	具有 IP 安全的企业增强
d	桌面系统

3）运行位置为 m，表示此 IOS 是在 RAM 中运行的。运行位置代码见表 1-12。

表 1-12　IOS 运行位置代码

运行位置代码	运行位置
r	在 ROM 中运行
m	在 RAM 中运行
l	在运行时被重新加载
f	在 Flash 中运行

4）压缩方式为 z，表示此 IOS 文件是以 ZIP 方式压缩的，在运行之前，必须先解压缩。压缩方式代码见表 1-13。

表 1-13　IOS 压缩方式代码

压缩方式代码	压缩方式
z	以 ZIP 方式压缩
w	以 Stac 方式压缩
x	以 MZIP 方式压缩

5）版本号为 123-5，表示其主版本号为 12.3，已维护了 5 次。

当 Cisco 发布了某个主版本的 IOS 以后，会对它进行维护，修正其中的 bug，每修正一次，其维护版本号加 1。例如 c2600-is-l.121-16.bin 代表主版本号为 12.1，维护了 16 次。当一个主版本的 IOS 发布一段时候后，Cisco 会推出基于该主版本的下一版本 IOS 的测试版，IOS 名字后面会加上"T"字，例如 c2600-is-l.122-16.T16.bin，当正式发布的时候，它将成为 12.3 版本。

6）".bin"表示这是一个二进制的 IOS 文件。

2．查看 IOS

使用下面两个命令都可以查看路由器的 IOS 文件。

（1）show flash 命令

在前面提到过，路由器的 IOS 文件是保存在闪存中的，通过执行 show flash 命令，就可以查看到保存在闪存中的所有 IOS 文件。为什么说是所有的？因为有的路由器闪存容量可能较大，可以存储多个 IOS，但这种情况一般比较少见。使用 show flash 命令的输出情况如下所示。

```
Beijing1#show flash
System flash directory:
File  Length     Name/status
  3   5571584    c2600-i-mz.122-28.bin
  2   28282      sigdef-category.xml
  1   227537     sigdef-default.xml
[5827403 bytes used, 58188981 available, 64016384 total]
63488K bytes of processor board System flash (Read/Write)
```

可见，有一个 IOS 在闪存中，IOS 文件名为 c2600-i-mz.122-28.bin，还剩余 58MB 左右的空间，Flash 的总容量为 64MB。

这个命令也可以在用户模式下运行。

（2）show version 命令

此命令可用于查看路由器正在使用的 IOS 文件。使用 show flash 命令可以看到保存在 Flash 内的所有 IOS 文件，如果有多个 IOS 文件而不能确定当前正在运行的 IOS 文件是哪一个，使用 show version 命令可查看正在运行的 IOS 文件，输出情况如下所示。

```
Beijing1#show version
Cisco Internetwork Operating System Software
IOS (tm) C2600 Software (C2600-I-M), Version 12.2(28), RELEASE SOFTWARE (fc5)
…
System returned to ROM by reload
System image file is "flash:c2600-i-mz.122-28.bin"    ❶
cisco 2621 (MPC860) processor (revision 0x200) with 60416K/5120K bytes of memory
Processor board ID JAD05190MTZ (4292891495)
M860 processor: part number 0, mask 49
Bridging software.
X.25 software, Version 3.0.0.
2 FastEthernet/IEEE 802.3 interface(s)    ❷
32K bytes of non-volatile configuration memory.
63488K bytes of ATA CompactFlash (Read/Write)
Configuration register is 0x2102    ❸
```

其中，❶处是系统的 IOS 映像文件及存储的位置：IOS 文件存储在闪存中，文件名是 c2600-i-mz.122-28.bin；❷处是当前路由器的端口，有两个快速以太网端口；❸处是寄存器的配置值 0x2102，这属于正常使用时的值。

1.3.2 远程登录

所谓远程登录，就是指网管人员不必亲临现场，只要能够 ping 通这个网络设备，就能够对这个设备进行远程配置。

前面讲过，当路由器（或交换机）没有配置 IP 地址时，只能通过 CONSOLE 端口接入计算机，通过终端软件来进行初始配置。但是，在实际的网络工程中，在对网络进行后期的维护时，可能需要对网络设备的配置进行修改，试想一下：在北京的网络管理员想要对上海分公司的路由器进行远程配置，亲自到上海去明显不方便；另外，在一个网络中心机房中，各种网络设备的放置情况很可能不方便维护人员直接将 CONSOLE 线缆接到相应的设备上进行配置。在这些情况下，都需要采用远程配置的方式来解决。

要使远程主机能通过网络远程登录到网络中的网络设备，需要对此网络设备进行登录前的配置，包括使能口令、在线路模式下的登录口令。

下面以图 1-24 所示的拓扑为例，讲解远程登录的配置方法。

在路由器上的配置过程如下。

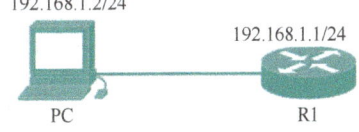

图 1-24 远程登录

```
Router>en
Router#conf t
Router(config)#host R1
R1(config)#int f0/0
R1(config-if)#ip add 192.168.1.1 255.255.255.0
R1(config-if)#no shut
R1(config-if)#exit
R1(config)#enable password abc      ❶
R1(config)#line vty 0 4              ❷
R1(config-line)#password xyz         ❸
R1(config-line)#login
R1(config-line)#
```

其中，❶处 enable password abc 命令的功能是配置使能口令为 abc。要使 PC 能远程登录 R1，必须配置此口令，因为在登录时从用户模式进入特权模式要求输入一个使能口令，如果此处没有配置，那只能登录到 R1 的用户模式，用户模式下基本不能对 R1 进行需要的远程配置。❷处是进入虚拟终端的线路模式的命令。其中，line 表示进入某种线路模式，如 line console 0 表示进入控制台端口线路模式；vty 表示虚拟终端，vty 是 Cisco 在其网络设备上设置的逻辑线路，用于远程登录时管理连接；"0 4"表示从 0～4 一共 5 条虚拟线路可同时登录到此设备。❸处"password xyz"命令是配置远程登录时的口令为 xyz。

再来看在 PC 上进行远程登录的操作过程，如图 1-25 所示。

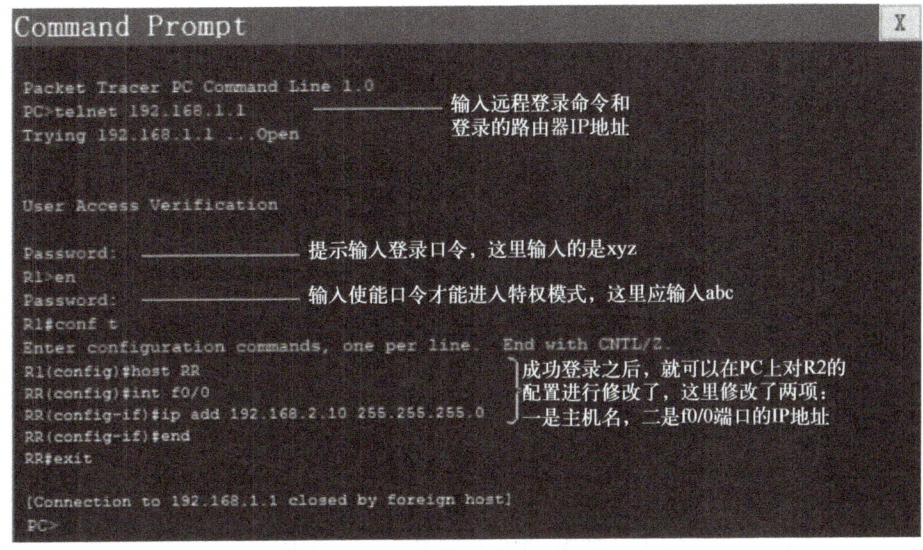

图 1-25 在 PC 上进行远程登录

配置远程登录时需注意以下两个方面。

1）如果没有配置 vty 线路口令，那么会出现如下提示。

```
PC>telnet 192.168.1.1
Trying 192.168.1.1 ...Open
[Connection to 192.168.1.1 closed by foreign host]
```

在输入"telnet 192.168.1.1"后，会产生错误提示"[Connection to 192.168.1.1 closed by foreign host]"。可见，如果没有配置 vty 线路口令，是不能远程登录的。

2）如果在 R1 的配置过程中没有配置特权口令（enable password ccna），则会出现如下提示。

```
PC>telnet 192.168.1.1
Trying 192.168.1.1 ...Open
User Access Verification
Password:    ❶
Router>en    ❷
% No password set.
Router>
```

其中，❶处表示在输入"telnet 192.168.1.1"之后，提示输入 vty 线路口令，如果配置了 vty 线路口令，在正确输入之后，就可以进入用户模式了；❷处表示在用户模式执行 enable 命令进入特权模式，提示没有设置口令，不能进入。因此，一定要在 R1 的配置过程中为 R1 配置一个可以进入特权模式的使能口令。

如果要关闭远程登录，可执行 exit 命令进行关闭。

1.3.3 CDP

思科发现协议（Cisco Discover Protocol，CDP）是一个思科专有的数据链路层协议，思科的路由器与交换机都支持此协议。CDP 可以用来发现直接相连设备的信息。需要注意的是，这里的"直接相连"是指两台设备用线缆直接相连，思科设备不转发 CDP 邻居信息。

在图 1-26 中，交换机 Switch 不向 R2 转发来自 R3 的 CDP 邻居信息，R1 不能收到来自 Switch 和 R3 的邻居 CDP 信息。CDP 是一个二层协议，相邻设备间发送 CDP 信息是不需要使用 IP 地址的。

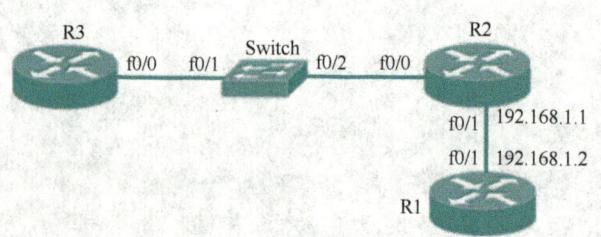

图 1-26　CDP 拓扑

1. 禁止与启用 CDP

Cisco 设备上的 CDP 在默认状态下是开启的，每 60s 以组播的方式自动生成一次更新通告。但在实际工程中，用户可能需要禁止它们对外发布 CDP 信息，因为 CDP 更新信息会对用户正在进行的配置造成一定的干扰。禁止 CDP 显示的命令如下所示。

```
R2#conf t
R2(config)#no cdp run    ❶
R2(config)#int f0/1
R2(config-if)#no cdp enable    ❷
R2(config-if)#
```

其中，❶处是在全局配置模式下使用 no cdp run 命令禁用 CDP，这将会使此设备的所有端口都不向外发送 CDP 更新信息；❷处是在某个端口下使用 no cdp enable 命令禁用 CDP，这样只能禁止 f0/1 端口不向外发送 CDP 信息。

> **注意**：在全局模式下用"run"，在端口模式下用"enable"。在一个企业网的边界路由器上需要禁用 CDP，因为此路由器是连接到 Internet 的，所以应该将与 Internet 相连接的端口的 CDP 禁用了。

如果在进行故障排除时需要知道与此设备相连接的对端设备的情况，就要启用 CDP，将❶和❷两个命令前的"no"去掉即可。

2. 查看 CDP 邻居信息

由于 CDP 属于数据链路层协议，因此可以不在设备上配置 IP 地址也能收到 CDP 邻居信息。查看与路由器 R2 相连的 CDP 邻居信息的命令如下。

```
R2#show cdp neighbors    ❶
%CDP is not enabled    ❷
R2#conf t
R2(config)#cdp run    ❸
R2(config)#int f0/1
R2(config-if)#cdp enable    ❹
R2(config-if)#end
R2#show cdp neighbors    ❺
Capability Codes: R-Router, T-Trans Bridge, B-Source Route Bridge
    S-Switch, H-Host, I-IGMP, r-Repeater, P-Phone
Device ID    Local Intrfce    Holdtme  Capability   Platform    Port ID
R1           Fas 0/1          160      R            C2600       Fas 0/1    ❻
Switch       Fas 0/0          169      S            2950        Fas 0/2
```

其中，❶处是查看 CDP 邻居信息的命令。❷处提示没有运行 CDP，这是因为前面对路由器 R2 禁用了 CDP。❸和❹处是分别在全局模式和端口模式下开启 CDP。❺处是重新查看 CDP 邻居信息。❻处显示所看到的邻居信息内容。其中，Device ID 表示设备的名称（主机名），这里一个是 R1，一个是 Switch；Local Intrfce 显示本设备上的哪一个接口与邻居相连接，这里是 R2 上的两个接口，f0/0 与 Switch 相连，f0/1 与 R1 相连；Holdtme 表示抑制计时器，最长时间是 180s，这里的数字表示最多多长时间内没收到 CDP 消息更新，将不再保存此邻居的 CDP 信息；Capability 表示从什么类别的设备上接收到此 CDP 信息，这里的 S 表示交换机，R 表示路由器；Platform 表示平台，指与 R2 相连接的硬件平台；Port ID 指与 R2 相连接的对端设备的端口类别，一个是交换机的 f0/2 端口，另一个是路由器 R1 的 f0/1 端口。

3. 显示详细的 CDP 信息

在进行网络故障排除时，可能需要更详细的邻居信息，例如需要显示邻居的三层 IP 地址。

这时，可以使用 show cdp neighbors detail 命令。

```
R2#show cdp neighbors detail
Device ID: R1
Entry address(es):
IP address : 192.168.1.2
Platform: cisco C2600, Capabilities: Router
Interface: FastEthernet0/1, Port ID (outgoing port): FastEthernet0/1
Holdtime: 177
…
```

1.3.4 配置主机名解析

在互联网上，对一个站点的访问通常是输入一串字符，这串字符被称为域名，通过网络中的 DNS 服务器将之转换成 IP 地址。类似的，Cisco 网络设备也支持以名称的方式进行访问。

例如在前面使用 telnet 命令时，就可以使用主机名来代替 IP 地址。解析主机名与 IP 地址的方式有两种：静态解析和动态解析。

静态解析的配置语法如下所示。

```
Router(config)#ip host 对端主机名 ［端口号］IP 地址 1 IP 地址 2… IP 地址 n
```

其中，"ip host" 为命令关键字，"对端主机名" 和后面的 "IP 地址 n" 是一种对应关系，通过静态地指定某个主机名和 IP 地址的对应关系之后，要访问某个 IP 地址就可以直接输入主机名，而不用输 IP 地址了。后面的 IP 地址个数最多为 8 个。

以图 1-27 为例说明如下。

图 1-27　配置主机名解析

以 telnet 为例，在 R1 上的配置过程如下。

```
Router#conf t
Router(config)#host R1
R1(config)#enable password aaaa
R1(config)#line vty 0 4
R1(config-line)#password bbbb
R1(config-line)#login
R1(config-line)#exit
R1(config)#int f0/1
R1(config-if)#ip add 192.168.2.1 255.255.255.0
R1(config-if)#no shut
R1(config-if)#
```

在 R2 的配置过程如下。

```
Router#conf t
Router(config)#host R2
R2(config)#ip host R1 192.168.2.1
```

```
R2(config)#int f0/1
R2(config-if)#ip add 192.168.2.2 255.255.255.0
R2(config-if)#no shut
R2(config-if)#
```

其中，❶处是在路由器 R2 上创建一个静态解析表，利用此表，如果需要远程登录到路由器 R1，就可以输入"telnet R1"。

```
R2#telnet R1        ❶
Trying 192.168.2.1 ...Open
User Access Verification
Password:           ❷
R1>en
Password:           ❸
R1#
```

其中，在❶处输入的名字"R1"与对端路由器名 R1 没有必然联系，在这里配置为"R1"只是为了帮助记忆，也可以换成其他字符，如"ABC"等，只是在进行远程登录时，需要输入"telnet ABC"；❷处输入口令"bbbb"即可远程登录到路由器 R1；❸处输入口令"aaaa"可进入路由器 R1 的特权模式。

1.3.5 连通性测试

CDP 可以用于检验数据链路层是否正常运行，但是，它只能发现邻居的信息，并且只能在 Cisco 设备间使用，不能用于测试网络层上的问题。

在网络组建的测试中，判断一个网络是否具有传递数据的能力，应该看这个网络在网络层上能否连通。在 Cisco 设备中，主要使用两个命令来测试网络层的连通性：一个是 ping 命令，另一个是 traceroute 命令。这两个命令是用 ICMP（Internet Control Message Protocol，因特网控制消息协议）来完成消息传递工作的。

1. ping 命令的使用

ping 命令使用 ICMP 的两个消息来测试目的主机是否可达：一个消息是回送请求——Echo Request，这是源主机向目的主机发送的 ICMP 消息；另一个消息是回送应答——Echo Reply，这是目的主机对源主机的应答消息。下面举例说明 ping 命令的使用方法。

以图 1-28 所示为例，来说明 ping 命令的使用过程。

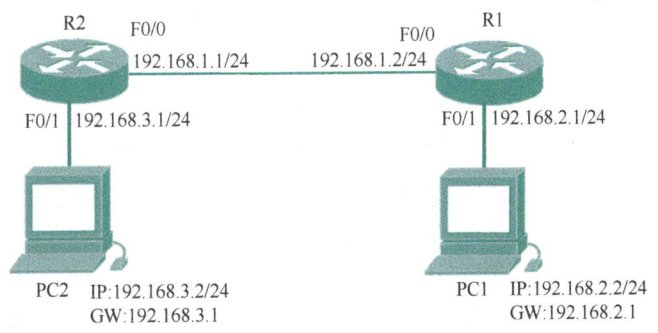

图 1-28 ping 命令的使用过程

假设现在从 PC1 到 PC2 的网络不通了，需要测试从计算机 PC1 到 PC2 的连通性，具体步骤如下所示。

第 1 步：TCP/IP 安装情况检查。进入 Windows 的命令提示符（CDM）下，输入命令"C:\ping 127.0.0.1"，如果出现"Reply from 127.0.0.1: bytes=32 time<1ms TTL=128"，则表明本机协议安装正常，可进入下一步操作，否则，须重新检查或安装 TCP/IP。

第 2 步：ping 本机的 IP 地址。该操作用于测试本机的 IP 地址是否正确配置。在 CMD 下输入"C:\ping 192.168.2.2"，如果显示"Reply from 192.168.2.2: bytes=32 time<1ms TTL=128"，则表明 IP 地址配置正确。

第 3 步：ping 网关。PC1 的网关地址就是路由器 R1 的 F0/1 端口的 IP 地址。

```
PC>ping 192.168.2.1          ❶
Pinging 192.168.2.1 with 32 bytes of data:

Reply from 192.168.2.1: bytes=32 time=54ms TTL=255
Reply from 192.168.2.1: bytes=32 time=17ms TTL=255
Reply from 192.168.2.1: bytes=32 time=31ms TTL=255     ❷
Reply from 192.168.2.1: bytes=32 time=17ms TTL=255

Ping statistics for 192.168.2.1:
    Packets: Sent=4, Received=4, Lost=0(0%loss),     ❸
Approximate round trip times in milli-seconds:
    Minimum=17ms, Maximum=54ms,Average=29ms
```

其中，❶处是 ping PC1 的网关地址 192.168.2.1 的命令。❷处的提示是从目的主机返回的 ICMP 消息，表示已经 ping 通。IP 地址 192.168.2.1 是网关地址，应答消息从此端口返回。bytes=32 是发送的字节数，time 指返回消息所花时间，其数值越小，表示速度越快，TTL 是生存时间，下面会给出对它的详细分析。❸处，"Packets: Sent=4"表明发送了 4 个测试数据包，"Received=4"表示对端（指作为网关的 F0/1 端口）接收到 4 个数据包，"Lost = 0 (0% loss)"表示丢包数为 0，丢包率为 0。

如果 PC1 在 ping 网关 IP 地址 192.168.2.1 时，产生如下所示的结果。

```
PC>ping 192.168.2.1
Pinging 192.168.2.1 with 32 bytes of data:

Request timed out.
Request timed out.        ❶
Request timed out.
Request timed out.

Ping statistics for 192.168.2.1:
    Packets: Sent=4, Received=0, Lost=4 (100% loss),     ❷
```

其中，❶处的提示"Request timed out."表示请求超时；❷处提示"Packets: Sent=4"表示发送了 4 个测试数据包，"Received=0"表示对端没有接收到数据包，"Lost=4"表示丢了 4 个数据包，丢包率为 100%。

此时就需要检查 PC1 网卡上的 IP 地址的设置是否与路由器 f0/1 端口在同一个网段内，以及路由器 F0/1 端口是否开启。

在 PC1 上，在 CMD 模式下，用 ipconfig/all 命令查看 IP 地址；在路由器上，用 show run 或 show int f0/1 命令查看其端口上配置的 IP 地址，也就是看是否按预先设计的拓扑图进行了 IP 地址的配置。

第 4 步：从 PC1 ping 外部 IP 地址。在本例中，先 ping 路由器 R2 的 F0/0 端口，再 ping R2 的 F0/1 端口，最后再 ping PC2 的 IP 地址。

如果 PC1 ping 路由器 R2 的 f0/0 端口不通，此时问题应该出现在 R1 与 R2 的连通性上，可能是通信线路问题、端口未启用、IP 地址配置问题或路由协议配置问题等，这就需要查看或修改 R1 和 R2 两台路由器的配置了。

第 5 步：路由器之间的 ping。使用 ping 命令的主要目的就是测试网络的连通性，查找网络故障。在工作中，也经常需要从一台路由器 ping 另一台路由器进行测试，如从 R1 去 ping R2：

```
R1#ping 192.168.1.1
Type escape sequence to abort.
Sending 5, 100-byte ICMP Echos to 192.168.1.1, timeout is 2 seconds:
!!!!!  ❶
Success rate is 100 percent (5/5), round-trip min/avg/max=16/23/32 ms
```

❶处的是 5 个 "!" 表示已 ping 通。如果从 R1 去 ping R2：

```
Rl#ping 192.168.1.1
Type escape sequence to abort.
Sending 5, 100-byte ICMP Echos to 192.168.1.1, timeout is 2 seconds:
.....❶
Success rate is 0 percent(0/5)
```

❶处的 5 个 "." 表示 ping 失败。

另外，ping 的显示结果还有如下这种情况。

```
R1#ping 192.168.1.1
Type escape sequence to abort.
Sending 5, 100-byte ICMP Echos to 192.168.1.1, timeout is 2 seconds:
.!!.!  ❶
Success rate is 80 percent (4/5), round-trip min/avg/max=17/27/32 ms
```

❶处所显示的是在 ping 包回复过程中，网络链路中有拥塞使得 ping 消息产生了超时。

前面讲的是 ping 命令的基本使用方法，Cisco 的网络设备 IOS 还支持扩展的 ping 命令，扩展 ping 命令具有更多的可选项。例如，可以设置 ping 使用协议；设置回送请求数量，默认为 5（也就是常看到的 5 个 "!"），可以输入其他数字；设置 ping 分组有多少个字节，默认 100Byte，可以输入其他数字；设置输入超时时长，即发生超时时需要等待的时间长度，默认为 2s，可以输入其他数字；设置输入源 IP 地址，即使用哪个端口去 ping 对端的端口等等。

使用扩展 ping 命令，通过设置 ping 包的个数和每个 ping 包的大小来观察是否有数据包丢失以及应答时间等，扩展 ping 命令可以用于检测一条线路的性能。

最后来分析生存时间（TTL），从 PC1 ping 路由器 R2 的 F0/0 端口 IP 地址 192.168.1.1。

```
PC>ping 192.168.1.1     ❶
Pinging 192.168.1.1 with 32 bytes of data:
```

```
Request timed out.
Reply from 192.168.1.1:bytes=32 time=47ms TTL=254    ❷
Reply from 192.168.1.1:bytes=32 time=31ms TTL=254
Reply from 192.168.1.1:bytes=32 time=47ms TTL=254
Ping statistics for 192.168.1.1:
   Packets:Sent=4,Received=3,Lost=1(25% loss),       ❸
Approximate round trip times in milli-seconds:
   Minimum=31ms,Maximum=47ms,Average=41ms
```

TTL 指定数据报被路由器丢弃之前允许通过的网段数量，"TTL=254" 表示允许通过 254 个网段。注意，前面 ping 地址 192.168.1.1 时，TTL=255。用户可根据 TTL 值来判断对端是的系统类型，如是路由器或 UNIX 系统，则 255 是最大值，如果对端是与 PC1 直接相连的路由器，则 TTL 的值就是 255。这里❶处 ping 路由器 R2 上的端口，则从❷处可见 TTL 从最大值 255 减 1，表示经过了一个网段，还允许经过 254 个网段。❸处显示 25%的丢包率，这是因为在❷处的第一个数据包超时。为什么会产生超时呢？因为在发送第 1 个 ping 包时，PC 的网卡需要学习目的 IP 所地址对应的 MAC 地址以封装数据包，这样会超过 ping 包的时间限制，导致第 1 个 ping 包无回复，显示为丢包，在 MAC 地址学习完成以后，后面的数据包就可以正常发送了。

从 PC1 ping PC2 的 IP 地址 192.168.3.2 的过程如下。

```
PC>ping 192.168.3.2    ❶
Pinging 192.168.3.2 with 32 bytes of data:

Request timed out.
Request timed out.
Reply from 192.168.3.2:bytes=32 time=80ms TTL=126    ❷
Reply from 192.168.3.2:bytes=32 time=94ms TTL=126

Ping statistics for 192.168.3.2:
   Packets:Sent=4,Received=2,Lost=2(50% loss),
Approximate round trip times in milli-seconds:
   Minimum=80ms, Maximum=94ms, Average=87ms
```

当 ping 的对端是 Windows 系统时，TTL 的最大值为 128。❶处表示 ping 的对端是 PC2 的 IP 地址；❷处显示 TTL 的值为 126，表示对端系统为 Windows 系统（这里为什么不是 125 呢？因为 Windows 系统间 ping 的跳数计算默认至少是两跳）。

2. traceroute 命令的使用

ping 命令是用于测试从源端到目的端的连通性问题，但如果有连通性问题，ping 命令却不能说明什么地方出了问题。traceroute 命令是用于检测网络路径上某个路由器故障的，它是一个正确理解 IP 网络、路由原理、网络工程技术及系统管理的重要命令。traceroute 命令通过列出网络路径中的每台路由器来反映网络层的连通性问题。

以图 1-29 所示为例来说明 traceroute 命令的使用过程。

在路由器或 UNIX 操作系统中，其命令格式为"traceroute 目的 IP 地址"；而在 Windows 操作系统中，其命令格式为"tracert 目的 IP 地址"。

根据图 1-29 所示，先来看在 R1 中使用 traceroute 命令的过程。

```
R1#traceroute 192.168.3.2    ❶
```

```
Type escape sequence to abort.
Tracing the route to 192.168.3.2

 1   192.168.1.2      32 msec 32 msec 32 msec
 2   192.168.2.2      64 msec 63 msec 64 msec     ❷
 3   192.168.3.2      96 msec 96 msec 96 msec
```

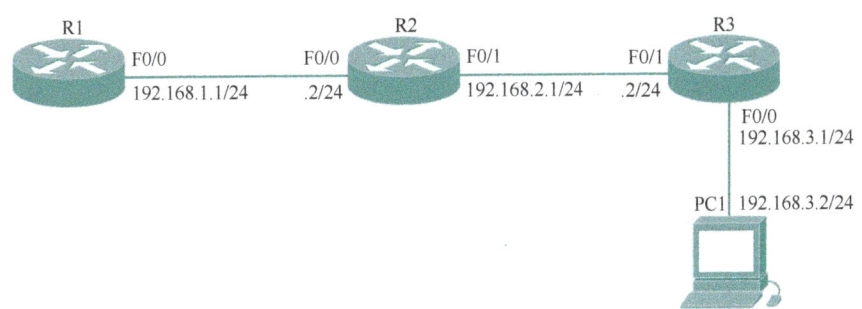

图 1-29 traceroute 命令的使用过程

其中，❶处是从路由器 R1 发出到 PC1 的测试命令，在这里输入的是 PC1 的 IP 地址，如果想要跟踪到达互联网上某个网站的路由信息，则应该在 traceroute 后面输入该网站的域名地址。例如要跟踪到达 www.163.com 网站的路由信息，应输入"traceroute www.163.com"（此命令也可以在用户模式下使用）。如果是从 PC1 上发出到 R1 的测试命令，则命令应为"tracert 192.168.1.1"。❷处表示从路由器 R1 到 PC1 经历的路径：共 3 跳，每一行列出了 1 跳。从其中的 IP 地址可看出，第一跳是与 R1 相连的 R2，第二跳为 R3，第三跳是目的地 PC1。在❷处，IP 地址的后面有 3 个时间长度，traceroute 通过发送 40Byte 的测试数据包到路径中的每一台主机，路径中的每一台主机都返回其响应，由于路径上的每台设备都要测试 3 次，因此每一跳都有 3 个返回时间。如果测试过程中没有看到❷处所示的往返时间，而是出现了"*"，表明在这个路径上某台设备不能在给定时间内返回测试的应答消息。

```
R1#traceroute 192.168.3.2
Type escape sequence to abort.
Tracing the route to 192.168.3.2
 1   192.168.1.2      26 msec   32 msec   32 msec
 2   192.168.2.2      64 msec   64 msec   49 msec
 3   192.168.2.2      !H        *         !H
 4    *       *
```

上面这种情况表示在从路由器 R1 通往 PC1 的路径上，数据在 192.168.2.2 之后，就没有消息返回了，这可能是线路问题、端口问题、IP 地址或路由协议未正确配置等原因。traceroute 命令的作用是确定故障出在什么地方，以便对症下药。

traceroute 命令与 ping 命令类似，也有扩展的 traceroute 命令，向用户提供一些可选项目。

【任务实施】

网建公司的网络设计和部署项目组在项目经理李明的带领下，完成七彩数码集团总部网络设备的基本配置工作之后，为了让网络管理员能够对总部网络进行管理，需要对总部的路由器和交换机做进一步的配置。

主要实施步骤如下。

第 1 步:测试总部网络的连通性。

第 2 步:配置 Beijing1 和 Beijing2 两台路由器的远程登录功能。

第 3 步:配置交换机 SW0 的远程登录功能。

第 4 步:远程登录测试。

第 5 步:保存配置信息。

北京总部网络拓扑如图 1-30 所示。

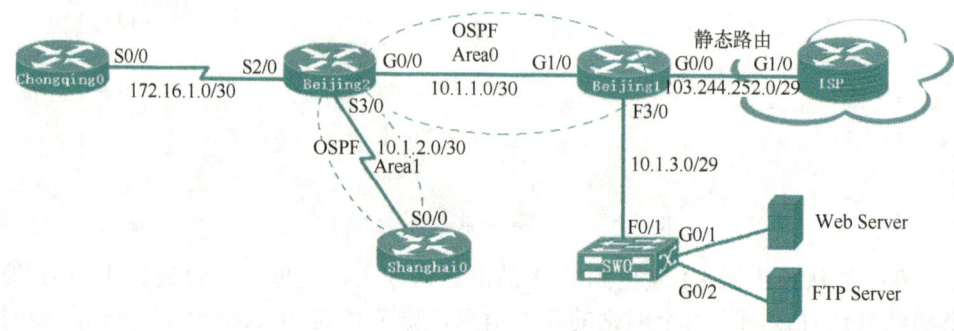

图 1-30　北京总部网络拓扑

1. 测试总部网络的连通性

为了让网络管理员能够对总部网络进行管理,应该保证总部网络的畅通。之前,网建公司已经对总部网络做了基本配置,现在来测试一下网络的连通性。

从路由器 Beijing1 去 ping 交换机 SW0。

```
Beijing1#ping 10.1.3.254
Type escape sequence to abort.
Sending 5, 100-byte ICMP Echos to 10.1.3.254, timeout is 2 seconds:
…
Success rate is 0 percent (0/5)
```

结果发现,ping 不通。

由于路由器 Beijing1 与交换机 SW0 是直连的,在线路没有问题的情况下,ping 不通的问题就出在配置上。

查看交换机配置(省略了其他部分信息)的过程如下。

```
SW0#show run
…
!
interface Vlan1
 ip address 10.1.3.254 255.255.255.0
!
ip default-gateway 10.1.3.1
!
…
```

查看路由器 Beijing1 的配置(省略了其他部分信息)过程如下。

```
Beijing1#show run
…
!
interface FastEthernet3/0
 ip address 10.1.3.1 255.255.255.0
 duplex auto
…
```

可以发现，路由器 F3/0 端口与交换机的管理 IP 地址并没有在同一个网段内，这是基本配置错误造成的。这就导致了路由器 Beijing1 与交换机 SW0 不能 ping 通。下面修改路由器 Beijing1 的 F3/0 端口的 IP 地址。

```
Beijing1(config)#int f3/0
Beijing1(config-if)#ip add 10.1.3.1 255.255.255.0
Beijing1(config-if)#no shut
```

再从路由器 Beijing1 去 ping 交换机 SW0。

```
Beijing1#ping 10.1.3.254
Type escape sequence to abort.
Sending 5, 100-byte ICMP Echos to 10.1.3.254, timeout is 2 seconds:
..!!!
Success rate is 60 percent (3/5), round-trip min/avg/max = 18/22/30 ms
```

现在可以 ping 通了。再来测试路由器 Beijing2 到交换机 SW0 的连通性。

```
Beijing2#ping 10.1.3.254
Type escape sequence to abort.
Sending 5, 100-byte ICMP Echos to 10.1.3.254, timeout is 2 seconds:
…
Success rate is 0 percent (0/5)
```

可见，路由器 Beijing2 到交换机 SW0 ping 不通，这是由于对路由器 R2 进行基本配置时，没有配置到达 10.1.3.0 网络的静态路由，也没有配置动态路由协议（这个内容将在项目 2 中学习），在此需要给路由器 Beijing2 配置一条到达交换机 SW0 所在网络的静态路由。

```
Beijing2(config)#ip route 10.1.3.0 255.255.255.0 g0/0
```

再来测试路由器 Beijing2 到交换机 SW0 的连通性。

```
Beijing2#ping 10.1.3.254
Type escape sequence to abort.
Sending 5, 100-byte ICMP Echos to 10.1.3.254, timeout is 2 seconds:
!!!!!
Success rate is 100 percent (5/5), round-trip min/avg/max = 47/53/63 ms
```

可见，路由器 Beijing2 到交换机 SW0 能 ping 通了（同样，交换机 SW0 到路由器 Beijing2 也能 ping 通）。

2．配置 Beijing1 和 Beijing2 两台路由器的远程登录功能

路由器 Beijing1 的远程登录功能配置如下。

```
Beijing1#conf t
Beijing1(config)#line vty 0 4
```

```
Beijing1(config-line)#password abcd
Beijing1(config-line)#end
Beijing1#
```

这里没有在路由器 Beijing1 上配置特权使能口令,因为在前面做基本配置时已经配置过了,这里只配置了虚拟线路口令为 "abcd"。

路由器 Beijing2 的远程登录功能配置如下。

```
Beijing2#conf t
Beijing2(config)#line vty 0 4
Beijing2(config-line)#password wxyz
Beijing2(config-line)#end
Beijing2#
```

这里没有在路由器 Beijing2 上配置特权使能口令,同样是因为在前面做基本配置时已经配置过了,这里配置虚拟线路口令为 "wxyz"。

3. 配置交换机 SW0 的远程登录功能

```
SW0#conf t
SW0(config)#line vty 0 4
SW0(config-line)#password abc
SW0(config-line)#login
SW0(config-line)#exit
SW0(config)#enable password 123
SW0(config)#end
SW0#
```

4. 远程登录测试

从路由器 Beijing2 远程登录交换机 SW0。

```
Beijing2#telnet 10.1.3.254
Trying 10.1.3.254 …Open

User Access Verification

Password:
SW0>en
Password:
SW0#
```

可见,从路由器 Beijing2 远程登录交换机 SW0 成功。其中,前一个口令是 "abc",后一个口令是 "123"。

从路由器 Beijing2 远程登录路由器 Beijing1。

```
Beijing2#telnet 10.1.1.1
Trying 10.1.1.1 …Open

User Access Verification

Password:
```

```
Beijing1>en
Password:
Beijing1#
```

可见，从路由器 Beijing2 远程登录路由器 Beijing1 成功。其中，前一个口令是"abcd"，后一个口令是"234"（在前一个任务中配置的特权口令）。

从路由器 Beijing1 远程登录路由器 Beijing2。

```
Beijing1#telnet 10.1.1.2
Trying 10.1.1.2 …Open

User Access Verification

Password:
Beijing2>en
Password:
Beijing2#
```

可见，从路由器 Beijing1 远程登录路由器 Beijing2 成功。其中，前一个口令是"wxyz"，后一个口令是"123"（在前一个任务中配置的特权口令）。

5．保存配置信息

```
Beijing1#wr
Building configuration…
[OK]
```

路由器 Beijing2 与交换机 SW0 保存配置信息的方法与 Beijing1 的是相同的。

【考赛点拨】

本任务内容涉及认证考试和全国职业院校技能竞赛的相关要求如下。

1．认证考试

关于网络设备的认证考试主要有华为、锐捷、思科等公司认证，以及 1+X 证书考试。这里列出了这些认证考试中关于网络设备管理的要求。

- 执行交换机、路由器 IOS 的安装。
- 检查网络连通性，如 ping、telnet 及 traceroute 命令的使用。
- 掌握查看网络设备 IOS 信息的命令。
- 配置并检查网络设备远程访问管理。

2．技能竞赛

在网络设备竞赛操作模块中，关于网络设备管理需要掌握的内容包括配置远程登录、使用 ping 命令和 traceroute 命令进行连通性测试。其中，远程登录配置是竞赛题目要求，而 ping 命令和 traceroute 命令则是竞赛操作中故障排查的必备知识。另外，在竞赛中可能会用到的操作包括 CDP 的开关、配置主机名解析等。

项目 2　路由配置

学习目标

【知识目标】

了解路由选择与路由表的相关概念。
了解静态路由与动态路由的使用场合。
掌握静态路由与默认路由的配置方法。
了解 RIP 的特点及工作原理。
掌握 RIP 的配置方法。
了解 EIGRP 的特点及工作原理。
掌握 EIGRP 的配置方法。
了解 OSPF 路由协议的特点及工作原理。
掌握 OSPF 路由协议的配置方法。

【能力目标】

会配置和调试静态路由和默认路由。
会配置和调试 RIP。
会配置和调试 EIGRP。
会配置和调试 OSPF 路由协议。
会路由重分布配置与调试。

【素质目标】

培养学生良好的设备操作规范和习惯。
培养学生良好的网络设备配置及故障排查能力。
培养学生独立思考问题的能力。
培养学生独立分析问题的能力及团队合作意识。

项目简介

网建公司的网络设计和部署项目组在项目经理李明的带领下，完成了七彩数码集团总部和所有分部网络的基本配置。而网络互连最核心的任务是解决路由问题，因此，接下来的工作任务是完成网络中路由器路由协议的配置。

项目经理李明根据七彩数码集团网络的具体情况（见图 2-1），对整个网络进行了如下规划。

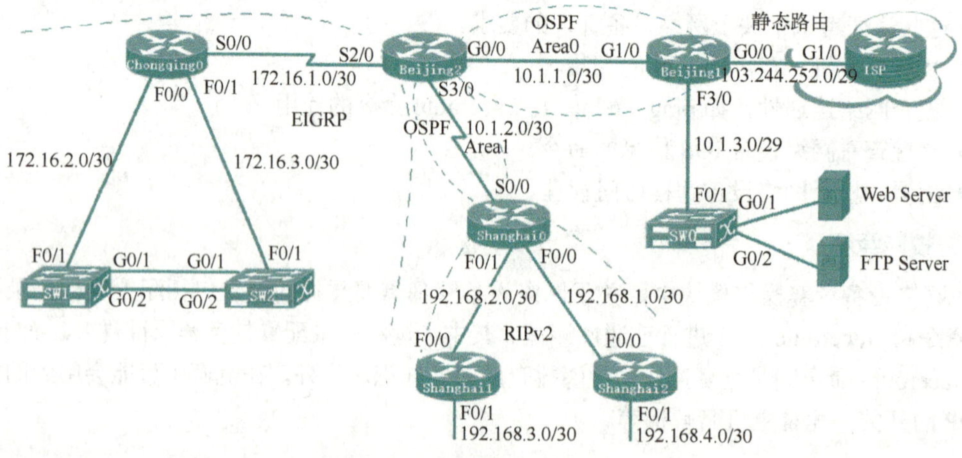

图 2-1　路由配置网络拓扑

1）在北京总部采用静态默认路由通过 ISP 接入 Internet。
2）在北京总部与上海分部之间配置多区域 OSPF。
3）上海分部内部网络配置 RIPv2。
4）重庆分部内部网络配置 EIGRP。
5）通过路由重分布实现整个公司网络互连。
本项目将围绕图 2-1 所示的网络拓扑完成网络路由功能的配置。

项目意义

在沙漠中，没有方向的人只能一遍又一遍徒劳地转着圈子。在 1994 年，意大利奥运选手莫罗·普洛斯佩里在撒哈拉沙漠马拉松比赛中迷路了，被困了 9 天，差点丢失生命。类似的，如果一个人没有制定好自己的人生目标，那么他总会事倍功半。同样，在计算机网络中，一个不知道如何达到目标网络的数据包在网络的传输过程中总是被丢弃，那么怎样才能使数据包找到它要到达的目标网络呢？

这就需要使用本项目中介绍的网络路由配置知识，通过在网络中配置恰当的路由协议，就可以指引 IP 数据包从源网络找到到达目标网络的路径。因此学习好本项目的内容对网络设备配置来说具有非常重要的意义。

任务 2.1 配置静态路由和默认路由

【任务描述】

静态路由是通过网络管理员手工配置路由信息来实现网络互连的，所以一般用于小型网络，或者用于企业网络与 ISP 连接。本任务中，北京总部的边界路由器与 ISP 之间的连接需要通过配置静态路由来实现，为以后公司网络接入 Internet 做好准备。

【任务分析】

作为网建公司的网络设计和部署项目组成员，要完成本任务的工作，需要具备关于静态路由的以下能力。
- 理解与路由相关的术语。
- 了解静态路由与动态路由的区别。
- 掌握直连路由的配置方法。
- 掌握静态路由的配置方法。
- 掌握默认路由的配置方法。

【知识储备】

2.1.1 路由

路由属于 OSI 模型中网络层的技术。路由就是把数据包从源主机通过网络中的路由器转发到达目的主机的过程。一般按构建路由表的方法将路由分为两类：静态路由和动态路由。

1. 静态路由

静态路由是网络管理员根据网络拓扑情况，采用手工方式分别为每台路由器配置的路由。所谓静态，体现在当网络拓扑或链路状态发生变化时，在每台路由器上配置的路由不会随之变化，网络管理员必须手工去修改相关路由器的静态路由信息。

静态路由的优点如下。

1）CPU 和 RAM 资源占用少。
2）由管理员手工配置，可控性强，保密性更好。
3）不会像动态路由那样因为需要发送路由更新而占用网络链路额外的带宽。

静态路由的缺点如下。

1）网络维护成本高，配置过程容易出错。
2）网络管理员需要完全了解整个网络的情况才能正确配置。
3）只适合在小型网络或简单链路中使用。

2. 动态路由

动态路由是由网络管理员在路由器上配置动态路由协议（如 RIP、EIFRP 或 OSPF 等）而产生的路由。通过路由器上的动态路由协议，路由器能动态地公告本路由器的路由表信息，同时动态地学习邻居路由器的路由表信息，当网络发生变化时，能动态地调整路由表，找出新的路由信息。

动态路由的优点如下。

1）当网络拓扑发生变化时，不像静态路由那样需要网络管理员手工调整，而是根据所配置的路由协议自动更新路由表。
2）路由表信息的构建由路由协议完成，可靠性高，不像静态路由那样需要手工配置，容易出错，同时还减少了网络管理员的工作量。
3）扩展性好，网络规模越大，动态路由相比静态路由而言优势越明显。

动态路由的缺点如下。

1）CPU 和 RAM 资源占用比静态路由多。
2）收发路由更新占用更多的网络链路带宽。
3）网络管理员需要掌握更多的网络知识和更丰富的经验才能完成配置和故障排除等工作。

3. 路由表

路由表是存放在 RAM 中的数据信息，里面记录了路由器直连网络和远程网络的路径信息。路由表是由若干个路由条目组成的，在路由条目中包含形成该路由条目的方式、能够到达的目标网络、下一跳网络（或直连）、下一跳端口等信息。

可以在路由器的特权模式下查看路由表信息，命令是 "R#show ip route"。

4. 直连网络

直连网络就是与路由器某一活动端口直接相连的网络，路由器会自动将该网络添加到自己的路由表中。

直连网络的配置是路由器配置中最基本的配置，无论是配置静态路由还是配置动态路由，都必须首先配置直连网络。

5. 管理距离

管理距离（Administrative Distance，AD）是用于度量路由可信度的一个参数。不同的路由协议，其管理距离不同。管理距离的大小被路由器认为是可靠性高低的区分标志。如果有多条路径都能到达同一目标网络，那么管理距离越小的路由协议越优先被选用。管理距离的取值范围是 0~255 间的整数，管理距离为 0 表示最可信，管理距离为 255 表示最不可信。

Cisco 路由器所支持的默认管理距离见表 2-1。

表 2-1 Cisco 路由器所支持的默认管理距离

路由协议	默认管理距离	路由协议	默认管理距离
直连接口	0	OSPF	110
静态路由（外出端口名）	0	IS-IS	115
静态路由（下一跳入口 IP）	1	RIP	120
EIGRP 汇总路由	5	EGP	140
外部 BGP	20	外部 EIGRP	170
内部 EIGRP	90	内部 BGP	200
IGRP	100	未知	255

6. 度量值

为路由器配置的每种动态路由协议都对应不同的路由算法，在产生路由表时，这些路由算法就会为每一条通过网络的路径产生一个数值，这个数值就称为度量值，又称 Metric 值。其中最小的度量值所对应的路径表示最优路径。

一些常用的计算度量值的参数如下。

- 跳数：报文要通过的路由器输出端口的个数。比如 RIP 就采用跳数作为其度量值。
- 延时：端口的延时。
- 代价：可以是一个任意的值，是根据带宽、费用或其他网络管理者定义的计算方法得到的。
- 带宽：数据链路的容量。
- 负载：网络资源或链路已使用部分的大小。
- 可靠性：网络链路的错误比特的比率。
- 最大传输单元（MTU）：在一条路径上所有链接可接受的最大消息长度（单位为 Byte）。

2.1.2 配置直连网络

直连网络的路由就是直连路由，它是由数据链路层协议发现的，是到达路由器端口地址所在网段的路径。该路由不由网络管理员维护，也不需要路由算法计算获得，只要完成 IP 地址配置并让路由器端口处于开启状态，路由器就会把直连端口所在的网段的路由信息存入路由表中。但是，直连路由只能发现本端口所属网段的路由。

16 直连网络

下面来学习直连网络的配置，实验拓扑如图 2-2 所示。

在路由器 R1 上进行直连网络的配置。

```
Router>
Router>en                          //进入特权模式
Router#conf t                      //进入全局模式
```

```
Router(config)#host R1                      //配置路由器名为R1
R1(config)#int L1                           //配置一个loopback端口
R1(config-if)#ip add 1.1.1.1 255.255.255.0  //给逻辑端口L1配置IP地址
R1(config-if)#int f1/0                      //进入f1/0端口
R1(config-if)#ip add 12.1.1.1 255.255.255.0 //给f1/0端口配置IP地址
R1(config-if)#no shut                       //打开f1/0端口
R1(config)#int f1/1                         //进入f1/1端口
R1(config-if)#ip add 13.1.1.1 255.255.255.0 //给f1/1端口配置IP地址
R1(config-if)#no shut                       //打开f1/1端口
R1(config-if)#end                           //退回到特权模式
R1#
```

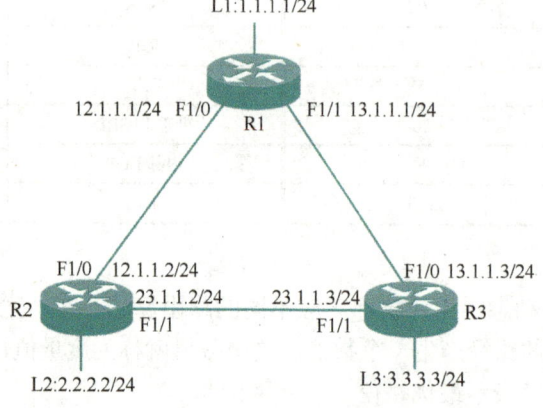

图2-2 直连网络实验拓扑

loopback（回环）端口是完全软件模拟的路由器本地端口，是个虚拟端口，它永远都处于UP状态。配置一个loopback端口类似于配置一个以太网端口，可以把它看作虚拟的以太网接口。loopback端口一般在实验中使用。其配置语法如下所示。

```
Router(config)#interface loopback loopback-interface-number
```

其中，"loopback-interface-number"是一个数字，取值范围是 0~2 147 483 647，也就是说最多可以配 20 多亿个虚拟端口。例如，取该数字为 0 时，该配置语法简写为"Router(config)#int L0"，这里 interface 简写为 int，loopback 简写为大写的 L（也可以用小写，但为了与数字 1 区分，一般用大写的 L），L0 就是 loopback0。

在路由器 R2 上进行如下基本配置。

```
Router>en
Router#conf t
Router(config)#host R2
R2(config)#int L2
R2(config-if)#ip add 2.2.2.2 255.255.255.0
R2(config-if)#int f1/0
R2(config-if)#ip add 12.1.1.2 255.255.255.0
R2(config-if)#no shut
R2(config-if)#int f1/1
R2(config-if)#ip add 23.1.1.2 255.255.255.0
R2(config-if)#no shut
```

```
R2(config-if)#end
R2#
```

在路由器 R3 上进行如下基本配置。

```
Router>
Router>en
Router#conf t
Router(config)#host R3
R3(config)#int L3
R3(config-if)#ip add 3.3.3.3 255.255.255.0
R3(config-if)#int f1/0
R3(config-if)#ip add 13.1.1.3 255.255.255.0
R3(config-if)#no shut
R3(config-if)#int f1/1
R3(config-if)#ip add 23.1.1.3 255.255.255.0
R3(config-if)#no shut
R3(config-if)#end
R3#
```

下面使用命令 show ip route 在特权模式下查看路由器 R1 的路由表信息。

```
R1#show ip route

Codes: C - connected, S - static, I - IGRP, R - RIP, M - mobile, B - BGP
D - EIGRP, EX - EIGRP external, O - OSPF, IA - OSPF inter area
N1 - OSPF NSSA external type 1, N2 - OSPF NSSA external type 2
E1 - OSPF external type 1, E2 - OSPF external type 2, E - EGP
i - IS-IS, L1 - IS-IS level-1, L2 - IS-IS level-2, ia - IS-IS inter area
* - candidate default, U - per-user static route, o - ODR
P - periodic downloaded static route

Gateway of last resort is not set

     1.0.0.0/24 is subnetted, 1 subnets
C       1.1.1.0 is directly connected, Loopback1
     12.0.0.0/24 is subnetted, 1 subnets
C       12.1.1.0 is directly connected, FastEthernet1/0
     13.0.0.0/24 is subnetted, 1 subnets
C       13.1.1.0 is directly connected, FastEthernet1/1
```

从上面显示的路由表信息可见，有 3 个路由条目与路由器 R1 直连，这与直接观察路由器 R1 所见到的结论是一样的。这 3 条直连路由可分别到达 F1/0 端口、F1/1 端口和虚拟端口 L1 所在的网络。当然，在 R2 和 R3 上查看路由表信息，也可得出类似的结果。

配置直连网络时需要注意以下两点。

1）如果路由器的某个端口没有使用 no shut 命令打开，那么在路由表中就不会有相应端口的路由条目存在；同时，如果本路由器端口已打开，但与此端口相连接的对方端口没打开，同样不会有相应的路由条目存在。例如，现在关闭路由器 R2 的 F1/0 端口后，再来查看路由器 R1 的路由表，将会发现少了一条路由（同样，在路由器 R2 上也没有这条路由）。

```
R1#show ip route

Codes: C - connected, S - static, I - IGRP, R - RIP, M - mobile, B - BGP
       D - EIGRP, EX - EIGRP external, O - OSPF, IA - OSPF inter area
       N1 - OSPF NSSA external type 1, N2 - OSPF NSSA external type 2
       E1 - OSPF external type 1, E2 - OSPF external type 2, E - EGP
       i - IS-IS, L1 - IS-IS level-1, L2 - IS-IS level-2, ia - IS-IS inter area
       * - candidate default, U - per-user static route, o - ODR
       P - periodic downloaded static route

Gateway of last resort is not set

     1.0.0.0/24 is subnetted, 1 subnets
C       1.1.1.0 is directly connected, Loopback1
     13.0.0.0/24 is subnetted, 1 subnets
C       13.1.1.0 is directly connected, FastEthernet1/1
```

通过对比可以发现，缺失的路由条目正是路由器 R1 与路由器 R2 间的直连路由。

2）先恢复正常的基本配置，即开启路由器 R2 上的 F1/0 端口，然后进行连通性测试，如果从路由器 R1 ping 路由器 R2 的三个端口，结果如下。

```
R1#ping 12.1.1.2         //12.1.1.2 是与路由器 R1 直接相连的端口 IP 地址

Type escape sequence to abort.
Sending 5, 100-byte ICMP Echos to 12.1.1.2, timeout is 2 seconds:
.!!!!
Success rate is 80 percent (4/5), round-trip min/avg/max = 1/4/6 ms

R1#ping 2.2.2.2          //2.2.2.2 是路由器 R2 的虚拟端口 IP 地址

Type escape sequence to abort.
Sending 5, 100-byte ICMP Echos to 2.2.2.2, timeout is 2 seconds:
…
Success rate is 0 percent (0/5)

R1#ping 23.1.1.2         //23.1.1.2 是路由器 R2 的 F1/1 端口 IP 地址

Type escape sequence to abort.
Sending 5, 100-byte ICMP Echos to 23.1.1.2, timeout is 2 seconds:
…
Success rate is 0 percent (0/5)
```

从上面的连通性测试结果可以发现，路由器 R1 可 ping 通与之直接相连的端口，而 ping 不通另两个端口，原因是在路由器 R1 上有到达 12.1.1.0/24 网络的路由，而没有到达 2.2.2.0/24 和 23.1.1.2/24 网络的路由。

怎样才能使路由器 R1 中产生到达 2.2.2.0/24 和 23.1.1.2/24 网络的路由呢？可以通过配置静态路由或动态路由来实现。

2.1.3 配置静态路由

前面讲过，静态路由与动态路由最明显的区别是静态路由条目不会随网络的变化而自动改变，它是由网络管理员手工配置的。静态路由相对动态路由来说更加安全，占用网络带宽更小，一般用于路由很少发生变化的小型网络中。

17　静态路由

前面讲的直连路由，只能到达与本路由器直接相连的端口节点，同样以图 2-1 为例，如何配置静态路由，才能使路由器 R1 能 ping 通路由器 R2 上的另两个端口呢？

在图 2-1 所示的拓扑中，前面配置的直连路由不变，在路由器 R1 上再增加一条到达路由器 R2 的 L2 端口的静态路由（这是使用下一跳路由器入口的 IP 地址来创建静态路由）：

```
R1(config)#ip route 2.2.2.0 255.255.255.0 12.1.1.2
```

在路由器 R1 上再增加一条到达路由器 R2 的 F1/1 端口的静态路由（这是使用本路由器外出端口名称来创建静态路由）：

```
R1(config)#ip route 23.1.1.0 255.255.255.0 F1/0
```

然后，在路由器 R1 上查看路由表信息。

```
R1#show ip route
…                            //在此省略部分多余显示信息，以节省篇幅
     1.0.0.0/24 is subnetted, 1 subnets
C       1.1.1.0 is directly connected, Loopback1
     2.0.0.0/24 is subnetted, 1 subnets
S       2.2.2.0 [1/0] via 12.1.1.2         ❶
     12.0.0.0/24 is subnetted, 1 subnets
C       12.1.1.0 is directly connected, Ethernet1/0
     13.0.0.0/24 is subnetted, 1 subnets
C       13.1.1.0 is directly connected, Ethernet1/1
     23.0.0.0/24 is subnetted, 1 subnets
S       23.1.1.0 is directly connected, Ethernet1/0      ❷
```

对比前面路由器 R1 在完成直连网络配置时的路由表信息，可以发现多了两条前面标注有"S"的路由信息，这就是静态路由。

配置静态路由的语法格式如图 2-3 所示。

```
              R1(config)#ip route  目标网络    目标网络掩码   下一跳路由器入口IP/本路由器外出端口名称
                固定模式
         例如：R1(config)#ip route 2.2.2.0    255.255.255.0   12.1.1.2           (或F1/0)
```

图 2-3　配置静态路由的语法格式

使用下一跳路由器入口 IP 地址和本路由器外出端口名称的区别。

1）体现形式不同。虽然都被标记为静态路由"S"，但前者是使用明确的 IP 地址作为静态路由的下一跳，如查询路由器 R1 的路由表中❶处所示；而后者由于使用的是本路由器的外出端口名称，该路由是用直连路由的形式体现，如查询路由器 R1 的路由表中❷处所示。

2）如果是一个广播型的外出端口，那么使用前者会使网络效率更高。

3）管理距离不同。前者管理距离为 1，后者为 0。

4）使用范围不同。前者使用范围更宽，而后者只能用于点对点链路上，如在帧中继网络以及以太网的多路访问中，由于是点对多点结构，则不能使用本路由器外出端口名称，否则本路

由器将不知该将数据发往哪个目标端口。

特别说明：在配置静态路由时，既可指定下一跳路由器入口 IP 地址，又可以配合本路由器外出端口名称。例如：

```
R1(config)#ip route 2.2.2.0 255.255.255.0  12.1.1.2  F1/0
```

这种形式的静态路由的好处如下。

1）可以防止广播网络上的流量过多，提高了查询效率。

2）采用带外出端口名称的静态路由，可以节省一次路由查找，比采用下一跳路由器入口 IP 地址的静态路由效率更高。

3）如果下一跳路由器的进入端口关闭了 ARP 代理功能，则采用带外出端口的静态路由将失效，需要采用下一跳路由器入口 IP 地址才能到达目标网络。

最后，测试到路由器 R2 的 L2 端口与 F1/1 端口的连通性。

```
R1#ping 2.2.2.2

Type escape sequence to abort.
Sending 5, 100-byte ICMP Echos to 2.2.2.2, timeout is 2 seconds:
!!!!!              //说明从路由器 R1 发出的数据包能到达路由器 R2 的 L2 端口
Success rate is 100 percent (5/5), round-trip min/avg/max = 31/31/32 ms

R1#ping 23.1.1.2

Type escape sequence to abort.
Sending 5, 100-byte ICMP Echos to 23.1.1.2, timeout is 2 seconds:
!!!!!              //说明从路由器 R1 发出的数据包能到达路由器 R2 的 F1/1 端口
Success rate is 100 percent (5/5), round-trip min/avg/max = 31/31/32 ms
```

2.1.4　配置默认路由

默认路由是指路由器在路由表中找不到目标网络时，转发数据包采用的路由。默认路由被认为是静态路由的一种特殊实例，它与静态路由的区别是：静态路由指向某一具体的网络，而默认路由并不指向某一具体网络。

18　默认路由

下面举例说明默认路由的用途。某企业内部有很多人都需要上 Internet，并且所访问的网站大多不同，那么目标网络就会不同，管理员不可能通过手工为不同的目标网络一一配置静态路由，当然，也不能使用动态路由将企业内部网络向公众网络公开。在这种情况下，就可以使用默认路由。

下面以图 2-4 所示的拓扑为例，讲解默认路由的配置方法。

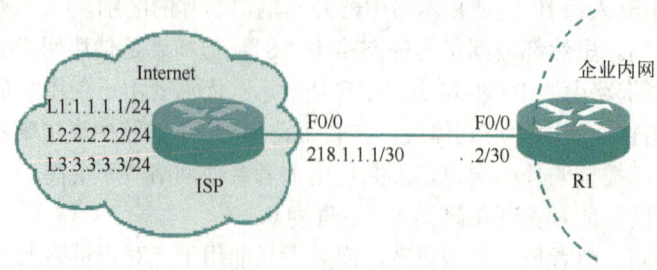

图 2-4　默认路由拓扑

图中,路由器 ISP 表示 ISP 端路由器,路由器 R1 表示企业边界路由器,两者通过 F0/0 端口相连接。

路由器 ISP 的基本配置如下。

```
Router>en
Router#conf t
Router(config)#host ISP
ISP(config)#int f0/0
ISP(config-if)#ip add 218.1.1.1 255.255.255.252
ISP(config-if)#no shut
```

再配置若干个虚拟端口(这里配置了 3 个),用于代表 Internet 中的目标网络。

```
ISP(config-if)#int L0
ISP(config-if)#ip add 1.1.1.1 255.255.255.0
ISP(config-if)#int L1
ISP(config-if)#ip add 2.2.2.2 255.255.255.0
ISP(config-if)#int L2
ISP(config-if)#ip add 3.3.3.3 255.255.255.0
```

路由器 R1 的基本配置如下。

```
Router>en
Router#conf t
Router(config)#host R1
R1(config)#int f0/0
R1(config-if)#ip add 218.1.1.2 255.255.255.252
R1(config-if)#no shut
```

完成基本配置后,企业边界路由器 R1 可以 ping 通路由器 ISP 的 F0/0 端口,但不能 ping 通路由器 ISP 的 L0、L1 和 L2 端口,说明路由器 R1 不能与 Internet 连通,这就意味着企业内部网络不能访问 Internet 中的目标网络。

前面讲过,由于 Internet 中的目标网络不可预计,内网用户的访问需求也不确定,在这种情况下是根本不能在边界路由器 R1 上去配置静态路由用于访问 Internet 中的目标网络的,只能通过配置默认路由来解决这个问题。

先查看路由器 R1 的路由表。

```
R1#show ip route
…
    C    218.1.1.0/24 is directly connected, FastEthernet0/0
```

然后,在边界路由器 R1 上配置一条默认路由。

```
R1(config)#ip route 0.0.0.0 0.0.0.0 218.1.1.1
```

默认路由的配置方法与静态路由类似,这里的外出端口可以是与路由器 ISP 相连的边界路由器 R1 的外出端口,也可以是路由器 ISP 端口。其中"ip route"是配置默认路由的关键字,"0.0.0.0 0.0.0.0"是默认路由的输入方式,它表示任何无法进行具体子网路由匹配的数据包都将被该路由转发。

现在,再次查看路由器 R1 的路由表。

```
R1#show ip route
```

```
...
C    218.1.1.0/24 is directly connected, FastEthernet0/0
S*   0.0.0.0/0 [1/0] via 218.1.1.1
```

对比两次查看路由表的结果可见，路由器 R1 新增了一条到达 0.0.0.0 网络的路由，前面标记是"S*"，说明这是默认路由。然后测试到路由器 R0 的 L0 端口的连通性。

```
R1#ping 1.1.1.1

Type escape sequence to abort.
Sending 5, 100-byte ICMP Echos to 1.1.1.1, timeout is 2 seconds:
!!!!!
```

同样，路由器 R1 也能 ping 通 L1 和 L2 端口。

可见，有了默认路由，当企业的边界路由器上收到从内网中发往在路由表中不存在的目标网络的数据包时，都将其送往默认的端口，从而由路由器 ISP 转发进入 Internet。

为了增加静态路由的可靠性，可以再配置一条备份的静态路由，这条备份静态路由被为*浮动静态路由*。只有当主静态路由出现故障时，才去选用浮动静态路由。

配置浮动静态路由的方法很简单，就是配置增加了管理距离的静态路由，通过配置一个比主路由的管理距离更大的静态路由，从而保证网络中在主路由失效的情况下，提供备份路由。但在主路由存在的情况下它不会出现在路由表中。

例如在本例中，在路由器 R1 和 ISP 之间，可采用普通以太网端口，配置一条浮动静态路由。

```
R1(config)#ip route 0.0.0.0 0.0.0.0 218.1.2.1 200
```

将基于普通以太网端口的浮动静态路由管理距离设为 200（默认为 0 或 1），其中 218.1.2.1 是 ISP 与路由器 R1 相连端口的 IP 地址。

【任务实施】

在七彩数码集团网络规划中，由北京总部路由器 Beijing1 与 ISP 相连接入 Internet。网建公司的网络设计和部署项目组在项目经理李明的带领下，在北京总部路由器 Beijing1 上配置默认路由。

主要实施步骤如下。

第 1 步：路由器（Beijing1）基本配置。
第 2 步：配置默认路由。
第 3 步：查看配置的默认路由。
第 4 步：测试默认路由。
北京总部网络的默认路由配置如图 2-5 所示。

图 2-5　配置默认路由

1. 路由器基本配置

根据从 ISP 申请到的 IP 地址，在路由器 Beijing1 上的配置如下。

```
Beijing1#conf t
Beijing1(config)#int g0/0
Beijing1(config-if)#ip add 103.244.252.2 255.255.255.248
Beijing1(config-if)#no shut
```

由于 ISP 端的路由器属于 ISP 管理和配置，因此网建公司在配置七彩数码集团网北京总部路由器 Beijing1 的外出端口后，正常情况下就可以与 ISP 端路由器通信了。

测试从边界路由器 Beijing1 到 ISP 的连通性。

```
Beijing1#ping 103.244.252.1

Type escape sequence to abort.
Sending 5, 100-byte ICMP Echos to 103.244.252.1, timeout is 2 seconds:
!!!!!
Success rate is 100 percent (5/5), round-trip min/avg/max = 4/24/32 ms
```

从以上输出可见，从边界路由器 Beijing1 到 ISP 的连通性是正常的。

2. 配置默认路由

在边界路由器 Beijing1 上配置一条连接 ISP 的默认路由。

```
Beijing1#conf t
Enter configuration commands, one per line.  End with CNTL/Z.
Beijing1(config)#ip route 0.0.0.0 0.0.0.0 103.244.252.1 g0/0
```

配置默认路由和配置静态路由一样，也可以既指定下一跳路由器入口 IP 地址，又指定本路由器外出端口名称。这里的配置形式是为了提高转发效率，同时又确保默认路由的可靠性。

3. 查看配置的默认路由

```
Beijing1#show ip route static
…
S*    0.0.0.0/0 [1/0] via 103.244.252.1, GigabitEthernet0/0
```

可见，所配置的默认路由中含了下一跳入口的 IP 地址和本路由器外出端口名称。

4. 测试默认路由

```
Beijing1#ping 61.148.164.10
Type escape sequence to abort.
Sending 5, 100-byte ICMP Echos to 61.148.164.10, timeout is 2 seconds:
.!!!!
Success rate is 80 percent (4/5), round-trip min/avg/max = 17/18/19 ms
```

从路由器 Beijing1 ping 互联网中的 IP 地址 61.148.164.10 成功，默认路由配置完成。

【考赛点拨】

本任务内容涉及认证考试和全国职业院校技能竞赛的相关要求如下。

1. 认证考试

关于配置静态路由的认证考试主要有华为、锐捷、思科等公司认证，以及 1+X 证书考试。这里列出了这些认证考试中关于配置静态路由的要求。

- 区分路由和路由协议的各项内容：静态路由与动态路由、管理距离、下一跳、路由表。
- 配置并核实运用 CLI 建立基本的路由设置。
- 为路由配置静态或默认路由。
- 掌握查看基本的路由器信息和网络连通性的 IOS 命令。
- 检查路由配置以及测试网络连通性。

2. 技能竞赛

配置静态路由在网络设备竞赛操作模块中需要掌握的内容包括配置直连路由、配置静态路由及配置默认路由。其中，直连路由配置是竞赛必须掌握的内容，它是配置动态路由的基础；静态路由一般会在题目中说明，如对某小型网络需要采用静态路由；而默认路由则是竞赛题目所述环境中用于与 ISP 相连时要求采用的，还可能为提高可靠性要求配置浮动默认路由。

任务 2.2　配置 RIP

【任务描述】

RIP（Routing Information Protocol，路由信息协议）是基于距离矢量的路由选择协议，是因特网的标准协议，所有的路由器厂商都支持 RIP，其最大优点就是实现简单，开销较小，RIP 适用于小型网络。在本任务中，由于七彩数码集团上海分部的网络规模比较小，网建公司的网络设计和部署项目组计划在上海分部配置 RIP。

【任务分析】

作为网建公司的网络设计和部署项目组成员，要完成本任务的工作，需要具备关于 RIP 路由协议配置的能力。

- 了解路由选择原则。
- 了解距离矢量路由协议。
- 了解 RIP 的主要特征。
- 了解水平分割配置方法。
- 掌握 RIP 的配置方法
- 了解 RIPv1 与 RIPv2 的主要区别。
- 掌握 VLSM、不连续子网、RIP 路由验证的配置。

【知识储备】

2.2.1　路由选择原则

在进行路由选择时，对同一个目标地址，有三种情况：一是一个目标地址被多个目标网络覆盖；二是有多种路由协议的多条路径可达；三是在同一种路由协议有多条路径可达。

路由器对这三种情况按以下顺序进行路由选择。

1. 子网掩码最长匹配原则

如果一个目标地址被多个目标网络覆盖，它将优先选择子网掩码最长的路由。例如，查看某路由器的路由表。

```
Router#show ip route
```

```
    ...
    D    192.168.0.0/24 [90/2172416] via 192.168.3.118, 10:13:16, Serial1/0
    D    192.168.0.0/26 [90/2172416] via 192.168.3.197, 10:13:16, Serial1/1
```
使用"RouterA#ping 192.168.1.1"命令进行 ping 测试,看到达目标网络使用的是哪条路由,此时路由器查找路由表将匹配的路由条目显示如下。

```
    D    192.168.0.0/26 [90/2172416] via 192.168.3.134, 10:13:16, Serial1/1
```
可见,路由器在发送数据时,将匹配对目标网络解析最精确的那条路由条目,即掩码最长的路由。

2. 管理距离最小优先

在子网掩码长度相同的情况下,路由器优先选择管理距离最小的路由条目。例如,到达192.168.1.0/24 的路由有两条:一条是通过 RIP 学习到的,另一条是通过 OSPF 学习到的。已知,后者的管理距离是 110,前者的管理距离是 120,那么路由器优先选择后者,即通过 OSPF 学习到的路由条目,并将其放进自己的路由表中。

由于路由器只会保存最优路径,因此通过 RIP 学习到的路由不会出现在路由表中,只有通过 OSPF 学习到的路由条目消失,通过 RIP 学习到的路由条目才会出现在路由表中。

3. 度量值最小优先

如果路由的子网掩码长度相等,管理距离也相等,接下来比较度量值,度量值最小的路由将进入路由表。例如,路由器通过 RIP 学习到 192.168.1.0/24 网络有两条路径:一条路径的跳数是 1,另一条跳数是 2。那么,路由器选择跳数是 1 的路由条目并将其放入路由表,跳数为 2 的路由不存入路由表。

2.2.2 距离矢量路由协议

距离矢量路由协议包括 RIP 和 IGRP(内部网关路由协议,现已不使用)两种路由协议。距离矢量路由协议的特性有如下两个。

1)所有活动端口都周期性地广播整张路由表。
2)相邻路由器转发接收到的路由信息(可能导致路由环路的产生)。

现在典型的距离矢量路由协议是 RIP,RIP 使用 UDP 数据包更新路由信息。路由器每隔 30s 更新一次路由信息;如果在 180s 内没有收到相邻路由器的回应,则认为去往该路由器的路由不可用;如果在 240s 后仍未收到该路由器的应答,则把有关该路由器的路由信息从路由表中删除。

1. 路由环路问题

由于运行了 RIP 的路由器相信的是相邻路由器发来的信息,而不是自己去发现整个网络的拓扑图,因此可能会产生路由环路问题,如图 2-6 所示。

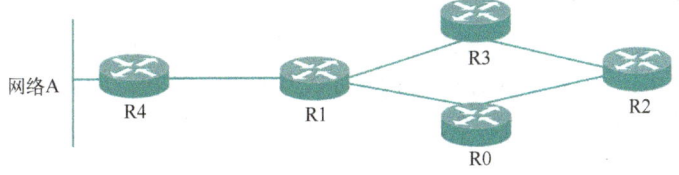

图 2-6 路由环路

在图 2-6 所示的网络拓扑中，路由器 R4 将网络 A 的信息传给路由器 R1，路由器 R1 又将能够从路由器 R4 到达网络 A 的信息传给路由器 R0 和路由器 R3，路由器 R0 和路由器 R3 又将该信息传给路由器 R2，此时路由器 R2 就知道到达网络 A 有两条路径：路由器 R0 和路由器 R3，距离都是 3 跳。当然，此时路由器 R2 也会向路由器 R0 和路由器 R3 分别转发从路由器 R3 和路由器 R0 两处得来的能到达网络 A 的信息，只是在构建路由表时发现跳数比以前的跳数更多而丢弃。同样的原理，所有路由器都学到了正确的路由，从而网络收敛。

但是，如果当网络 A 断开后，路由器 R4 将网络 A 不可达传给路由器 R1，由于 RIP 采用的是周期性（30s）更新，当路由器 R1 在收到网络 A 不可达后，路由器 R0 或路由器 R3 发出了更新信息给路由器 R1，说通过路由器 R2 可达网络 A，其实路由器 R2 的信息是上一周期的路由器 R3 和路由器 R0，如此反复，产生路由环路。

2. RIP 的防环机制

由于运行 RIP 的路由器构建路由表的依据是邻居路由器获得的目标网络可达信息，该路由器并不了解网络的整体情况，并且由于 RIP 采用周期性更新，导致网络收敛较慢，容易造成路由环路。RIP 采用了以下机制来防止路由环路的产生。

1）设置最大跳数。默认最大跳数为 15 跳，16 跳为不可达。

2）水平分割。从某端口收到的路由信息不会再从该端口发送出去，如图 2-6 所示，路由器 R0 和路由器 R3 是从路由器 R1 处学到的到达网络 A 的信息，那路由器 R0 和路由器 R3 就不能把此信息再回传给路由器 R1。

3）路由中毒。当路由不可达时，设置该路由为 16 跳，并向其邻居发送该路由更新信息。

4）毒性逆转。当收到路由中毒信息后，立即以广播的方式向所有的端口（也包括收到中毒路由信息的端口，此时会打破水平分割原则）发送该路由更新信息。

5）触发更新。当拓扑发生变化时，立即发送路由更新信息，不必等到路由更新计时器超时，这样会加快收敛速度，减小产生路由环路的可能性。

6）抑制计时器。抑制计时器主要用于保持网络的稳定性。当路由器收到一条不可达的路由信息后，立即启动一个抑制计时器，默认是 180s，在这段时间内，如果路由器收到同一邻居传来的路由可达信息，或收到比原路由更好的度量值（RIP 以跳数为度量值），则认为这个路由可达，删除抑制定时器；否则，直到 180s 结束后删除抑制计时器，再接收有合法度量值的更新。

2.2.3 RIP 的主要特征

RIP 是由 Xeror 在 20 世纪 70 年代开发的距离矢量路由协议，它具有以下主要特征。

1. 使用跳数作为度量值

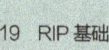
19 RIP 基础

跳数（Hop Count）是指一个报文从源节点到目的节点的传输过程中经过的路由器数量。RIP 在路由选择时，不考虑链路带宽，只比较跳数的多少，跳数越少，RIP 就认为该路径越好。这种度量值计算方法简单，但选出的路径可能不是最优路径。

以图 2-7 所示为例，从 192.168.1.0 到 192.168.2.0 有两条路径，而路由器将选择跳数为 2 的以太网端口进行转发，而不选跳数为 3 的快速以太网端口转发。

2. 最大跳数为 15 跳

RIP 允许一条路由的最大跳数是 15 跳，如果一条路由的跳数达到 16 跳，则被认为是无效路由。

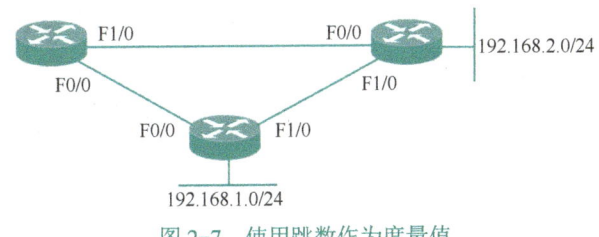

图 2-7　使用跳数作为度量值

3. 周期性广播路由表

RIP 有两个版本，其中 RIPv1 采用广播方式更新路由表，而 RIPv2 采用组播方式（组播地址是 224.0.0.9）更新路由表，即使网络的拓扑结构没有发生变化也是如此，将整张路由表发送给邻居路由器，其默认周期都是 30s，都使用 UDP 520 端口发送路由信息。

4. 管理距离

RIP 的管理距离为 120。

2.2.4　理解 RIP 计时器

RIP 使用 4 种计时器来实现路由的管理，可以使用 show ip protocols 命令来查看这 4 种计时器。

```
Router#show ip protocols

Routing Protocol is "rip"
Sending updates every 30 seconds, next due in 9 seconds   //更新周期30s
Invalid after 180 seconds, hold down 180, flushed after 240
                                                //另 3 个计时器时长
```

这 4 种计时器的含义如下所示。

1. 更新计时器（Update Timer）

从使用 show ip protocols 命令查看计时器的结果可见，在 RIP 启动之后，每 30s RIP 的端口就会发送应答信息（也就是 update），即使没有拓扑结构变化也要将整张路由表复制给相邻路由器。在上面的程序中显示距下一次更新还有 9s。

2. 无效计时器（Invalid Timer）

默认情况下，如果 180s 后还未收到可刷新现有路由的更新，则将该路由的度量值设置为 16，从而将其标记为无效路由，即 "x.x.x.x is possibly down"，并将此路由信息向所有邻居传达。在清除计时器超时以前，该路由仍将保留在路由表中。

3. 抑制计时器（Holddown Timer）

抑制计时器主要用于保持网络的稳定性。当路由器收到一条不可达的路由信息，即启动一个抑制计时器，默认是 180s，在这段时间内，如果路由器收到同一邻居传来的路由可达信息，或收到比原路由更好的度量值（RIP 以跳数为度量值），则认为这个路由可达，删除抑制计时器否则直到 180s 结束才删除抑制计时器，再接收有合法度量值的更新。

4. 清除计时器（Flush Timer）

默认情况下，清除计时器为 240s，比无效计时器长 60s。当无效计时器超时后，路由条目中该路由被标志为"x.x.x.x is possibly down"后,再过 60s,该路由条目才被删除。清除计时器是在 RIP 中真正删除路由条目的计时器。

根据上述介绍,可知 4 个定时器的时间关系可以用图 2-8 来简单表达。

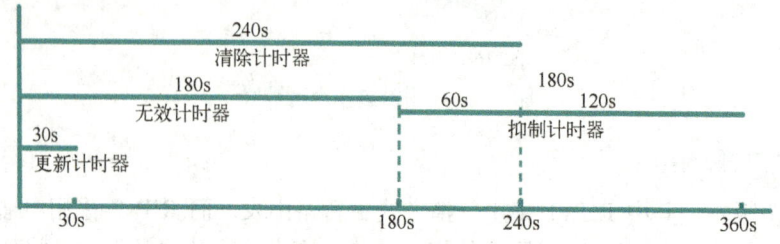

图 2-8　4 个定时器的时间关系

清除计时器是从上次收到路由更新开始,直到 240s 时还未收到新的路由更新,则将该路由条目清除;抑制计时器是从无效计时器计时完毕的 180s 开始,要再抑制 180s 钟才取消对该路由的抑制,这是为了保持网络的稳定性,也就是说,在这 180s 内收到新的路由条目(除了收到来自同一邻居或收到更好度量值的路由更新外)也不会去更新,要等到 180s 后才会更新。

2.2.5　配置 RIPv1

动态路由协议的一般配置步骤:①配置端口 IP 地址;②配置直连网段;③配置路由协议;④宣告直连网络;⑤其他选项。

20　配置 RIPv1

下面以图 2-9 所示为例来学习 RIP 的配置过程。

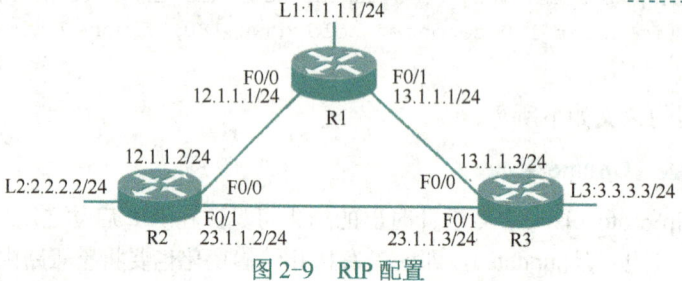

图 2-9　RIP 配置

在路由器 R1 上的配置如下。

```
Router>en
Router#conf t
Router(config)#host R1
R1(config)#int L1
R1(config-if)#ip add 1.1.1.1 255.255.255.0
R1(config-if)#int f0/0
R1(config-if)#ip add 12.1.1.1 255.255.255.0
R1(config-if)#no shut
R1(config-if)#int f0/1
R1(config-if)#ip add 13.1.1.1 255.255.255.0
R1(config-if)#no shut
R1(config-if)#exit
R1(config)#router rip                          //配置RIP
```

```
R1(config-router)#net 1.0.0.0              //使用"net 网络号"来公告直连网络
R1(config-router)#net 12.0.0.0
R1(config-router)#net 13.0.0.0
R1(config-router)#
```

在路由器 R2 上的配置如下。

```
Router>en
Router#conf t
Router(config)#host R2
R2(config)#int L2
R2(config-if)#ip add 2.2.2.2 255.255.255.0
R2(config-if)#int f0/0
R2(config-if)#ip add 12.1.1.2 255.255.255.0
R2(config-if)#no shut
R2(config-if)#int f0/1
R2(config-if)#ip add 23.1.1.2 255.255.255.0
R2(config-if)#no shut
R2(config-if)#router rip
R2(config-router)#net 2.0.0.0
R2(config-router)#net 12.0.0.0
R2(config-router)#net 23.0.0.0
R2(config-router)#
```

在路由器 R3 上的配置如下。

```
Router>en
Router#conf t
Router(config)#host R3
R3(config)#int L3
R3(config-if)#ip add 3.3.3.3 255.255.255.0
R3(config-if)#int f0/1
R3(config-if)#ip add 23.1.1.3 255.255.255.0
R3(config-if)#no shut
R3(config-if)#int f0/0
R3(config-if)#ip add 13.1.1.3 255.255.255.0
R3(config-if)#no shut
R3(config-if)#exit
R3(config)#router rip
R3(config-router)#net 3.0.0.0
R3(config-router)#net 13.0.0.0
R3(config-router)#net 23.0.0.0
```

1. 查看路由表

RIP 配置完成后，使用 show ip route 命令，在特权模式下验证路由器 R1 的路由表信息。

```
R1#show ip route

Codes: C - connected, S - static, I - IGRP, R - RIP, M - mobile, B - BGP
       D - EIGRP, EX - EIGRP external, O - OSPF, IA - OSPF inter area
```

```
       N1 - OSPF NSSA external type 1, N2 - OSPF NSSA external type 2
       E1 - OSPF external type 1, E2 - OSPF external type 2, E - EGP
       i - IS-IS, L1 - IS-IS level-1, L2 - IS-IS level-2, ia - IS-IS inter area
       * - candidate default, U - per-user static route, o - ODR
       P - periodic downloaded static route
Gateway of last resort is not set
     1.0.0.0/24 is subnetted, 1 subnets
C       1.1.1.0 is directly connected, Loopback1
R       2.0.0.0/8 [120/1] via 12.1.1.2, 00:00:21, FastEthernet0/0
R       3.0.0.0/8 [120/1] via 13.1.1.3, 00:00:21, FastEthernet0/1
     12.0.0.0/24 is subnetted, 1 subnets
C       12.1.1.0 is directly connected, FastEthernet0/0
     13.0.0.0/24 is subnetted, 1 subnets
C       13.1.1.0 is directly connected, FastEthernet0/1
R       23.0.0.0/8 [120/1] via 13.1.1.3, 00:00:21, FastEthernet0/1
                   [120/1] via 12.1.1.2, 00:00:21, FastEthernet0/0
```

从上面的输出可见，路由条目前面的字母表示路由的类型："C"表示与路由器 R1 直连的路由，如"C 13.1.1.0 is directly connected, FastEthernet0/1"；"R"表示通过 RIP 学到的路由。以到达目标网络 23.0.0.0/8 为例来理解路由条目，如图 2-10 所示。

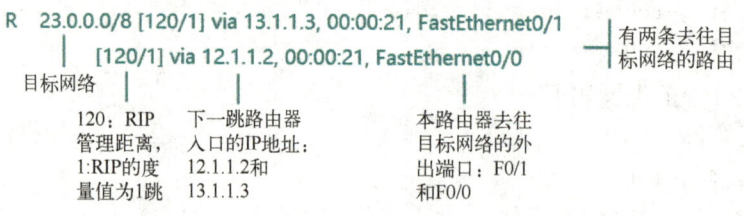

图 2-10　到达目标网络 23.0.0.0/8 的路由条目

2. 查看路由协议

在路由器 R1 上，使用 show ip protocols 命令查看路由器上运行的 IP 路由协议和统计信息。

```
R1#show ip protocols

    Routing Protocol is "rip"                    //说明运行的路由协议是 RIP
    Sending updates every 30 seconds, next due in 7 seconds
//每 30s 发送一次更新，距离下次更新还有 7s
    Invalid after 180 seconds, hold down 180, flushed after 240
                    //路由无效时间 180s，抑制时间 180s，刷新时间 240s
    Outgoing update filter list for all interfaces is not set
    Incoming update filter list for all interfaces is not set
    Redistributing: rip
    Default version control: send version 1, receive any version
      Interface              Send  Recv  Triggered RIP  Key-chain
      Loopback1              1     2 1
      FastEthernet0/0        1     2 1
      FastEthernet0/1        1     2 1
                //这 3 个端口都能发送 RIPv1 信息，都能接收 RIPv1 和 RIPv2 信息
    Automatic network summarization is in effect
```

```
            Maximum path: 4                    //默认情况下支持 4 条负载均衡的路径
            Routing for Networks:              //本路由器有 3 个直连网络
                1.0.0.0
                12.0.0.0
                13.0.0.0
            Passive Interface(s):
            Routing Information Sources:
                Gateway          Distance       Last Update
                12.1.1.2         120            00:00:25
                13.1.1.3         120            00:00:25
                                                //接收更新信息的端口 IP、管理距离、上次更新时间
            Distance: (default is 120)         //默认管理距离为 120
```

3. 在串行端口上启用 RIP 触发更新

RIP 采用的是周期性更新，但可以在串行端口上启用触发更新（以太网端口不支持触发更新），配置方法如下。

```
            Router(config)#int s0/0
            Router (config-if)#ip add 133.1.1.2 255.255.255.0     //先配置 IP 地址
            Router (config-if)#ip rip triggered                    //然后启用触发更新
```

4. 水平分割

在前面讲 RIP 的防环机制时，讲过关于水平分割，在此了解一下水平分割的开关方法。在路由器 R1 上，查看 F0/0 端口水平分割的情况。

```
            R1#show ip int f0/0
            …
              Split horizon is enabled
            …
```

可见，R1 的 F0/0 端口水平分割默认是开启的，关闭水平分割的命令如下。

```
            R1(config)#int f0/0
            R1(config-if)#no ip split-horizon
```

2.2.6　配置 RIPv2

RIPv2 相对于 RIPv1 来说，在很多地方都有了改进，RIPv1 是有类路由协议，RIPv2 是无类路由协议，它们在是否支持不连续子网和 VLSM，以及是否具有路由验证功能等方面都存在区别。

1. 在 VLSM 网络中配置 RIPv2

VLSM（Variable Length Subnet Masking，可变长子网掩码）的相关知识在项目 1 中已介绍过，在此以图 2-11 所示为例，说明 RIP 的两个版本在 VLSM 上的区别。

21 在 VLSM 网络中配置 RIPv2

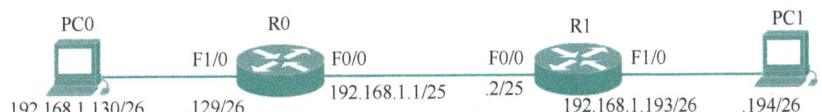

图 2-11　VLSM 网络拓扑

由图 2-11 可知，这是一个 VLSM 的网络，是将一个主类网络 192.168.1.0 划分成子网掩码长度为 25 和 26 的子网。

首先在路由器上配置 RIPv1。

在路由器 R0 上的配置如下。

```
Router#conf t
Router(config)#host R0
R0(config-if)#int f0/0
R0(config-if)#ip add 192.168.1.1 255.255.255.128
R0(config-if)#no shut
R0(config-if)#int f1/0
R0(config-if)#ip add 192.168.1.129 255.255.255.192
R0(config-if)#exit
R0(config)#router rip
R0(config-router)#net 192.168.1.0
R0(config-router)#net 192.168.1.128
R0(config-router)#end
```

在配置 RIPv1 时是不需要公告子网的，但在这里，在 R0 的配置中公告了子网，是为了与 RIPv2 进行对比。

类似地，完成路由器 R1 的配置。然后，查看 R0 上的路由表。

```
R0#show ip route
...
     192.168.1.0/24 is variably subnetted, 2 subnets, 2 masks
C       192.168.1.0/25 is directly connected, FastEthernet0/0
C       192.168.1.128/26 is directly connected, FastEthernet1/0
```

可见，在路由器 R0 上公告了子网，也不能通过 RIP 获取到 192.168.1.192/26 子网。

当然，从主机 PC0 去 ping PC1 也 ping 不通。

```
PC0>ping 192.168.1.194
...
Reply from 192.168.1.129: Destination host unreachable.
Reply from 192.168.1.129: Destination host unreachable.
Reply from 192.168.1.129: Destination host unreachable.
Reply from 192.168.1.129: Destination host unreachable.
...
```

接下来，在路由器 R0 和路由器 R1 上分别配置 RIPv2。配置 RIPv2 非常简单，只需要在 RIP 中加上命令 ver 2，在公告网络时公告子网号。

```
R0(config)#router rip
R0(config-router)#ver 2                    //指明用的是第 2 版 RIP
R0(config-router)#netw 192.168.1.0         //在 RIPv2 中公告子网号
R0(config-router)#netw 192.168.1.128       //在 RIPv2 中公告子网号
R0(config-router)#end
```

然后，查看路由器 R0 的路由表。

```
R0#show ip route

...
     192.168.1.0/24 is variably subnetted, 3 subnets, 2 masks
C      192.168.1.0/25 is directly connected, FastEthernet0/0
C      192.168.1.128/26 is directly connected, FastEthernet1/0
R      192.168.1.192/26 [120/1] via 192.168.1.2, 00:00:19, FastEthernet0/0
```

可见，在配置了 RIPv2 之后，路由器 R0 已通过 RIP 获取到 192.168.1.192/26 子网。此时再测试主机 PC0 和主机 PC1 的连通性，发现已能正常 ping 通。

```
PC>ping 192.168.1.194

Pinging 192.168.1.194 with 32 bytes of data:
Request timed out.
Request timed out.
Reply from 192.168.1.194: bytes=32 time=80ms TTL=126
Reply from 192.168.1.194: bytes=32 time=48ms TTL=126
```

注意：RIPv1 不支持 VLSM 的原因是其路由更新包中没有携带子网掩码信息，而 RIPv2 的路由更新包中携带了子网掩码信息。

2. 在不连续子网中配置 RIPv2

22 在不连续子网中配置 RIPv2

不连续子网是指由同一个网络划分的子网在分配时中间被其他网络隔离开来的现象。如图 2-12 所示，192.168.1.0/24 划分为两个 /25 的子网，分别分配在路由器 R1 和 R3 的两个环回端口上，中间配有其他网络。（本例需要用 DynamipsGUI 来完成）

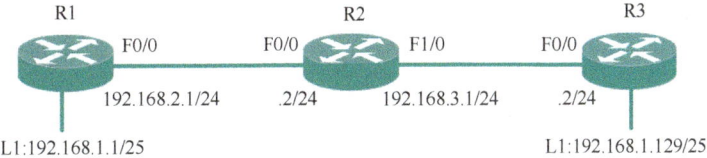

图 2-12 不连续子网

按图 2-12 所示的拓扑配置 RIPv1 后，查看路由器 R2 的路由表。

```
R2#show ip route

...
R    192.168.1.0/24 [120/1] via 192.168.2.1, 00:00:01, FastEthernet0/0
                    [120/1] via 192.168.3.2, 00:00:25, FastEthernet1/0
C    192.168.2.0/24 is directly connected, FastEthernet0/0
C    192.168.3.0/24 is directly connected, FastEthernet1/0
```

可见，到 192.168.1.0 网络有两条路由：一条经 192.168.2.1，另一条经 192.168.3.2。根据路由表所示，通过这两条路径都可到达 192.168.1.0 网络。

现在，在路由器 R2 上 ping 192.168.1.1 和 192.168.1.129。

```
R2#ping 192.168.1.1

Type escape sequence to abort.
```

```
Sending 5, 100-byte ICMP Echos to 192.168.1.1, timeout is 2 seconds:
…
Success rate is 0 percent (0/5)

R2#ping 192.168.1.129

Type escape sequence to abort.
Sending 5, 100-byte ICMP Echos to 192.168.1.129, timeout is 2 seconds:
!!!!!
Success rate is 100 percent (5/5), round-trip min/avg/max = 32/59/84 ms
```

可见，路由器 R2 到 192.168.1.1 是 ping 不通的，路由器 R2 到 192.169.1.129 可以 ping 通。出现这种情况的原因是，路由器 R2 根据路由表负载均衡。负载均衡有两种形式：一种是快速交换（默认），另一种是进程交换。

在快速交换方式下，第一个数据包查询路由表，后面的数据包根据第一个数据包的缓存路径进行转发。在本例中，到 192.168.1.1 的数据包查询到了向路由器 R3 方向的路由条目，则导致所有的数据包都不能 ping 通 192.168.1.1；而到 192.168.1.129 的数据包查询到了向路由器 R3 方向的路由条目，则能全部 ping 通。

在进程交换方式下，每个数据包都独立查询路由表，这样路由转发速度会变慢。使用命令 no ip cef 关闭快速交换方式，启用进程交换方式。

```
R2(config)#no ip cef
```

然后，再测试路由器 R2 到 192.168.1.1 和 192.168.1.129 的连通性。

```
R2#ping 192.168.1.1

Type escape sequence to abort.
Sending 5, 100-byte ICMP Echos to 192.168.1.1, timeout is 2 seconds:
!.!.!
Success rate is 60 percent (3/5), round-trip min/avg/max = 40/54/68 ms

R2#ping 192.168.1.129

Type escape sequence to abort.
Sending 5, 100-byte ICMP Echos to 192.168.1.129, timeout is 2 seconds:
!.!.!
Success rate is 60 percent (3/5), round-trip min/avg/max = 44/52/60 ms
```

可见，路由器 R2 根据路由表进行了进程交换方式的负载均衡，结果就变成了一个通一个不通。因此，在 RIPv1 时，无论采用快速交换还是进程交换，对不连续子网都是不支持的。（这里需要注意的是，用 Cisco Packet Tracer 做实验时，不支持 no ip cef 命令，并且默认采用的是进程交换方式，与真实设备不符。）

如果在路由器 R1、R2 和 R3 上都配置 RIPv2 并关闭自动汇总功能，则可以解决 RIPv1 不能区分不连续子网的问题。（以路由器 R2 为例，其余路由器与此配置相同）

```
R2(config)#router rip
R2(config-router)#ver 2                    //配置 RIPv2
R2(config-router)#no auto-summary          //关闭自动汇总功能，RIPv1 是有类协议，此命令无效
```

在 RIPv2 中,自动汇总功能默认是开启的,这个特性会把 VLSM 子网汇总成一个主类网络再公告给邻居路由器。但在本实验中,如果保持自动汇总功能的开启状态,将无法区分 192.168.1.0/25 和 192.168.1.128/25 这两个子网,因为它们都被汇总成 192.168.1.0/24 这一个主类网络。

再查看路由器 R2 的路由表。

```
R2#show ip route
...
    192.168.1.0/25 is subnetted, 2 subnets
R     192.168.1.0 [120/1] via 192.168.2.1, 00:00:25, FastEthernet0/0
R     192.168.1.128 [120/1] via 192.168.3.2, 00:00:04, FastEthernet1/0
C   192.168.2.0/24 is directly connected, FastEthernet0/0
C   192.168.3.0/24 is directly connected, FastEthernet1/0
```

可见,到不同的子网分别有了不同的路由,在路由器 R1 和 R3 上也加上同样配置后,再测试连通性时,可以发现在路由器 R2 上 ping 192.168.1.1 和 192.168.1.129 已能正常 ping 通。

3. RIP 路由验证

RIP 路由更新是形成路由表的一个必要环节,当执行路由更新时,需要确认收到的更新是经过合法身份认证的路由器发送来的,而不允许接收一个不明身份路由器的更新信息。所以,对配置了 RIP 的路由器来说,需要进行 RIP 路由验证。

RIPv1 没有路由验证的功能,RIPv2 支持路由验证,并且有 text 和 MD5 两种验证模式。text 验证模式是以明文方式发送验证密码,而 MD5 验证模式则采用密文方式,安全性比 text 验证模式更高。(本实验需要使用 DynamipsGUI 来完成)

具体配置过程包括:①定义钥匙链;②在钥匙链上定义一个或者一组钥匙;③在端口上启用路由验证并指定使用的钥匙链。

实验拓扑如图 2-13 所示。

图 2-13 RIPv2 路由验证

在 R1 上配置 text 验证模式。

```
Router#conf t
Router(config)#host R1
R1(config)#int s1/0
R1(config-if)#ip add 1.1.1.1 255.255.255.0
R1(config-if)#no shut
R1(config-if)#clock rate 1200
R1(config-if)#int L1
R1(config-if)#ip add 192.168.1.1 255.255.255.0
R1(config-if)#router rip
R1(config-router)#ver 2              //配置 RIPv2
R1(config-router)#netw 1.1.1.0
R1(config-router)#netw 192.168.1.0
R1(config-router)#exit
R1(config)#key chain abc             //创建密钥链 abc,在对端路由器上的密钥链名可以不同
R1(config-keychain)#key 1            //在密钥链里定义一个密钥(还可定义多个)
```

```
R1(config-keychain-key)#key-string cisco      //配置密码为cisco,对端要求相同密码
R1(config-keychain-key)# int s1/0             //在相连端口上启用路由验证
R1(config-if)#ip rip authentication mode text
                                //验证模式是text模式,此模式的密码在网上以明文形式发送
R1(config-if)#ip rip authentication key-chain abc
                                              //在s1/0端口上调用前面创建的验证密钥链abc
```

在R2上按上述类似配置方法完成配置,然后查看R2的路由表。

```
R2#show ip route
  …
     1.0.0.0/24 is subnetted, 1 subnets
C    1.1.1.0 is directly connected, Serial1/0
R    192.168.1.0/24 [120/1] via 1.1.1.1, 00:01:40, Serial1/0
C    192.168.2.0/24 is directly connected, Loopback2
```

可见,R2已学到R1上的192.168.1.0/24网段的路由,路由表正常。再用ping命令测试连通性。

```
R2#ping 192.168.1.1

Type escape sequence to abort.
Sending 5, 100-byte ICMP Echos to 192.168.1.1, timeout is 2 seconds:
!!!!!
Success rate is 100 percent (5/5), round-trip min/avg/max = 4/35/68 ms
```

可见,连通性正常。(在此,大家可以修改一下两端配置的密码,比如一端是cisco,另一端是cisco1,再来查看路由表并进行连通性测试,看结果如何并思考为什么。)

现在来证实text验证模式是以明文方式在网上发送密码的。在R2上开启debug功能。

```
R2#debug ip rip
  …
   *Dec 13 14:46:46.691:RIP:received packet with text authentication cisco
                                                                       |
                                                                     认证密码
```

从上可见,从对端的端口1.1.1.1上收到的验证密码就是所配置的密码cisco。

现在,把text验证模式改为MD5验证模式,只需要把明文认证指令中的"ip rip authentication mode text"改为"ip rip authentication mode md5"即可,其余配置不变。

```
R1(config-if)#ip rip authentication mode md5
```

同样,在R2上也将验证模式改为MD5后,开启debug功能查看从对端端口收到的验证密码情况。

```
R2#debug ip rip
  …
  *Dec 13 15:47:04.347: RIP: received packet with MD5 authentication
  …
```

从 debug 的输出中已看不到明文口令了，因为它被 MD5 加密了。这样就防止了口令被非法获取，提高了安全性。

【任务实施】

在七彩数码集团网络规划中，由于七彩数码集团上海分部的网络规模比较小，网建公司的网络设计和部署项目组计划对上海分部配置 RIPv2，网络拓扑如图 2-14 所示。主要实施步骤如下。

第 1 步：路由器基本配置。
第 2 步：配置 RIPv2，关闭路由自动汇总。
第 3 步：向 RIP 域内注入默认路由。
第 4 步：配置 MD5 验证模式。
第 5 步：测试网络连通性。

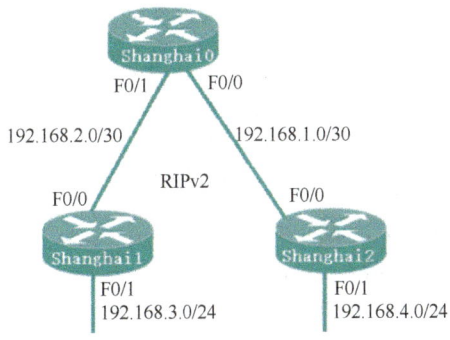

图 2-14　配置 RIPv2

1. 路由器基本配置

根据七彩数码集团的网络规划，路由器 Shanghai0 的一端与总部路由器 Beijing2 相连，在上海分部网络采用 RIPv2，按拓扑图完成所有路由器的基本配置。

路由器 Shanghai0 上的基本配置如下。

```
Router#conf t
Router(config)#host Shanghai0
Shanghai0(config)#int f0/1
Shanghai0(config-if)#ip add 192.168.2.1 255.255.255.252
Shanghai0(config-if)#no shut
Shanghai0(config-if)#int f0/0
Shanghai0(config-if)#ip add 192.168.1.1 255.255.255.252
Shanghai0(config-if)#no shut
```

路由器 Shanghai1 上的基本配置如下。

```
Router#conf t
Router(config)#host Shanghai1
Shanghai1(config)#int f0/0
Shanghai1(config-if)#ip add 192.168.2.2 255.255.255.252
Shanghai1(config-if)#no shut
Shanghai1(config-if)#int f0/1
Shanghai1(config-if)#ip add 192.168.3.1 255.255.255.0
```

```
Shanghai1(config-if)#no shut
```

路由器 Shanghai2 上的基本配置如下。

```
Router#conf t
Router(config)#host Shanghai2
Shanghai2(config)#int f0/0
Shanghai2(config-if)#ip add 192.168.1.2 255.255.255.252
Shanghai2(config-if)#no shut
Shanghai2(config-if)#int f0/1
Shanghai2(config-if)#ip add 192.168.4.1 255.255.255.0
Shanghai2(config-if)#no shut
```

2. 配置 RIPv2，关闭路由自动汇总

路由器 Shanghai0 上的 RIPv2 配置如下。

```
Shanghai0(config)#router rip
Shanghai0(config-router)#ver 2
Shanghai0(config-router)#no auto-summary
Shanghai0(config-router)#netw 192.168.1.0
Shanghai0(config-router)#netw 192.168.2.0
```

路由器 Shanghai1 上的 RIPv2 配置如下。

```
Shanghai1(config)#router rip
Shanghai1(config-router)#ver 2
Shanghai1(config-router)#no auto-summary
Shanghai1(config-router)#netw 192.168.2.0
Shanghai1(config-router)#netw 192.168.3.0
```

路由器 Shanghai2 上的 RIPv2 配置如下。

```
Shanghai2(config)#router rip
Shanghai2(config-router)#ver 2
Shanghai2(config-router)#no auto-summary
Shanghai2(config-router)#netw 192.168.1.0
Shanghai2(config-router)#netw 192.168.4.0
```

在配置完 RIPv2 后，在路由器上查看路由条目。

```
Shanghai1#show ip route
    …                        //此处省去代码部分
     192.168.1.0/30 is subnetted, 1 subnets
R       192.168.1.0 [120/1] via 192.168.2.1, 00:00:10, FastEthernet0/0
     192.168.2.0/30 is subnetted, 1 subnets
C       192.168.2.0 is directly connected, FastEthernet0/0
C       192.168.3.0/24 is directly connected, FastEthernet0/1
R       192.168.4.0/24 [120/2] via 192.168.2.1, 00:00:10, FastEthernet0/0
```

可见，路由器 Shanghai1 学习到了整个网络的路由，RIPv2 配置正常。

3. 向 RIP 域内注入默认路由

由于路由器 Shanghai0 是上海分部的一个单出口，在网络出口处的路由器 Shanghai0 需要向

RIP 域内传播一条默认路由，这样上海分部域内的路由器就可以通过默认路由访问北京总部网络了。

```
Shanghai0(config)#router rip
Shanghai0(config-router)# default-information originate
```

在向 RIP 域内注入默认路由后，在路由器上查看路由条目。

```
Shanghai1#show ip route

…
     192.168.1.0/30 is subnetted, 1 subnets
R       192.168.1.0 [120/1] via 192.168.2.1, 00:00:03, FastEthernet0/0
     192.168.2.0/30 is subnetted, 1 subnets
C       192.168.2.0 is directly connected, FastEthernet0/0
C    192.168.3.0/24 is directly connected, FastEthernet0/1
R    192.168.4.0/24 [120/2] via 192.168.2.1, 00:00:03, FastEthernet0/0
R*   0.0.0.0/0 [120/1] via 192.168.2.1, 00:00:03, FastEthernet0/0
```

对比路由器 Shanghai1 上两次的路由表信息可以发现，在向 RIP 域内注入默认路由后，在路由器 Shanghai1 上多了一条默认路由。

4. 在路由器上配置 MD5 验证模式

在路由器 Shanghai0 上配置 MD5 验证模式。

```
Shanghai0 (config)#key chain Shanghai0
Shanghai0 (config-keychain)#key 1
Shanghai0 (config-keychain-key)#key-string abcd
Shanghai0 (config-keychain-key)# int f0/0
Shanghai0 (config-if)#ip rip authentication mode md5
Shanghai0 (config-if)#ip rip authentication key-chain Shanghai0
Shanghai0 (config-keychain-key)# int f0/1
Shanghai0 (config-if)#ip rip authentication mode md5
Shanghai0 (config-if)#ip rip authentication key-chain Shanghai0
```

在路由器 Shanghai1 上配置 MD5 验证模式。

```
Shanghai1 (config)#key chain Shanghai1
Shanghai1 (config-keychain)#key 1
Shanghai1 (config-keychain-key)#key-string abcd
Shanghai1 (config-keychain-key)# int f0/0
Shanghai1 (config-if)#ip rip authentication mode md5
Shanghai1 (config-if)#ip rip authentication key-chain Shanghai1
```

在路由器 Shanghai2 上配置 MD5 验证模式。

```
Shanghai2 (config)#key chain Shanghai2
Shanghai2 (config-keychain)#key 1
Shanghai2 (config-keychain-key)#key-string abcd
Shanghai2 (config-keychain-key)# int f0/0
Shanghai2 (config-if)#ip rip authentication mode md5
Shanghai2 (config-if)#ip rip authentication key-chain Shanghai2
```

5. 测试网络连通性

在配置完成后，测试路由器 Shanghai2 到 Shanghai1F0/1 端口的 IP 地址 192.168.3.1 的连通性。

```
Shanghai2#ping 192.168.3.1

Type escape sequence to abort.
Sending 5, 100-byte ICMP Echos to 192.168.3.1, timeout is 2 seconds:
!!!!!
Success rate is 100 percent (5/5), round-trip min/avg/max = 3/50/64 ms
```

从测试结果可见，连通性正常。也可以在其他路由器上相互通过 ping 命令进行测试。

【考赛点拨】

本任务内容涉及认证考试和全国职业院校技能竞赛的相关要求如下。

1. 认证考试

关于配置 RIP 的认证考试主要有华为、锐捷、思科等公司认证，以及 1+X 证书考试。这里列出了这些认证考试中关于配置 RIP 的要求。

- 核实管理距离、水平分割、度量值。
- 版本性质区分：RIPv1 和 RIPv2。
- 掌握 RIP 网络宣告直连网段。
- 配置负载均衡、手工认证。
- 掌握 RIP 的破环机制。

2. 技能竞赛

在网络设备竞赛操作模块中，需要掌握关于配置 RIP 的内容包括配置水平分割、RIPv2 下的 VLSM、不连续子网、路由验证的配置等。在竞赛中需要认真审题，公告网络时要仔细，要注意分辨 RIP 版本，根据题目要求采用 RIPv1 还是 RIPv2。

任务 2.3　配置 EIGRP

【任务描述】

EIGRP 原是 Cisco 公司的私有协议，但在 2013 年已经公有化，使应用企业能在多厂商环境下运行。EIGRP 是高级的距离矢量路由协议，结合了链路状态和距离矢量路由协议的优点，网络收敛速度比其他路由协议更快，适合于较大规模的网络。在本任务中，网建公司的网络设计和部署项目组计划为重庆分部网络配置 EIGRP。

【任务分析】

作为网建公司的网络设计和部署项目组成员，要完成本任务的工作，需要具备关于 EIGRP 的能力。

> 了解 EIGRP 的主要特征。
> 掌握 EIGRP 的配置方法。
> 了解 EIGRP 分组类型。
> 理解 EIGRP 的三张表。
> 理解 EIGRP 度量值的计算。
> 理解 DULL 算法。
> 掌握 EIGRP 的汇总。
> 掌握 EIGRP 路由验证的配置方法。

【知识储备】

2.3.1 EIGRP 的主要特征

EIGRP（Enhanced Interior Gateway Routing Protocol，增强内部网关路由协议）是高级的距离矢量路由协议，结合了链路状态和距离矢量路由协议的优点。它采用弥散更新算法（Diffusing Update Algorithm，DUAL）来实现快速收敛，可以不发送定期的路由更新信息以减少带宽的占用，支持 AppleTalk、IP 和 NetWare 等多种网络层协议。

EIGRP 作为高级距离矢量路由协议，相对于 RIP 来说，具有以下一些主要特性。

1）快速收敛。EIGRP 采用DUAL来实现快速收敛。运行 EIGRP 的路由器存储了邻居的路由表，因此能够快速适应网络中的变化。如果本地路由表中没有合适的路由且拓扑表中也没有合适的备用路由，EIGRP 将查询邻居路由表以发现替代路由。

2）增量更新。EIGRP 只在网络发生变化时才发送变化部分的更新，而不是周期性更新，也不是整张路由表更新，这样可以减少带宽的占用。

3）支持多种网络层协议。EIGRP 使用协议无关模块来支持 IPv4、IPv6、AppleTalk 和 IPX，以满足特定网络层的需求。

4）使用组播和单播。EIGRP 在路由器之间通信时使用多播和单播而不是广播，EIGRP 使用的多播地址是 224.0.0.10。

5）支持VLSM和CIDR。EIGRP 是一种无类路由协议，它将公告每个目标网络的子网掩码，支持不连续子网、VLSM 和 CIDR。

6）支持等值均衡负载和不等值负载均衡。EIGRP 支持等值和非等值负载均衡，而 RIP 和 OSPF 协议都不支持非等值负载均衡。

7）路由聚合。EIGRP 可以对所有的 EIGRP 路由进行任意掩码长度的路由聚合，从而减少路由信息传输，节省带宽占用。

8）增大了网络规模。RIP 最大支持 15 跳，而 EIGRP 最大可支持 255 跳，默认是 100 跳。

2.3.2 EIGRP 的基本配置

下面以图 2-15 所示的网络拓扑为例，讲解 EIGRP 的基本配置方法。

1. 在路由器 R1 上完成基本配置及 EIGRP 配置

24 EIGRP 基本配置

```
Router#conf t                    //基本配置
```

```
Router(config)#host R1
R1(config)#int L0
R1(config-if)#ip add 1.1.1.1 255.255.255.0
R1(config-if)#int f0/0
R1(config-if)#ip add 13.1.1.1 255.255.255.0
R1(config-if)#no shut
R1(config-if)#int s0/0
R1(config-if)#ip add 12.1.1.1 255.255.255.0
R1(config-if)#no shut
R1(config-if)#clock rate 1200              //串行口的 DCE 端须提供同步时钟频率
R1(config-if)#router eigrp 100             //启用 EIGRP 进程，AS 号（自治系统号）为 100
R1(config-router)#netw 1.1.1.0 0.0.0.255   //公告参与 EIGRP 的网络及子
R1(config-router)#netw 12.1.1.0 0.0.0.255  //网掩码的反码（反掩码）
R1(config-router)#netw 13.1.1.0 0.0.0.255
```

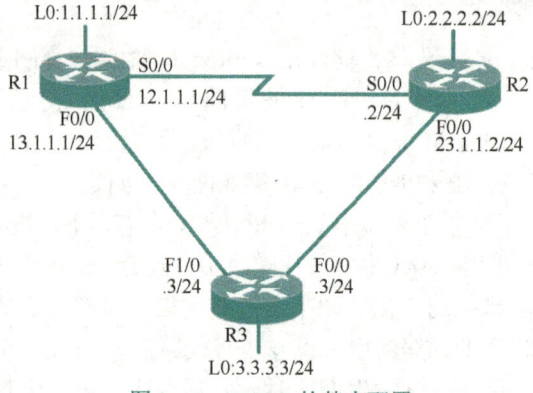

图 2-15　EIGRP 的基本配置

注意：
1）在启用 EIGRP 进程时，只有相互公告 EIGRP 的路由器 AS 号相同才能相互学习路由。
2）在公告参与 EIGRP 进程的网络时，特别是在有 VLSM 的子网环境中，采用带有反掩码的公告形式，可以明确该路由器的哪些端口上的子网参与了 EIGRP 进程。
3）如果需要被 EIGRP 进程公告的网络是主类网络，或者需要使该路由器所有的 VLSM 子网都参与 EIGRP 进程，那么在公告网络时可以不带反掩码。

2. 在路由器 R2 上完成基本配置及 EIGRP 配置

```
Router#conf t
Router(config)#host R2
R2(config)#int L0
R2(config-if)#ip add 2.2.2.2 255.255.255.0
R2(config-if)#int s0/0
R2(config-if)#ip add 12.1.1.1 255.255.255.0
R2(config-if)#no shut
R2(config-if)#int f0/0
R2(config-if)#ip add 23.1.1.2 255.255.255.0
R2(config-if)#no shut
R2(config-if)#router eigrp 100     //AS 号与 R1 的相同，否则不能与 R1 交换路由
R2(config-router)#netw 0.0.0.0     //这里使用 0.0.0.0 来公告网络
```

使用 0.0.0.0 来公告网络，表示 R2 的所有端口都运行 EIGRP，如果某一端口不运行

EIGRP，则不能使用 0.0.0.0 来公告网络。

3. 在路由器 R3 上完成基本配置及 EIGRP 配置

```
Router#conf t
Router(config)#host R3
R3(config)#int f1/0
R3(config-if)#ip add 13.1.1.3 255.255.255.0
R3(config-if)#no shut
R3(config-if)#int f0/0
R3(config-if)#ip add 23.1.1.3 255.255.255.0
R3(config-if)#no shut
R3(config-if)#int L0
R3(config-if)#ip add 3.3.3.3 255.255.255.0
R3(config-if)#router eigrp 100    //与R1和R2的AS号相同
R3(config-router)#netw 3.3.3.0 0.0.0.255
R3(config-router)#netw 13.1.1.0 0.0.0.255
%DUAL-5-NBRCHANGE: IP-EIGRP 100: Neighbor 13.1.1.1 (FastEthernet1/0) is
up: new adjacency                 //与对端端口 f1/0（13.1.1.1）建立邻居关系
R3(config-router)#netw 23.1.1.0 0.0.0.255
%DUAL-5-NBRCHANGE: IP-EIGRP 100: Neighbor 23.1.1.2 (FastEthernet0/0) is
up: new adjacency                 //与对端端口 f0/0（23.1.1.2）建立邻居关系
```

2.3.3 对 EIGRP 的理解

上面完成了 EIGRP 的配置，以此为基础来理解 EIGRP 的相关知识。

1. EIGRP 的邻居表、拓扑表和路由表

运行 EIGRP 的路由器都要经历发现邻居、了解网络及选择路由的过程，在这个过程中会建立三张独立的表：邻居表（Neighbor Table）、拓扑表（Topology Table）和路由表（Routing Table）。其中，邻居表保存了和路由器建立了邻居关系且直连的路由条目；拓扑表包含路由器学习到的到达目的地的所有路由条目；路由表存放的是到达目标网络的最佳路径。

25 EIGRP 的邻居表

在运行 EIGRP 的路由器中，采用了 5 种分组数据来维护邻居表、拓扑表和路由表。下面先了解一下这 5 种分组。

Hello 分组：以多播的方式发送，用于发现邻居路由器并维持邻居关系。EIGRP 以固定时间间隔，使用组播地址 224.0.0.10 发送 Hello 分组。这个固定时间间隔与端口带宽和类型有关，一般是 5s，只有小于或等于 1.544Mbit/s 的多点帧中继是 60s。如果路由器在超过这个时间间隔的 3 倍还没收到 Hello 分组，则认为这个邻居路由器出了故障。

Update（更新）分组：当路由器收到某个邻居路由器的第一个 Hello 分组时，以单点传送方式回送一个包含它所知道的路由信息的更新分组；当路由信息发生变化时，以多播的方式向所有运行 EIGRP 的路由器端口发送一个只包含变化信息的更新分组。

Query（查询）分组：当一条链路失效，路由器重新进行路由计算，但在拓扑表中没有可行的后继路由时，路由器就以多播的方式向它的邻居发送一个查询分组，以询问它们是否有一条到目的地的可行后继路由。

Reply（回复）分组：以单播的方式回传给查询方，对查询数据分组进行应答。

ACK（确认）：以单播的方式传送，用来确认更新、查询、回复数据分组，以确保传输的可靠性。

（1）邻居表

EIGRP 路由器需要与相邻的路由器建立邻接关系（Adjacency）才能交互路由信息。邻接关系是通过 EIGRP 路由器相互发送 Hello 分组建立的，邻居表就是 EIGRP 路由器维护的毗邻路由器的列表。毗邻路由器间要建立起邻接关系需要满足两个条件：一是有相同的 AS 号，二是具有相同的 K 值。

AS 号要求相同，在前面配置 EIGRP 时强调过，AS 号相同的 EIGRP 路由器才能建立邻接关系；K 值在默认情况下也是相同的，按图 2-15 所示的拓扑，对路由器 R1 使用 show ip protocols 命令来查看 EIGRP 信息，包括 K 值。

```
R1#show ip protocols

Routing Protocol is "eigrp 100 "          //AS 号为 100
  Outgoing update filter list for all interfaces is not set
  Incoming update filter list for all interfaces is not set
                                          //外出与进入方向均无过滤列表
  Default networks flagged in outgoing updates
  Default networks accepted from incoming updates
  EIGRP metric weight K1=1, K2=0, K3=1, K4=0, K5=0
  //K 表示 EIGRP 度量值权重，默认 K1=K3=1，其余为 0
  EIGRP maximum hopcount 100              //最大支持 100 跳
  EIGRP maximum metric variance 1         //非等值负载均衡因子为 1
  …
```

K 值可以修改，但不建议修改。如果 K 值不匹配，则不会形成邻接关系。

两台 EIGRP 路由器的邻接关系建立后，可以用 show ip eigrp neighbors 命令查看邻居表。

```
R1#show ip eigrp neighbors

IP-EIGRP neighbors for process 100

H   Address     Interface   Hold    Uptime      SRTT   RTO    Q     Seq
                            (sec)               (ms)          Cnt   Num
0   13.1.1.3    Fa0/0       12      00:00:52    40     1000   0     43
1   12.1.1.2    Se0/0       13      00:00:52    40     1000   0     31
❶   ❷          ❸           ❹       ❺           ❻      ❼      ❽     ❾
```

其中，❶表示邻居路由器学到的顺序，0 表示最早学到；❷表示邻居路由器端口的 IP 地址；❸表示与邻居路由器相连的本地端口；❹表示剩余的保持时间，默认从 14 开始递减，由于是默认 5s 收发一次 Hello 分组，因此在正常情况下，减到 10 后，又从 14 开始递减。如果网络发生变化，此值减小到 0，邻接关系断开；❺表示形成邻接关系的时长；❻表示平均往返时间；❼表示重传时间；❽表示 EIGRP 包等待发送的队列数，一般为 0；❾表示用来追踪更新、查询和回复分组的序列号。

（2）拓扑表

EIGRP 路由器首先根据 Hello 分组发现邻居，在形成邻居表的基础上，再根据协议相关模块生成拓扑表。使用 show ip eigrp topology 命令查看包括后继和可行后继路由的拓扑表信息（要查看所有路由信息，应使用 show ip eigrp

26 EIGRP 的拓扑表与路由表

topology all-links 命令)。

```
R1#show ip eigrp topology

    IP-EIGRP Topology Table for AS 100
    Codes: P - Passive, A - Active, U - Update, Q - Query, R - Reply,
        r - Reply status
    P 1.1.1.0/24, 1 successors, FD is 128256
            via Connected, Loopback0
    P 13.1.1.0/24, 1 successors, FD is 28160
            via Connected, FastEthernet0/0
    P 1.0.0.0/8, 1 successors, FD is 128256
            via Summary (128256/0), Null0
    P 13.0.0.0/8, 1 successors, FD is 28160
            via Summary (28160/0), Null0
    P 12.1.1.0/24, 1 successors, FD is 20512000
            via Connected, Serial0/0
    P 12.0.0.0/8, 1 successors, FD is 20512000
            via Summary (20512000/0), Null0
    P 23.0.0.0/8, 1 successors, FD is 30720
            via 13.1.1.3 (30720/28160), FastEthernet0/0
            via 12.1.1.2 (20514560/28160), Serial0/0
    P 2.0.0.0/8, 1 successors, FD is 158720
            via 13.1.1.3 (158720/156160), FastEthernet0/0
            via 12.1.1.2 (20640000/128256), Serial0/0
```

拓扑表中各字段的含义如下。

1) 在 "P 1.1.1.0/24, 1 successors, FD is 128256 via Connected, Loopback0" 中，各项的含义如下。

- P：passive，表示网络处于稳定状态。A：active，表示当前网络不可用，正处于发送查询状态。另外，还有 U、Q 等状态。由于 EIGRP 收敛很快，因此查看时一般都是 P 状态。
- 1.1.1.0/24：表示目标网络。
- successors：后继，即到目标网络的路由。这里的 "1 successors" 表示只有最佳路由能到达 1.1.1.0 网络。
- FD（Feasible Distance，可行距离）：指从本路由器到目标网络的度量值；另外还有一个距离，称为 RD（Reported Distance，报告距离）或 AD（Administrative Distance，通告距离），是指从邻居路由器报告的到目标网络的距离。关于这两个值的计算，在后面 "2.EIGRP 度量值的计算" 中做详细介绍。
- via Connected：表示路由来源，这是一条直连路由。
- Loopback0：本路由器外出端口信息，表示通过此端口可达目标网络。

2) 再看另一条拓扑表信息 "P 2.0.0.0/8, 1 successors, FD is 158720 via 13.1.1.3 (158720/156160), FastEthernet0/0 via 12.1.1.2 (20640000/128256), Serial0/0" 这条信息表示有两条路由可到达 2.0.0.0/8 网络，分别经过本路由器的 F0/0 和 S0/0 端口。其中（158720/156160）就是（FD/RD）。

观察以上两条路由，从 "FD is 158720" 可知，FD 选的是两条路由中度量值较小的那条，表示最佳路由是 "via 13.1.1.3 (158720/156160), FastEthernet0/0"，即从 IP 地址为 13.1.1.3 的端口

学到的路由，从本路由器的 FastEthernet0/0 端口可到达目标网络。

3）"P 12.0.0.0/8, 1 successors, FD is 20512000 via Summary (20512000/0), Null0"中的"Null0"表示空端口，发往空端口的数据包将会被丢弃。

EIGRP 使用空端口是为了防止路由环路的产生，空端口路由也将出现在路由表中，空端口路由用于使用了子网配置的情况，会自动汇总并生成一条该子网所在的主类网络的空端口路由。根据路由选择原则，先匹配掩码较长的网络，如果成功，则将数据包发往目标网络，如果不成功，则将数据包发向空端口，从而避免环路的产生。

（3）路由表

在路由器 R1 上，使用 show ip route 命令查看 R1 的路由表。

```
R1#show ip route
...
     1.0.0.0/8 is variably subnetted, 2 subnets, 2 masks
//一级路由（父路由，不能到达具体网络），有两个子网（对应的子路由才能到达具体网络）
D    1.0.0.0/8 is a summary, 00:12:33, Null0        //二级路由（子路由）
C    1.1.1.0/24 is directly connected, Loopback0    //二级路由（子路由）
D    2.0.0.0/8 [90/158720] via 13.1.1.3, 00:12:33, FastEthernet0/0
     12.0.0.0/8 is variably subnetted, 2 subnets, 2 masks
D    12.0.0.0/8 is a summary, 00:12:33, Null0
C    12.1.1.0/24 is directly connected, Serial0/0
     13.0.0.0/8 is variably subnetted, 2 subnets, 2 masks
D    13.0.0.0/8 is a summary, 00:12:34, Null0
C    13.1.1.0/24 is directly connected, FastEthernet0/0
D    23.0.0.0/8 [90/30720] via 13.1.1.3, 00:12:34, FastEthernet0/0
```

下面以路由表中的路由条目"D 2.0.0.0/8 [90/158720] via 13.1.1.3, 00:12:33, FastEthernet0/0"为例进行说明。

➢ D：表示通过 EIGRP 学到的路由。

➢ 2.0.0.0/8：表示目标网络。

➢ 90/158720：90 是 EIGRP 的管理距离；158720 是 FD 值，这里可以比较拓扑表，FD 值正是 158720。

➢ via 13.1.1.3 和 FastEthernet0/0：与拓扑表含义相同。

➢ 00:12:33：此路由存在的时间。

路由表条目"D 12.0.0.0/8 is a summary, 00:12:33, Null0"是一条空路由，其作用在前面讲述过。

最后，再对比路由器 R1 的拓扑表与路由表，以到达 2.0.0.0/8 网络为例。

拓扑表：

```
P    2.0.0.0/8, 1 successors, FD is 158720
     via 13.1.1.3 (158720/156160), FastEthernet0/0
     via 12.1.1.2 (20640000/128256), Serial0/0
```

路由表：

```
D    2.0.0.0/8 [90/158720] via 13.1.1.3, 00:12:33, FastEthernet0/0
```

可见，拓扑表中存放的是能到达目标网络的所有路由（这里有两条，一条经过 F0/0 端口，另一条经过 S0/0 端口），而路由表只存放最佳路由（经过 F0/0 端口，其 FD 值更小，即 158720<20640000）。

2. EIGRP 度量值的计算

EIGRP 度量值的计算采用复合度量值计算，复合度量包括：带宽、延时、可靠性和负载。在前面讲 EIGRP 基本配置时所提到的 K 值，就是复合度量的权重。EIGRP 度量值的计算公式为：

Metric=256×{K1(10^7/最小带宽)+K2(10^7/带宽)/(256-负载)+K3×累积延时+K5/(可靠性+K4)}

默认情况下，K1=K3=1，其他的 K 值都是 0。因此，EIGRP 度量值简化为

Metric =256×(10^7/最小带宽+累积延时/10)

现以拓扑图 2-15 为例来计算 EIGRP 的 Metric 值。根据 EIGRP 度量值的计算公式，要计算 Metric 值，要首先确定最小带宽和累积延时。以路由器 R1 到 2.0.0.0/8 网络为例，最小带宽指的是从 R1 到 2.0.0.0/8 网络所经过的路由的最小带宽，在上面讲路由表时曾讲过，R1 到网络 2.0.0.0/8 网络的路由是经过 R1—R3—R2，走的是快速以太网端口的链路，而不是 R1 直接到 R2 的串行端口链路。那么，其路由的最小带宽就是 100Mbit，即 10^5。还可以查看每个端口的带宽和延时信息。

```
R1#show int f0/0

    FastEthernet0/0 is up, line protocol is up (connected)
      Hardware is Lance, address is 0006.2a66.a80c (bia 0006.2a66.a80c)
      Internet address is 13.1.1.1/24
      MTU 1500 bytes, BW 100000 Kbit, DLY 100 usec,
…
```

因为目标网络是 2.0.0.0/8，所以还需要查看 R2 上的 L0 端口的带宽和延时信息。

```
R2#show int L0

    Loopback0 is up, line protocol is up (connected)
      Hardware is Loopback
      Internet address is 2.2.2.2/24
      MTU 1500 bytes, BW 8000000 Kbit, DLY 5000 usec,
…
```

显然，100 000<8000 000，即 F0/0 端口带宽小于 L0 端口带宽，所以这条链路的最小带宽是 100 000kbit；延时是 100+100+5000。使用公式计算度量值：

Metric =256×(10^7/最小带宽+累积延时/10)
=256×(10^7/100 000+(100+100+5000)/10)
=158 720

此值正是前面讲拓扑表时提到的 FD 值。

再看另一条可以到达 2.0.0.0/8 网络的链路的 S0/0 端口信息。

```
R1#show int s0/0
Serial0/0 is up, line protocol is up (connected)
  Hardware is HD64570
  Internet address is 12.1.1.1/24
```

```
                MTU 1500 bytes, BW 128 Kbit, DLY 20000 usec,
…
```

同样，将 S0/0 端口及 L0 端口的带宽和延时信息代入公式：

$$\text{Metric}=256\times(10^7/128+(5000+20\,000)/10)=20\,640\,000$$

此值正是前面在讲拓扑表时查看到的通过 S0/0 端口去往 2.0.0.0/8 网络的 FD 值，它比通过 F0/0 端口的 FD 值要大，因此路由表选用的是 FD 值为 158720 的路由。

上面讲了度量值 Metric 值的计算方法，还可以通过直接在路由器上输入"show ip eigrp topology 目标网络"的方式来查看从本路由器到达目标路由器有多少条路径、每条路径的最小带宽、可行距离 FD 及通告距离 AD 等。

```
R1#show ip eigrp topology 2.0.0.0

     IP-EIGRP (AS 100): Topology entry for 2.0.0.0/8  //到达的目标网络 2.0.0.0/8
       State is Passive, Query origin flag is 1, 1 Successor(s), FD is 158720
                                                           //FD 值为 158720
       Routing Descriptor Blocks:
       13.1.1.3 (FastEthernet0/0), from 13.1.1.3, Send flag is 0x0
          Composite metric is (158720/156160), Route is Internal
                                           //FD 值为 158720，AD 值为 156160
          Vector metric:
            Minimum bandwidth is 100000 Kbit        //最小带宽为 100000
            Total delay is 5200 microseconds        //累积延时为 5200
            Reliability is 255/255                  //可靠性
            Load is 1/255                           //负载
            Minimum MTU is 1500                     //最大传输单元
            Hop count is 2                          //跳数为 2
       12.1.1.2 (Serial0/0), from 12.1.1.2, Send flag is 0x0
                                                   //去目标网络的第二条路径
          Composite metric is (20640000/128256), Route is Internal
                                                   //FD 与 AD 的值
          Vector metric:
            Minimum bandwidth is 128 Kbit           //最小带宽为 128
            Total delay is 25000 microseconds       //总延时为 25000
            Reliability is 255/255
            Load is 1/255
            Minimum MTU is 1500
            Hop count is 1                          //跳数为 1
```

注意：在计算度量值时，链路带宽及延时的取值端口是从原路由器到目标网络所经路由器的*外出端口*的带宽和延时，而不是路由器的进入端口的带宽和延时。

3．DUAL

弥散更新算法（DUAL）使 EIGRP 能快速选择并维持到达每个远程网络的最佳路径。DUAL 可以实现：①随时的路由备份准备；②动态的路由恢复；③如果没有发现可行的继任者路由，则查询替换路由。

DUAL 的核心是 DUAL 的有限状态机（Finite State Machine，FSM）。根据 FSM 提供的一组可能状态进行判断，使网络在很短的时间内收敛，其大致过程如下。

首先，EIGRP 路由器维持了一个所有邻居的路由副本，使用这个副本，它们可以计算出自己到达远程网络的开销，如果最佳的路径不可用了，它只需简单地查看拓扑表，将拓扑表中的 FS（Feasible Successor，可行后继）变为 Successor（后继），从而构建路由表。如果路由器本地的拓扑表中也没有可代替的路由，EIGRP 路由器会很快地使用 Hello 分组向邻居发出请求并利用其他路由器所提供的信息，构建到达目标网络的路由表。

与 DUAL 相关的术语如下。
- Successor（后继）：进入路由表的路由，到达目标网络的下一个路由器。
- FD（Feasible Distance，可行距离）：到达目标网络的最小度量值。
- AD（Advertised Distance，通告距离）：又称为 RD（Reported Distance，报告距离），指下一跳路由器通告到目标网络的度量值。这里的下一跳路由器不一定是后继路由器。
- FS（Feasible Successor，可行后继）：后继的备份路由器，FS 也是本路由器的邻居路由器。DUAL 能快速收敛的原因就是在拓扑表中保存有到达目标网络的替代路径，当网络拓扑发生变化时，DUAL 不需要重新计算，而直接将 FS 变为 Successor。
- FC（Feasibility Condition，可行条件）：FC 是指一个路由器要成为可行后继的条件，即 AD<FD（注意：这里的 AD 是另一条路由中的下一跳路由器到达目标网络的度量值，FD 是本路由器到达目标网络的最小度量值）。以图 2-15 中 R1 的拓扑表为例来说明 FC。

```
R1#show ip eigrp topology

   ...
P 2.0.0.0/8, 1 successors, FD is 158720
      via 13.1.1.3 (158720/156160), FastEthernet0/0
      via 12.1.1.2 (20640000/128256), Serial0/0
```

可见，R1 去往 2.0.0.0/8 网络的 FD 是 158720，FastEthernet0/0 是 R1 去目标网络的端口；而 R1 通过 Serial0/0 端口去往目标网络，其 AD 值为 128256，是小于 FD 的。因此 R1 通过 Serial0/0 端口连接的下一跳路由器满足 FC，是可行后继。

用简单的语言来描述，需要满足一个条件才能成为可行后继，即从可行后继到目标网络的距离（度量值），要小于本路由器到目标网络的距离（度量值）。

凡是能出现在输入 show ip eigrp topology 命令后所显示的非 FD 路径，都满足 FC，与本路由器相连的下一跳路由器都是可行可继。

2.3.4 EIGRP 的高级配置

EIGRP 的配置涉及很多内容，这里主要学习 EIGRP 汇总、EIGRP 非等值负载均衡，以及 EIGRP 路由验证的配置。

1. EIGRP 汇总

（1）自动汇总

在图 2-15 中的 R3 上再配置一个环回端口 L1：3.3.2.3/24，如图 2-16 所示。

在 R3 路由器原配置的基础上，增配一个环回端口，并公告环回端口所在网络。

```
R3#conf t
```

27 EIGRP 汇总

```
R3(config)#int L1
R3(config-if)#ip add 3.3.2.3 255.255.255.0
R3(config-if)#exit
R3(config)#router eigrp 100
R3(config-router)#netw 3.3.2.0 0.0.0.255
```

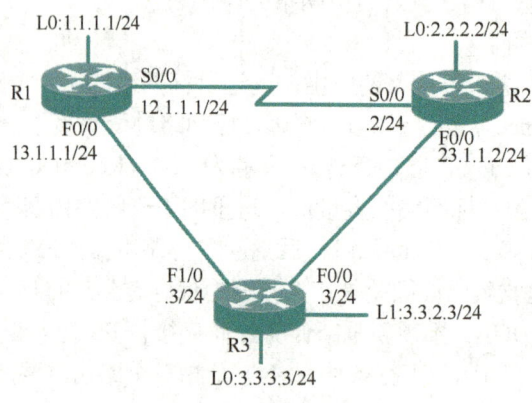

图 2-16　EIGRP 汇总

然后，查看 R3 的路由表。

```
R3#show ip route
...
D    1.0.0.0/8 [90/156160] via 13.1.1.1, 00:00:03, FastEthernet1/0
D    2.0.0.0/8 [90/156160] via 23.1.1.2, 00:00:03, FastEthernet0/0
     3.0.0.0/8 is variably subnetted, 3 subnets, 2 masks
D       3.0.0.0/8 is a summary, 00:00:03, Null0
C       3.3.2.0/24 is directly connected, Loopback1
C       3.3.3.0/24 is directly connected, Loopback0
D    12.0.0.0/8 [90/20514560] via 13.1.1.1, 00:00:03, FastEthernet1/0
                [90/20514560] via 23.1.1.2, 00:00:03, FastEthernet0/0
     13.0.0.0/8 is variably subnetted, 2 subnets, 2 masks
D       13.0.0.0/8 is a summary, 00:00:03, Null0
C       13.1.1.0/24 is directly connected, FastEthernet1/0
     23.0.0.0/8 is variably subnetted, 2 subnets, 2 masks
D       23.0.0.0/8 is a summary, 00:00:03, Null0
C       23.1.1.0/24 is directly connected, FastEthernet0/0
```

从 R3 的路由表可见，有 3 条汇总路由，即"×.0.0.0/8 is a summary, ××:××:××, Null0"。生成汇总路由的条件是什么呢？

1）在配置 EIGRP 时，不能使用 no auto-summary 命令关闭自动汇总。

2）EIGRP 在主类网络的边界上产生汇总路由。下面逐条分析这 3 条汇总路由，并理解主类网络边界的含义。

"D　　　3.0.0.0/8 is a summary, 00:00:03, Null0"，由图 2-16 可见，R3 的外出端口 F1/0 和 F0/0 所在网络不包含 3.0.0.0/8 网络及其子网，因此，R3 就是 3.0.0.0/8 网络的边界。

"D　　　13.0.0.0/8 is a summary, 00:00:03, Null0"，由图 2-16 可见，13.0.0.0/8 网络是 R1 和 R3 之间的网络，因此，R1 与 R3 就是 13.0.0.0/8 网络的边界（在 R1 上查看路由表，同样能

看到这条汇总路由)。

"D   23.0.0.0/8 is a summary, 00:00:03, Null0",由图 2-16 可见,23.0.0.0/8 网络是 R2 和 R3 之间的网络,因此,R2 与 R3 就是 23.0.0.0/8 网络的边界(在 R2 上查看路由表,同样能看到这条汇总路由)。

每条汇总路由后面都用了"Null0",表示指向空端口。空端口在前面已讲过,是为了避免环路产生。

下面再查看 R1(或 R2)的路由表。

```
R1#show ip route
...
        1.0.0.0/8 is variably subnetted, 2 subnets, 2 masks
D       1.0.0.0/8 is a summary, 00:03:43, Null0
C       1.1.1.0/24 is directly connected, Loopback0
D    2.0.0.0/8 [90/158720] via 13.1.1.3, 00:03:10, FastEthernet0/0
D    3.0.0.0/8 [90/156160] via 13.1.1.3, 00:03:08, FastEthernet0/0
        12.0.0.0/8 is variably subnetted, 2 subnets, 2 masks
D       12.0.0.0/8 is a summary, 00:03:43, Null0
C       12.1.1.0/24 is directly connected, Serial0/0
        13.0.0.0/8 is variably subnetted, 2 subnets, 2 masks
D       13.0.0.0/8 is a summary, 00:03:43, Null0
C       13.1.1.0/24 is directly connected, FastEthernet0/0
D    23.0.0.0/8 [90/30720] via 13.1.1.3, 00:03:08, FastEthernet0/0
```

可见,R1(或 R2)的路由与 R3 一样,也在网络的边界生成了汇总路由。

(2)关闭自动汇总

对 RIP 做过实验,如果存在不连续子网,自动汇总会造成路由不可达的问题。EIGRP 同样也有这个问题。那么,如果网络使用了不连续子网,那就需要关闭自动汇总功能。

```
R3#conf t
R3(config)#router eigrp 100
R3(config-router)#no auto-summary      //关闭自动汇总,配置 EIGRP 时设置
```

同样,也关掉 R1 和 R2 的自动汇总功能。然后,再查看 R1 的路由表。

```
R1#show ip route
...
        1.0.0.0/24 is subnetted, 1 subnets
C       1.1.1.0 is directly connected, Loopback0
        2.0.0.0/24 is subnetted, 1 subnets
D       2.2.2.0 [90/158720] via 13.1.1.3, 00:00:16, FastEthernet0/0
        3.0.0.0/24 is subnetted, 2 subnets
D       3.3.2.0 [90/156160] via 13.1.1.3, 00:00:16, FastEthernet0/0
D       3.3.3.0 [90/156160] via 13.1.1.3, 00:00:16, FastEthernet0/0
        12.0.0.0/24 is subnetted, 1 subnets
C       12.1.1.0 is directly connected, Serial0/0
        13.0.0.0/24 is subnetted, 1 subnets
```

```
C       13.1.1.0 is directly connected, FastEthernet0/0
     23.0.0.0/24 is subnetted, 1 subnets
D       23.1.1.0 [90/30720] via 13.1.1.3, 00:00:16, FastEthernet0/0
```

可见，在 R1 上产生的汇总路由没有了，但增加了两条明细路由。

(3) 手工汇总

通过上面的例子可以看出，关闭自动汇总功能后，汇总路由虽然没有了，但产生了明细路由。明细路由越多，将会占用越多的路由器存储空间并影响路由查找速度。

对明细路由，可以采用手工汇总将其合并成一条汇总路由，从而减小路由表大小。例如，在 R3 上进行手工汇总。

```
R3(config)#int f1/0
R3(config-if)#ip summary-address eigrp 100 3.3.2.0 255.255.254.0
R3(config-if)#int f0/0
R3(config-if)#ip summary-address eigrp 100 3.3.2.0 255.255.254.0
```

在这里，需要对 R3 的两个外出端口 F1/0 和 F0/0 都进行手工汇总，因为这个拓扑是封闭的，根据构建路由表时会优先选择最长掩码路由的原则，在 R1 上查看新学到的路由表时，会看到 R1 仍然会从没有汇总的那个端口学到明细路由，没起到简化路由表的目的。在进行手工汇总后，再查看 R1 的路由表。

```
R1#show ip route
…
     1.0.0.0/24 is subnetted, 1 subnets
C       1.1.1.0 is directly connected, Loopback0
     2.0.0.0/24 is subnetted, 1 subnets
D       2.2.2.0 [90/158720] via 13.1.1.3, 00:00:06, FastEthernet0/0
     3.0.0.0/23 is subnetted, 1 subnets
D       3.3.2.0 [90/156160] via 13.1.1.3, 00:00:06, FastEthernet0/0
     12.0.0.0/24 is subnetted, 1 subnets
C       12.1.1.0 is directly connected, Serial0/0
     13.0.0.0/24 is subnetted, 1 subnets
C       13.1.1.0 is directly connected, FastEthernet0/0
     23.0.0.0/24 is subnetted, 1 subnets
D       23.1.1.0 [90/30720] via 13.1.1.3, 00:00:06, FastEthernet0/0
```

可见，"D   3.3.2.0 [90/156160] via 13.1.1.3, 00:00:16, FastEthernet0/0" 和 "D   3.3.3.0 [90/156160] via 13.1.1.3, 00:00:16, FastEthernet0/0" 这两条明细路由，现在已汇总成一条汇总路由 "D   3.3.2.0 [90/156160] via 13.1.1.3, 00:00:06, FastEthernet0/0" 了。因为从 R3 上发出的网络 3.3.2.0/23 就包含了 3.3.2.0/24 和 3.3.3.0/24 网络，所以其他路由器要发送到 3.3.2.0/24 或 3.3.3.0/24 网络的数据，只须发送到 R3 路由器就可以了。

思考：如果只在 R3 的一个外出端口进行手工汇总，而另一个端口不汇总，再查看 R1 的路由表，与上面的路由表有什么区别？为什么？

2. EIGRP 非等值负载均衡

负载均衡分为等值负载均衡和非等值负载均衡。等值负载均衡是指同一种路由协议到达同一个目的地址的度量值相等，非等值负

28 EIGRP 非等值负载均衡

载均衡是指在路由表中存在到达同一目标网络的多条路由，但它们的度量值不一样。

EIGRP 支持非等值负载均衡，而 RIP 和 OSPF 只支持等值负载均衡。以图 2-17 为例来学习 EIGRP 的非等值负载均衡。

按图 2-17 完成路由器 R0 和 R1 的配置，然后查看 R0 的路由表。

图 2-17 EIGRP 非等值负载均衡

```
R0#show ip route
…
D    1.0.0.0/8 [90/156160] via 192.168.2.2, 00:00:53, FastEthernet0/0
     2.0.0.0/8 is variably subnetted, 2 subnets, 2 masks
D       2.0.0.0/8 is a summary, 01:30:58, Null0
C       2.2.2.0/24 is directly connected, Loopback0
C    192.168.1.0/24 is directly connected, Ethernet1/0
C    192.168.2.0/24 is directly connected, FastEthernet0/0
```

可见，到达 1.0.0.0/8 网络的路由只有一条，是经过 F0/0 端口的（如果是 RIP，则应是两条到达 1.0.0.0/8 网络的路由），但从图 2-17 可以看出还有一条路由可去往 1.0.0.0/8 网络，查看拓扑表进行验证。

```
R0#show ip eigrp topology
…
P 2.2.2.0/24, 1 successors, FD is 128256
        via Connected, Loopback0
P 192.168.1.0/24, 1 successors, FD is 281600
        via Connected, Ethernet1/0
P 2.0.0.0/8, 1 successors, FD is 128256
        via Summary (128256/0), Null0
P 192.168.2.0/24, 1 successors, FD is 28160
        via Connected, FastEthernet0/0
P 1.0.0.0/8, 1 successors, FD is 156160
        via 192.168.2.2 (156160/128256), FastEthernet0/0
        via 192.168.1.2 (409600/128256), Ethernet1/0
```

可见，经过 E1/0 端口的路由也可到达 1.0.0.0/8 网络。经过 F0/0 端口的路由度量值是 156160，经过 E1/0 端口的路由度量值是 409600。当有两条以上度量值不等的路由时，可采用配置一个比例因子的办法，来实现非等值负载均衡。

比例因子（variance）大小的确定方法：用较大度量值除以较小度量值，然后向上取整。本例中，$n=409600/156160=2.6229$，向上取整，$n=3$。然后，在两路由器上配置比例因子。

```
R0(config)#router eigrp 1
R0(config-router)#variance 3
```

本路由器的邻居路由器满足 AD<FD 且度量值<FD×n 时，能够实现非等值负载均衡，可分担网络流量。其中，AD<FD 这个条件保证这个邻居路由器能进入本路由器的拓扑表，配置 variance 的 n 值起作用的前提就是邻居路由器能进入本路由器的拓扑表。

配置比例因子后，再查看 R0 的路由表。

```
R0#show ip route
...
D    1.0.0.0/8 [90/156160] via 192.168.2.2, 00:00:10, FastEthernet0/0
               [90/409600] via 192.168.1.2, 00:00:11, Ethernet1/0
     2.0.0.0/8 is variably subnetted, 2 subnets, 2 masks
D    2.0.0.0/8 is a summary, 00:00:57, Null0
C    2.2.2.0/24 is directly connected, Loopback0
C    192.168.1.0/24 is directly connected, Ethernet1/0
C    192.168.2.0/24 is directly connected, FastEthernet0/0
```

可见，到 1.0.0.0/8 网络已有了两条路由：一条经过 F0/0 端口，另一条经过 E1/0 端口。在进行数据转发时，根据 variance 的 n 值大小，按比例转发数据包（F0/0 端口转发 n 个数据包，E1/0 端口转发 1 个数据包），在这里就是 3:1 的比例。

3. EIGRP 路由验证

EIGRP 的路由验证模式只有 MD5 一种，不像 RIP 和 OSPF 那样既支持明文验证又支持 MD5 验证。EIGRP 的 MD5 验证配置步骤与在 RIP 上配置 MD5 验证类似（本实验需要使用 DynamipsGUI 来完成）。EIGRP 路由验证配置过程如下。

1）定义钥匙链。
2）在钥匙链上定义一个或者一组钥匙。
3）在端口上启用认证并指定使用的钥匙链。

下面以图 2-18 所示的网络拓扑为例，讲解配置 EIGRP 路由验证的具体过程。

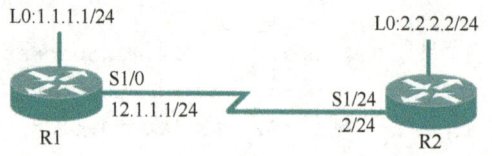

图 2-18　EIGRP 路由验证

首先，按图 2-18 所示，完成对路由器 R1 和 R2 的基本配置，以及 EIGRP 的配置。然后，在路由器 R1 上配置 MD5 路由验证。

```
R1(config)#key chain can                              //定义钥匙链，取名 can
R1(config-keychain)#key 1                             //定义第一个密钥，可以定义多个
R1(config-keychain-key)#key-string abc                //密钥串（密码）为 abc
R1(config-keychain-key)#int s1/0                      //在串行端口 S1/0 上启用
R1(config-if)#ip authentication key-chain eigrp 1 can    //调用前面定义的钥匙链 can
R1(config-if)#ip authentication mode eigrp 1 md5         //使用 MD5 验证模式
```

再在 R2 上配置 MD5 路由验证。

```
R2(config)#key chain xyz                              //此处的钥匙链名可与 R1 的钥匙链不同
R2(config-keychain)#key 1
R2(config-keychain-key)#key-string abc                //要求与 R1 上的密钥串相同
R2(config-keychain)#int s1/0
R2(config-if)#ip authentication key-chain eigrp 1 xyz    //调用前面定义的钥匙链 xyz
R2(config-if)#ip authentication mode eigrp 1 md5
```

配置完成后，查看 R1（或 R2）上的路由表。

```
R1#show ip route
```

```
        ...
              1.0.0.0/8 is variably subnetted, 2 subnets, 2 masks
    C         1.1.1.0/24 is directly connected, Loopback0
    D         1.0.0.0/8 is a summary, 00:14:29, Null0
    D         2.0.0.0/8 [90/2297856] via 12.1.1.2, 00:00:16, Serial1/0
              12.0.0.0/8 is variably subnetted, 2 subnets, 2 masks
    C         12.1.1.0/24 is directly connected, Serial1/0
    D         12.0.0.0/8 is a summary, 00:14:29, Null0
```

可见，路由器 R1 和 R2 的路由学习已正常，MD5 路由验证配置完成。

【任务实施】

在七彩数码集团网络规划中，由于 EIGRP 同时具有链路状态和距离矢量路由协议的优点，网络收敛速度快，适用于较大规模的网络，网建公司的网络设计和部署项目组计划为重庆分部网络配置 EIGRP。网络拓扑如图 2-19 所示。主要实施步骤如下。

第 1 步：路由器的基本配置。
第 2 步：配置三层交换机端口 IP 地址和虚拟端口 IP 地址。
第 3 步：配置 EIGRP。
第 4 步：手工汇总 EIGRP 路由。
第 5 步：向 EIGRP 域内注入默认路由。
第 6 步：配置 MD5 验证。
第 7 步：测试网络的连通性。

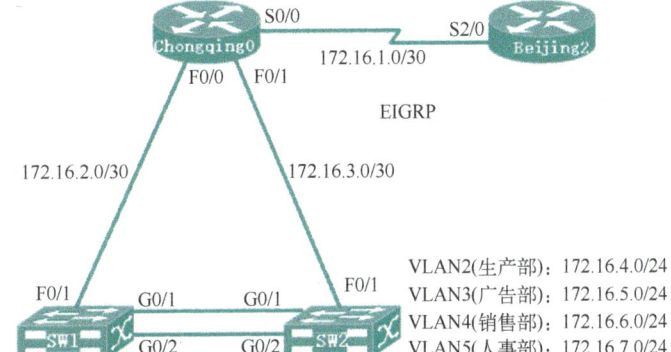

图 2-19　重庆分部网络 EIGRP 配置

根据七彩虹数码集团网络规划，从拓扑图 2-19 可见，路由器 Beijing2 是重庆分部的边界路由器，其端口 S2/0 与分部路由器 Chongqing0 相连。重庆分部内部有两台三层交换机作为核心交换设备，并进行了链路聚合。

1. 路由器的基本配置

路由器 Beijing2 的基本配置如下。

```
Beijing2#conf t
Beijing2(config)#int s2/0
Beijing2(config-if)#ip add 172.16.1.1 255.255.255.252
Beijing2(config-if)#no shut
Beijing2(config-if)#clock rate 1200        //S2/0 端口是 DCE 端口，需配置时钟频率
```

路由器 Chongqing0 的基本配置如下。

```
Chongqing0#conf t
Chongqing0(config)#int s0/0
Chongqing0(config-if)#ip add 172.16.1.2 255.255.255.0
Chongqing0(config-if)#no shut
Chongqing0(config-if)#int f0/0
Chongqing0(config-if)#ip add 172.16.2.1 255.255.255.252
Chongqing0(config-if)#no shut
Chongqing0(config-if)#int f0/1
Chongqing0(config-if)#ip add 172.16.3.1 255.255.255.252
Chongqing0(config-if)#no shut
```

2. 配置三层交换机端口 IP 地址和虚拟端口 IP 地址

交换机 SW1 的基本配置如下。

```
Switch#conf t
Switch(config)#host SW1
SW1(config)#ip routing                              //启用三层交换机的路由功能
SW1(config)#int f0/1
SW1(config-if)#no switchport                        //将F0/1端口配置为三层端口
SW1(config-if)#ip add 172.16.2.2 255.255.255.252
SW1(config-if)#no shut
SW1(config-if)#int vlan 2
SW1(config-if)#ip add 172.16.4.1 255.255.255.0      //为VLAN2指定网关地址
SW1(config-if)#no shut
SW1(config-if)#int vlan 3
SW1(config-if)#ip add 172.16.5.1 255.255.255.0
SW1(config-if)#no shut
SW1(config-if)#int vlan 4
SW1(config-if)#ip add 172.16.6.1 255.255.255.0
SW1(config-if)#no shut
SW1(config-if)#int vlan 5
SW1(config-if)#ip add 172.16.7.1 255.255.255.0
SW1(config-if)#no shut
SW1(config-if)#
```

交换机 SW2 的基本配置如下。

```
Switch#conf t
Switch(config)#host SW2
SW2(config)#ip routing
SW2(config)#int f0/1
SW2(config-if)#no switchport
SW2(config-if)#ip add 172.16.3.2 255.255.255.252
SW2(config-if)#no shut
SW2(config-if)#int vlan 2
SW2(config-if)#ip add 172.16.4.2 255.255.255.0
SW2(config-if)#no shut
SW2(config-if)#int vlan 3
```

```
SW2(config-if)#ip add 172.16.5.2 255.255.255.0
SW2(config-if)#no shut
SW2(config-if)#int vlan 4
SW2(config-if)#ip add 172.16.6.2 255.255.255.0
SW2(config-if)#no shut
SW2(config-if)#int vlan 5
SW2(config-if)#ip add 172.16.7.2 255.255.255.0
SW2(config-if)#no shut
```

3. 配置 EIGRP

在路由器 Beijing2 上配置 EIGRP。

```
Beijing2(config)#router eigrp 1
Beijing2(config-router)#netw 172.16.1.1 0.0.0.0
Beijing2(config-router)#no auto-summary
```

在路由器 Chongqing0 上配置 EIGRP。

```
Chongqing0(config)#router eigrp 1
Chongqing0(config-router)#netw 172.16.1.2 0.0.0.0
Chongqing0(config-router)#netw 172.16.2.1 0.0.0.0
Chongqing0(config-router)#netw 172.16.3.1 0.0.0.0
Chongqing0(config-router)#no auto-summary
```

在交换机 SW1 上配置 EIGRP。

```
SW1(config)#router eigrp 1
SW1(config-router)#netw 172.16.2.2 0.0.0.0
SW1(config-router)#netw 172.16.4.0 0.0.0.255
SW1(config-router)#netw 172.16.5.0 0.0.0.255
SW1(config-router)#netw 172.16.6.0 0.0.0.255
SW1(config-router)#netw 172.16.7.0 0.0.0.255
SW1(config-router)#no auto-summary
```

在交换机 SW2 上配置 EIGRP。

```
SW2(config)#router eigrp 1
SW2(config-router)#netw 172.16.3.2 0.0.0.0
SW2(config-router)#netw 172.16.4.0 0.0.0.255
SW2(config-router)#netw 172.16.5.0 0.0.0.255
SW2(config-router)#netw 172.16.6.0 0.0.0.255
SW2(config-router)#netw 172.16.7.0 0.0.0.255
SW2(config-router)#no auto-summary
```

4. 手工汇总 EIGRP 路由

在手工汇总 EIGRP 路由前，先查看北京总部路由器 Beijing2 的路由表。

```
Beijing2#show ip route
    …
        10.0.0.0/8 is variably subnetted, 2 subnets, 2 masks
    C      10.1.1.0/30 is directly connected, GigabitEthernet0/0
```

```
S       10.1.3.0/24 is directly connected, GigabitEthernet0/0
        172.16.0.0/16 is variably subnetted, 7 subnets, 2 masks
C       172.16.1.0/30 is directly connected, Serial2/0
D       172.16.2.0/30 [90/20514560] via 172.16.1.2, 00:00:04, Serial2/0
D       172.16.3.0/30 [90/20514560] via 172.16.1.2, 00:00:04, Serial2/0
D       172.16.4.0/24 [90/46114560] via 172.16.1.2, 00:00:04, Serial2/0
D       172.16.5.0/24 [90/46114560] via 172.16.1.2, 00:00:04, Serial2/0
D       172.16.6.0/24 [90/46114560] via 172.16.1.2, 00:00:04, Serial2/0
D       172.16.7.0/24 [90/46114560] via 172.16.1.2, 00:00:04, Serial2/0
```

然后，在路由器 Chongqing0 的 S0/0 端口上，对分部内部子网进行手工汇总。

```
Chongqing0(config)#int s0/0
Chongqing0(config-if)#ip summary-address eigrp 1 172.16.4.0 255.255.252.0
```

在手工汇总 EIGRP 路由后，再次查看北京总部路由器 Beijing2 的路由表。

```
Beijing2#show ip route
…
        10.0.0.0/8 is variably subnetted, 2 subnets, 2 masks
C       10.1.1.0/30 is directly connected, GigabitEthernet0/0
S       10.1.3.0/24 is directly connected, GigabitEthernet0/0
        172.16.0.0/16 is variably subnetted, 4 subnets, 2 masks
C       172.16.1.0/30 is directly connected, Serial2/0
D       172.16.2.0/30 [90/20514560] via 172.16.1.2, 00:11:24, Serial2/0
D       172.16.3.0/30 [90/20514560] via 172.16.1.2, 00:11:24, Serial2/0
D       172.16.4.0/22 [90/20514560] via 172.16.1.2, 00:11:24, Serial2/0
```

可见，在进行手工汇总后，北京总部路由器的路由表减小了（原 4 条明细路由变成了 1 条汇总路由），这样可以提高路由查找效率，提高网络稳定性。

5．向 EIGRP 域内注入默认路由

在重庆分部网络出口处的路由器 Beijing2 向 EIGRP 域内注入一条默认路由，这样重庆分部域内的路由器就可以通过默认路由访问北京总部网络了。

```
Beijing2#conf t
Beijing2(config)#ip route 0.0.0.0 0.0.0.0 g0/0
Beijing2(config)#router eigrp 1
Beijing2(config-router)#netw 0.0.0.0
```

下面查看重庆分部内的路由器或三层交换机的路由表（以 SW1 为例）。

```
SW1#show ip route
…
D*      0.0.0.0/0 [90/20514816] via 172.16.2.1, 00:12:58, FastEthernet0/1
```

可见，其路由表中增加了一条默认路由。

6．配置 MD5 验证

在路由器 Beijing2 上配置 MD5 路由验证。

```
Beijing2(config)#key chain xyz
Beijing2(config-keychain)#key 1
Beijing2(config-keychain-key)#key-string aabb          //密码为aabb
Beijing2(config-keychain-key)#int s2/0
Beijing2(config-if)#ip authentication mode eigrp 1 md5  //使用MD5验证模式
Beijing2(config-if)#ip authentication key-chain eigrp 1 xyz
                                               //调用前面定义的钥匙链xyz
```

再在 Chongqing0 上配置 MD5 路由验证。

```
Chongqing0(config)#key chain wei
Chongqing0(config-keychain)#key 1
Chongqing0(config-keychain-key)#key-string aabb      //与Beijing2上的密码相同
Chongqing0(config-keychain)#int s0/0
Chongqing0(config-if)#ip authentication mode eigrp 1 md5
Chongqing0(config-if)#ip authentication key-chain eigrp 1 wei
```

7. 测试网络的连通性

在配置完成后，从交换机 SW1 通过 ping 命令测试到 Beijing2 S2/0 端口 IP 地址 172.16.1.1 的连通性。

```
SW1#ping 172.16.1.1

Type escape sequence to abort.
Sending 5, 100-byte ICMP Echos to 172.16.1.1, timeout is 2 seconds:
!!!!!
Success rate is 100 percent (5/5), round-trip min/avg/max = 46/52/62 ms
```

从测试结果可见，连通性正常。

但是，在从交换机 SW1 ping 交换机 SW2 中的 VLAN2 的 IP 地址 172.16.4.2 时，实习生小王发现不能 ping 通，问师傅张工是什么原因。张工告诉小王，还需要对交换机进一步配置干道才行。同时，张工告诉小王，对前面的三层交换机进行配置时还做了一些其他配置，具体配置内容将在后面配置虚拟局域网时再详细告诉小王。

【考赛点拨】

本任务内容涉及认证考试和全国职业院校技能竞赛的相关要求如下。

1. 认证考试

由于 EIGRP 原属于思科公司的专有路由协议，因此 EIGRP 主要出现在思科认证考试中。这里列出了认证考试中关于 EIGRP 的要求。

- 配置及核实 EIGRP 自治系统号码。
- 核实可行距离、可行后继、管理距离、可行条件、度量组合。
- 配置和核实路由器 ID、自动汇总、路径选择、被动接口。
- 配置负载均衡、路由验证。

2. 技能竞赛

EIGRP 原属于思科公司的专有路由协议，在全国职业院校技能大赛中，基本上没出现过该协议的题目。

任务 2.4　配置 OSPF 路由协议

【任务描述】

OSPF 路由协议是典型的链路状态路由协议。配置 OSPF 路由协议的路由器邻居间只是通告链路状态信息，并根据状态信息生成网络拓扑结构，克服了距离矢量路由协议的缺点，是应用广泛的路由协议之一。在本任务中，网建公司需要在北京总部内部及与上海分部之间配置 OSPF 路由协议，完成七彩数码集团总部与其他分部的网络互联。

【任务分析】

作为网建公司的网络设计和部署项目组成员，要完成本任务的工作，需要具备关于 OSPF 路由协议的以下能力。

- 了解链路状态路由协议及其工作过程。
- 了解 OSPF 路由协议相关术语。
- 理解 OSPF 邻接关系的建立过程。
- 掌握 OSPF 的基本配置方法。
- 理解 DR 和 BDR 的选举过程。
- 理解 OSPF 的三张表。
- 掌握 OSPF 默认路由的引入与验证。

【知识储备】

2.4.1　了解 OSPF 路由协议

OSPF（Open Shortest Path First，开放式最短路径优先）路由协议，是基于 Dijkstra 的最短路径优先（SPF）算法的路由协议，它比距离矢量路由协议更复杂。路由器的链路状态的信息包括：端口的 IP 地址和子网掩码、网络类型、链路开销、相邻路由器。

运行 OSPF 路由协议的路由器，需要维护三张表：邻居表，用来存放直连的邻居路由器信息；拓扑表，用来保存网络的拓扑结构；路由表，用来保存路由信息，这个路由信息是根据内存中保存的拓扑表使用 SPF 算法得来的。

由于链路状态路由协议不必周期性地传递路由更新包，因此它不像距离矢量路由协议那样用路由更新包来维持邻居关系，链路状态路由协议使用 Hello 分组来维持邻居关系。运行链路状态路由协议的路由器周期性地向邻居路由器发送 Hello 分组，它们通过 Hello 分组中的信息相互认识对方并且形成邻居关系；在形成邻居关系之后，路由器就可能构建网路拓扑，并运用 SPF 算法构建路由表。

1. OSPF 路由协议的优缺点

OSPF 路由协议与距离矢量路由协议相比的优点主要有以下几个方面。

1）形成的路由表更准确。OSPF 路由协议是根据相互间交换的 LSA（Link-State Advertisement，链路状态通告）构成 LSDB（Link-State DataBase，链路状态数据库），再构成路由表，路由表是在充分了解全网状况的条件下形成的；而距离矢量路由协议仅根据邻居路由器宣告的信息生成自己的路由表。

2）触发更新，收敛更快。OSPF 路由协议采用触发更新，网络发生变化时，路由器收到 LSA 后，立即向除接收端口外的端口泛洪出去，然后执行 SPF 算法更新路由表；而距离矢量路由协议采用周期性更新路由表。

3）分层设计。链路状态路由协议（包括 OSPF 和 IS-IS）都采用了区域设计，为链路状态更新范围设了边界，LSA 的传播和 SPF 计算被限制在一个区域内，同一区域内路由器具有相同的 LSDB，区域间路由信息的交换由区域边界路由器完成，因此路由表更小，且降低了链路状态更新的开销。

4）可扩展性好。链路状态路由协议适用于各种规模的网络，而距离矢量路由协议一般只用于小网络。

5）不易产生路由环路。链路状态路由协议的路由产生是根据拓扑表执行 SPF 算法构建的，不易产生环路；而距离矢量路由协议由于收敛慢，易产生环路问题。

与距离矢量路由协议相比，OSPF 路由协议的缺点是：对内存的需求更大，对处理器要求更高，带宽需求也更大；由于 OSPF 路由协议更加复杂，对管理员的知识要求也更高。

2. OSPF 路由协议的相关术语

（1）RID

RID（Router ID，路由器 ID）是标识此路由器的一个 IP 地址。标识此路由器的 IP 地址依次是：在路由进程中手工指定；环回端口的最大 IP 地址；激活的物理端口中最高的 IP 地址（在本任务后面有详细讲解）。

（2）邻居

如果两台路由器共享一条公共数据链路（两台路由器中间没有其他路由器和虚电路的存在），并且成功协商了 Hello 分组中所指定的参数，那么它们就成为邻居。

（3）邻接关系

邻接关系是指在建立邻居关系之后继续发送 DD、LSR、LSU 等报文，最终双方的 LSDB 达到同步之后，邻居状态为 FULL 时，两者就成为邻接关系。

（4）Area

为了能够降低 OSPF 计算的复杂程度，缓解计算压力，OSPF 采用分区域计算，将网络中所有 OSPF 路由器划分成不同的区域（Area），每个区域负责各自区域精确的 LSA 传递与路由计算，然后再将一个区域的 LSA 简化和汇总之后转发到另外一个区域。这样一来，在区域内部，拥有网络精确的 LSA，而在不同区域，则传递简化的 LSA。

OSPF 网络的区域示意图如图 2-20 所示。

在一个 OSPF 网络中可以包括多种区域，其中有三种常见的特殊区域（如图 2-20 所示）：Area 0 为 Backbone Area（骨干区域，又称主干区域），再有末梢区域（Stub Area）和末节区域（Not-So-Stubby Area，NSSA Area）。

一个 OSPF 互联网络，无论有没有划分区域，总是至少有一个骨干区域，骨干区域一般为区域 0（Area 0），其主要功能是在其余区域间传递路由信息。这里主要学习骨干区域的配置，更多关于区域的相关知识,可参见 Cisco CCNP 的相关教材。

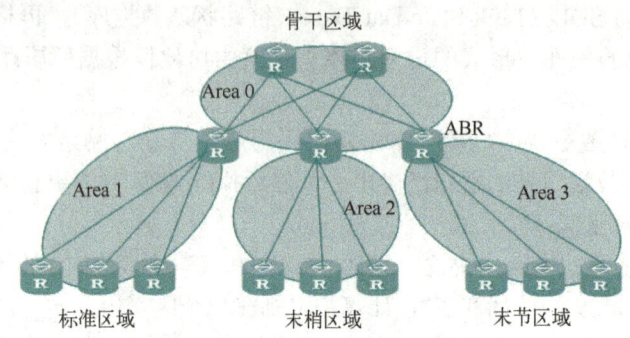

图 2-20　OSPF 网络的区域示意图

（5）Area-ID

Area-ID 是指区域号码。路由器之间必须配置在相同的 OSPF 区域,否则无法形成邻居。

（6）DR/BDR

当多台 OSPF 路由器连到同一个多路访问网段时,如果每两台路由器之间都相互交换 LSA,那么该网段将充满众多 LSA 条目,为了能够尽量减少 LSA 的传播数量,可在多路访问网段中选择出一个核心路由器,这个路由器就称为 DR（Designated Router,指定路由器）。

当 DR 失效后,由 BDR 接替 DR 的工作,在其余路由器中再通过交换 Hello 分组选择 BDR（Backup Designated Router,备份指定路由器）（本项目后面将讲解 DR/BDR 的选举）。

（7）DROther

在由 OSPF 路由器组成的多路访问网络中,既不是 DR 也不是 BDR 的路由器称为 DROther。

（8）Cost

Cost 为花费。Cost 值是路由穿越的那些中间网络的开销的和,其默认公式为开销=10^8/带宽（带宽单位是 bit/s）,即 100M 除以带宽。100Mbit/s 端口的默认 Cost 值是 1,10Mbit/s 的端口的默认 Cost 值是 10（本后面将详细讲解 Cost 的计算方法）。

3. OSPF 包类型

OSPF 路由协议是网络层协议,OSPF 路由表是相互间通过组播（组播的 IP 地址:DROther 使用 224.0.0.5,DR 和 BDR 使用 224.0.0.6）的方式,收发 5 种类型的链路状态包,构成 LSDB,再根据 LSDB 执行 SPF 算法而形成的。下面简单介绍组播的 5 种链路状态包。

（1）Hello

Hello 分组用于 OSPF 网络同一区域的路由器发现、建立并维护邻居关系。相邻路由器要成功地建立起邻居关系,对相互发送的 Hello 分组的要求是有相同的区域号、Hello 间隔、死亡间隔,并且如果存在验证,则要求有相同的验证方式。

（2）DBD

路由器将自身的链路状态数据库的简短描述信息发送给其他路由器,接收路由器根据收到的 DBD（DataBase Description,数据库描述）包（DBD 包也叫 DDB 包）与本地的链路状态数据库对比,确定是否存在新的条目信息。

（3）LSR

接收路由器发送 LSR（Link-State Request,链路状态请求）包,向发送路由器请求获得 LSDB 中某些条目的详细信息。

（4）LSU

LSU（Link-State Update，链路状态更新）包是应 LSR 的请求，用来向对端路由器发送所需的 LSA，内容是多条 LSA 完整内容的集合。LSU 的内容部分包括此次发送的 LSA 总数量和每条 LSA 的完整内容。

（5）LSAck

接收路由器每收到一个 LSA 报文时，向发送路由器发送 LSAck（Link-State Acknowl-edgement，链路状态确认）信息。

4. OSPF 邻接关系的建立过程

OSPF 路由器的路由表是根据区域中路由器间同步的 LSDB 运行 SPF 算法构建的，路由器的 LSDB 达到同步状态标志着路由器邻接关系的建立。因此，需要了解区域内路由器的 LSDB 是如何达到同步状态的，图 2-21 描述了两个路由器的 LSDB 达到同步状态的过程。

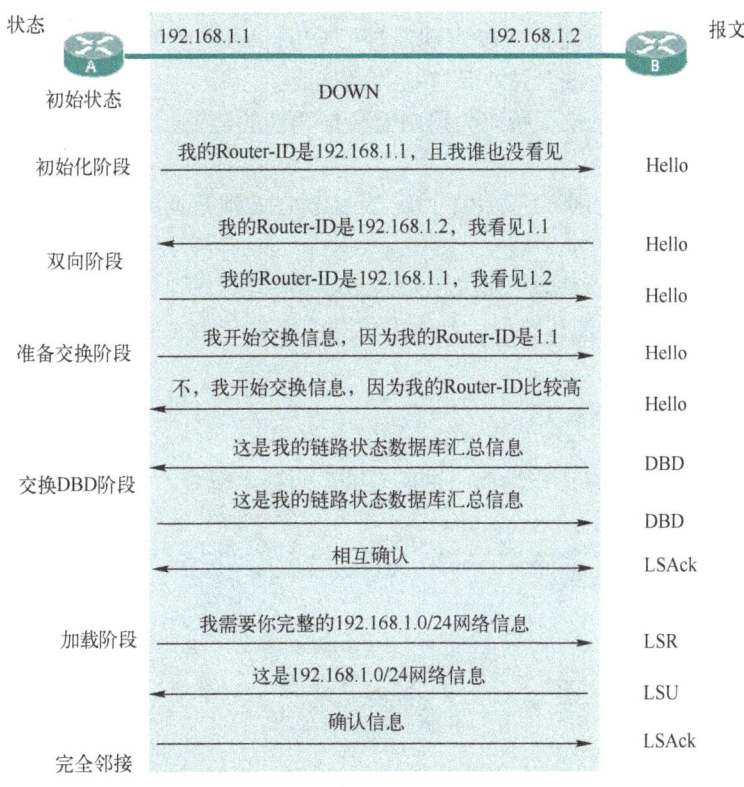

图 2-21 OSPF 邻接关系的建立过程

1）初始状态（DOWN）：OSPF 路由器还没有发现任何邻居。

2）初始化阶段（Init）：为了发现邻居，路由器以组播方式发出 Hello 分组，希望得到邻居的回应。

3）双向阶段（Two-way）：双方都收到对方发来的 Hello 分组，建立起了邻居关系。

4）准备交换阶段（Exstart）：邻居路由器间用 Hello 分组来协商它们的主从关系，RID 最高的路由器成为主路由器。

5）交换 DBD 阶段（Exchange）：路由器将自身的链路状态数据库的简短描述信息发送给其

他路由器，接收路由器根据收到的 DBD 与本地的链路状态数据库对比，确定是否存在新的条目信息。

6）加载阶段（Loading）：路由器发出 LSR 报文向邻居路由器请求自己没有的路由条目信息，邻居路由器用 LSU 回应，本路由器再用 LSAck 对发送 LSU 的路由器进行确认。

7）完全邻接（Full）：邻居路由器间相互加载完毕后，就形成了完全邻接状态。

上述这几个状态的变化过程，可以在配置了 OSPF 进程的多路访问网络中，不停地用 show ip ospf neighbor 命令查看各端口的状态在建立邻接关系过程中的变化过程。

5. OSPF 路由协议收敛过程

以 OSPF 邻接关系的建立过程为基础，OSPF 路由协议的收敛过程如下。

1）了解直连网络。检测端口状态、IP 地址、子网掩码、网络公告。

2）向邻居发送 Hello 分组。OSPF 路由器通过使用 Hello 分组来发现其链路上的所有邻居形成一种邻接关系。这里的邻居是指启用了相同的链路状态路由协议的其他任何路由器。Hello 分组持续在两个邻接的邻居之间互换，以实现监控邻居的状态。如果路由器不再收到某邻居的 Hello 分组，则认为该邻居已无法到达，该邻接关系破裂。

3）交换 LSA。LSA 中记录了所有与路由器直接相连的链路状态信息，包括邻居路由器标识、链路类型和带宽等。

4）建 LSDB。LSDB 由在同一区域内的每台路由器在本地数据库中保存所收到的 LSA 副本所构成。

5）执行 SPF 算法。每台路由器根据 LSDB，以本路由器为根，生成一个 SPF 树，基于 SPF 树，计算到每一个目标网络的最佳路径，最终形成路由表。

2.4.2　OSPF 的基本配置

下面以图 2-22 所示的网络拓扑为例，讲解 OSPF 的基本配置。

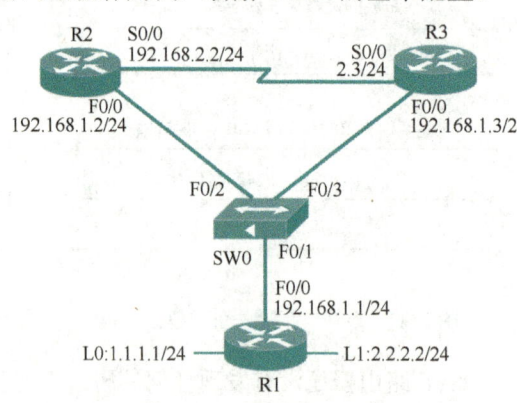

图 2-22　OSPF 的基本配置

1. 在路由器 R1 上完成基本配置及 OSPF 路由协议配置

```
R1(config)#
R1(config)#int f0/0
R1(config-if)#ip add 192.168.1.1 255.255.255.0    //配置 F0/0 的 IP 地址
R1(config-if)#no shut
```

```
R1(config-if)#int l0
R1(config-if)#ip add 1.1.1.1 255.255.255.0        //配置L0和L1的IP地址
R1(config-if)#int l1
R1(config-if)#ip add 2.2.2.2 255.255.255.0
R1(config-if)#exit
R1(config)#router ospf 1                          //启用OSPF路由协议，进程号为1
R1(config-router)#netw 192.168.1.0 0.0.0.255 area 0
R1(config-router)#netw 1.1.1.0 0.0.0.255 area 0   //公告网络，区域号为0
```

在上述配置中，OSPF 的进程号只具有本地意义，与本区域中其他 OSPF 路由器的进程号无关。OSPF 路由器间要建立邻接关系，即使进程号不同，只要区域号相同就行。这与 EIGRP 的自治系统（AS）号不一样。

公告网络时，标准格式是"network 网络号 反掩码 区域号"，与 EIGRP 公告网络类似，但多了一个区域号。OSPF 路由器要形成邻接关系，需要配置相同的区域号，区域号是基于端口的，不是针对整个路由器的，一个路由器的不同端口可以配置在不同的区域中。在此只讲单区域的 OSPF 配置，因此，所使用的区域号是 0（对单区域 OSPF 来说，区域号只能是 0）。

2. 在路由器 R2 上完成基本配置及 OSPF 路由协议配置

```
R2(config)#
R2(config)#int f0/0
R2(config-if)#ip add 192.168.1.2 255.255.255.0
R2(config-if)#no shut
R2(config-if)#int s0/0
R2(config-if)#ip add 192.168.2.2 255.255.255.0    //端口配置IP
R2(config-if)#no shut
R2(config-if)#clock rate 4000000                  //作为DCE端口，须提供时钟频率
R2(config-if)#exit
R2(config)#router ospf 100                        //启用OSPF路由协议，进程号为100
R2(config-router)#netw 192.168.1.0 0.0.0.255 area 0  //公告网络，区域号仍是0
R2(config-router)#netw 192.168.2.0 0.0.0.255 area 0
```

在上述配置中，进程号为 100，在前面讲过，各 OSPF 路由器要成为邻接关系，进程号可以不同，但区域号要求相同，因此，在公告网络时，区域号仍是 0。另外，在公告网络时，可以用 "netw 192.168.2.2 0.0.0.0 area 0" 的形式，反掩码为 0.0.0.0 表示只有 192.168.2.2 这一个地址运行 OSPF 协议，这是一种非标准写法；还有，如果一个路由器的所有端口都运行 OSPF 路由协议，则可写成 "netw 0.0.0.0 0.0.0.0 area 0" 这种形式。

3. 在路由器 R3 上完成基本配置及 OSPF 路由协议配置

```
R3(config)#
R3(config)#int f0/0
R3(config-if)#ip add 192.168.1.3 255.255.255.0
R3(config-if)#no shut
R3(config-if)#int s0/0
R3(config-if)#ip add 192.168.2.3 255.255.255.0
R3(config-if)#no shut
R3(config-if)#exit
R3(config)#router ospf 1
```

```
R3(config-router)#netw 0.0.0.0 0.0.0.0 area 0           //使用简化方式公告网络
```

在上述配置中,"netw 0.0.0.0 0.0.0.0 area 0"表示将路由器 R3 上所有的端口都运行 OSPF 路由协议,用这一条语句代替"netw 192.168.1.0 0.0.0.255 area 0"和"netw 192.168.2.0 0.0.0.255 area 0"这两条语句(在做实验时,使用"netw 0.0.0.0 0.0.0.0 area 0"这种形式在 Cisco Packet Tracer 中运行不正常,只能使用逐条公告网络的形式,但在 DynamipsGUI 中能正常运行)。

2.4.3 对 OSPF 路由协议的理解

运行了 OSPF 路由协议的路由器会生成三张表:路由表、邻居表和链路状态数据库。以前面完成的 OSPF 基本配置为基础来理解 OSPF 的三张表。

1. 路由表

1)在路由器 R1 上,使用命令 show ip route 查看其路由表信息。

```
R1#show ip route
…
     1.0.0.0/24 is subnetted, 1 subnets
C       1.1.1.0 is directly connected, Loopback0
     2.0.0.0/24 is subnetted, 1 subnets
C       2.2.2.0 is directly connected, Loopback1
C    192.168.1.0/24 is directly connected, FastEthernet0/0
O    192.168.2.0/24 [110/782] via 192.168.1.2, 00:26:08, FastEthernet0/0
                   [110/782] via 192.168.1.3, 00:14:39, FastEthernet0/0
```

30 OSPF 的三张表

从上面的输出可见,有 3 个直连网络与 R1 相连,前面的代码标识是"C";192.168.2.0 网络是通过 OSPF 协议学到的,前面的代码标识是"O",并且有两条路由可达 192.168.2.0 网络,这与图 2-22 所示的拓扑是一致的。

"[110/782]"中的"110"是 OSPF 的默认管理距离,"782"是度量值。这个度量值是如何计算得来的呢?

度量值等于 100Mbit/s(或 100 000kbit/s)除以从本路由器到目标网络所经过的路由器的出口带宽之和。例如,在本实验中,本路由器出口是 F0/0 端口,带宽为 100Mbit/s,那么这一段的度量值是 100/100=1;到目标网络还经过了 R2(或 R3),其出口是 S0/0 端口,其带宽是 128kbit/s,则这一段度量值是 100×1000÷128≈781,两段链路的度量值相加即为这条路由的度量值,即 1+781=782。

在前面讲过如何查看端口带宽或直接查看端口的度量值,下面以路由条目"O 192.168.2.0/24 [110/782] via 192.168.1.2, 00:26:08, FastEthernet0/0"为例进行说明。

查看端口带宽如下。

```
R1#show int f0/0
…
  MTU 1500 bytes, BW 100000 Kbit, DLY 100 usec,    //度量值:100000/100000=1
…
```

```
R2#show int s0/0
...
    MTU 1500 bytes, BW 128 Kbit, DLY 20000 usec,    //度量值：100000/128=781
...
```

查看端口度量值如下。

```
R1#show ip ospf interface f0/0
...
    Process ID 1, Router ID 2.2.2.2, Network Type BROADCAST, Cost: 1
...

R2#show ip ospf interface s0/0
...
    Process ID 100, Router ID 192.168.2.2, Network Type POINT-TO-POINT, Cost: 781
...
```

另外，如果是环回端口，其带宽默认是 8000Mbit/s。

```
R1#show int L1
...
    MTU 1500 bytes, BW 8000000 Kbit, DLY 5000 usec,
```

计算度量值时，100 000/8 000 000 的值远小于 1，但度量值不能为 0，只能取最小的非零正整数 1，可以直接查看其度量值。

```
R1#show ip ospf interface l1
...
    Process ID 1, Router ID 2.2.2.2, Network Type LOOPBACK, Cost: 1
```

可见，OSPF 路由器把环回端口的度量值设置为 1。

从上面的分析可见，在默认情况下，OSPF 使用 100Mbit/s 作为参考带宽，这样就无法区分 100Mbit/s、1000Mbit/s、8000Mbit/s 及 10 000Mbit/s 端口的度量值了，因此在配置 OSPF 时，可以手工修改参考带宽。当然，要保证计算出来的度量值的合理性，需要将本区域中的所有路由器的参考带宽全部改为一致（此命令在 Cisco Packet Tracer 中无效，可使用 DynamipsGUI 来完成此实验）。

```
Router(config-if)#router ospf 1
Router(config-router)#auto-cost reference-bandwidth 100000
//修改参考带宽为10000Mbit/s
% OSPF: Reference bandwidth is changed.   //提示参考带宽已修改
Please ensure reference bandwidth is consistent across all routers.
                             //提示要求确保所有路由器的参考带宽一致
```

在修改参考带宽之后，再查看路由表，可发现度量值已发生了变化。

"via 192.168.1.2, 00:26:08, FastEthernet0/0"和"via 192.168.1.3, 00:14:39, FastEthernet0/0"表示经 192.168.1.2 和 192.168.1.3 两个 IP 地址做下一跳,都可以到达目标网络 192.168.2.0/24;FastEthernet0/0 是本路由器的外出端口名称。

2)在路由器 R2 上,使用命令 show ip route 查看其路由表信息。

```
R2#show ip route
…
     1.0.0.0/32 is subnetted, 1 subnets
O       1.1.1.1 [110/2] via 192.168.1.1, 01:31:58, FastEthernet0/0
C    192.168.1.0/24 is directly connected, FastEthernet0/0
C    192.168.2.0/24 is directly connected, Serial0/0
```

这里有一条父路由"1.0.0.0/32 is subnetted, 1 subnets",下面有一条子路由"O1.1.1.1 [110/2] via 192.168.1.1, 01:31:58, FastEthernet0/0",它是一个 32 位的主机路由,在 OSPF 中,凡是环回端口都被宣告成主机路由。

注意:这里没有到达 2.2.2.0/24 网络的路由,因为从 R1 的基本配置可见,这个网络没有被宣告到 OSPF 路由进程中。

2. 邻居表

在路由器 R2 上使用 show ip ospf neighbor 命令查看邻居表。

```
R2#show ip ospf neighbor

//第一列      第二列   第三列         第四列        第五列         第六列
Neighbor ID  Pri    State         Dead Time    Address       Interface
2.2.2.2      1      FULL/DR       00:00:30     192.168.1.1   FastEthernet0/0
192.168.2.3  1      FULL/DROTHER  00:00:38     192.168.1.3   FastEthernet0/0
192.168.2.3  0      FULL/ -       00:00:39     192.168.2.3   Serial0/0
```

从上述邻居表的输出可见,R2 与 3 个邻居建立了邻接关系。

第一列"Neighbor ID"是指邻居路由器的 RID,2.2.2.2 是 R1 的 RID;后两行表示 R2 与 RID 为 192.168.2.3 的路由器建立了两次邻居关系,一次是通过 F0/0 端口建立的,另一次是通过 S0/0 端口建立的。

第二列"Pri"是 OSPF 邻居端口的优先级。需要选举 DR/BDR 的端口优先级为 1,点对点链路不需要选 DR/BDR 的端口优先级为 0。可用命令"show ip ospf int 端口名"查看端口优先级等信息。

```
R2#show ip ospf interface f0/0

FastEthernet0/0 is up, line protocol is up
Internet address is 192.168.1.2/24, Area 0       //端口地址及所属区域号
Process ID 100, Router ID 192.168.2.2, Network Type BROADCAST, Cost: 1
                 //进程号是 100, R2 的 RID 是 192.168.2.2, 端口度量值是 1
Transmit Delay is 1 sec, State BDR, Priority 1
                 //R2 是 BDR, 端口优先级为 1
```

第三列"State"是指邻居路由器的状态。FULL 表示已建立了邻居关系, R1 是 DR, R3

是 BDR，而通过 S0/0 端口的链路上不进行 DR/BDR 选举，所以是 "-"。

第四列 "Dead Time" 显示邻居的剩余死亡时间。使用命令 "R2#show ip ospf interface f0/0" 可查看邻居的死亡时间。

```
R2#show ip ospf interface f0/0
…
Timer intervals configured, Hello 10, Dead 40, Wait 40, Retransmit 5
```

可见死亡时间是 40s，表示在 40s 内没收到 Hello 分组则邻居消失。正常是每 10s 收发一次 Hello 分组，可见，死亡时间默认是 Hello 时间的 4 倍。

第五列 "Address" 是邻居路由器的相连端口 IP 地址。

第六列 "Interface" 是本路由器的外出端口名称。

现在，在 R1 上查看邻居表。

```
R1#show ip ospf neighbor
Neighbor ID    Pri  State           Dead Time   Address      Interface
192.168.2.2    1    FULL/BDR        00:00:33    192.168.1.2  FastEthernet0/0
192.168.2.3    1    FULL/DROTHER    00:00:35    192.168.1.3  FastEthernet0/0
```

可见，只有两个邻居，其中 R2 是 BDR，R3 是 DROther。

3. 链路状态数据库

在 R1 上查看链路状态数据库（LSDB）。

```
R1#show ip ospf database
    OSPF Router with ID (2.2.2.2) (Process ID 1)//RID是2.2.2.2,进程号为1
        Router Link States (Area 0)           //以下显示的是区域0的链路状态
Link ID        ADV Router       Age       Seq#         Checksum    Link count
//链路 RID     路由器 RID       老化更新时间  进程序列号    校验和       链路计算次数
2.2.2.2        2.2.2.2          471       0x80000007   0x001243    2
192.168.2.2    192.168.2.2      337       0x80000008   0x003ed9    3
192.168.2.3    192.168.2.3      335       0x80000008   0x0040d4    3
        Net Link States (Area 0)
Link ID        ADV Router       Age       Seq#         Checksum
192.168.1.1    2.2.2.2          335       0x80000006   0x009834
```

说明：OSPF 的链路状态数据库涉及的内容很多，在此仅对本实验中产生的链路状态数据库做简单介绍，更多的相关内容，请读者参见 Cisco CCNP 相关教材。

链路状态数据库（LSDB）是由链路状态通告（LSA）产生的。在本例中，产生了两种 LSA：LSA1（路由器 LSA）和 LSA2（网络 LSA）。

路由器 LSA（即 LSA1）的作用：通告路由器所有端口的链路状态信息，包括有哪些直连网络、通过这些网络与哪些路由器相连，以及这些网络的开销。所有运行 OSPF 的路由器都会产生 LSA1，LSA1 只会在生成它的区域内传播，不会广播至其他区域。

网络 LSA（即 LSA2）的作用：LSA2 由 DR 生成，LSA2 用来描述 DR 所在的多路访问网络，以及所有与这个多路访问网络相连的路由器 ID，包括 DR 自己。DR 将 LSA2 发送给所有的邻居，LSA2 也只在本区域内泛洪，不会被转发到区域外。

将 LSDB 称为拓扑表，是沿用了 EIGRP 的习惯，其准确的名称是链路状态数据库，里面存放的是一张整个区域内部的拓扑结构，OSPF 的每个路由器使用 SPF 算法通过对 LSDB 的计算生成一个最短路径树（SPF 树），基于 SPF 树，计算到每一个目标网络的最佳路径，最终形成路由表。

2.4.4 DR/BDR 的选举过程

1. 选举 DR/BDR 的原因

在前面介绍 DR/BDR 时，提到了多路访问网络这一概念。多路访问网络是指在一条链路上有多个节点，这多个节点之间可相互访问。多路访问网络分为广播式多路访问网络（Broadcast Multiple Access，BMA）和非广播式多路访问网络（Non-Broadcast Multiple Access，NBMA）。广播式多路访问网络一般指的是以太网，这种网络是支持广播发送的；非广播式多路访问网络一般常见的有帧中继、X.25、ATM 等网络，这种网络不支持广播发送。

与多路访问网络相对应的是点对点（P2P）网络和点到多点（P2MP）网络。正常情况下，OSPF 路由协议只在多路访问网络中选举 DR/BDR，而在 P2P、P2MP 网络上是不选举 DR 的。

以图 2-23 所示的多路网络为例，有 5 台路由器，如果没有选举 DR/BDR，为了交换路由信息，每台路由器都需要与其他路由器建立邻接关系，这里需要建立的邻接关系数=5×(5-1)/2=10。如果有 n 台路由器，则需要建立 $n×(n-1)/2$ 个邻接关系。其缺点是当网络出现变化时收敛速度比较慢，占用了大量的带宽。

如果选举了 DR/BDR，则只需 DROther 与 DR 和 BDR 建立邻接关系，而 DROther 之间只停留在 Two-way 状态，邻接关系减少，可以加速收敛，节省带宽，如图 2-24 所示。当有路由更新时，DROther 用 224.0.0.6 的组播地址向 DR 和 BDR 发送更新（这个更新信息只有 DR/BDR 能收到）。DR 和 BDR 收到更新后，由 DR 以 224.0.0.5 的组播地址向所有 DROther 转发（而 BDR 只更新自己的路由表，但不向其他 DROther 转发）。可见，DROther 间没有更新包，这样就减少了网络带宽的占用量。

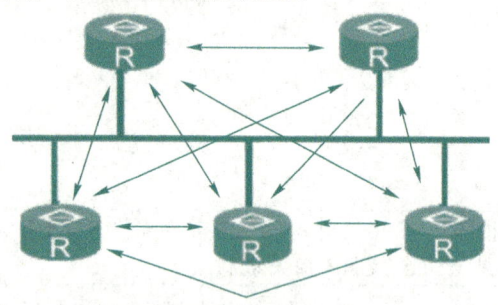

图 2-23 没有选举 DR/BDR 的网络　　　图 2-24 选举了 DR/BDR 的网络

2. RID 的确定

（此实验须在 DynamipsGUI 下完成。）

在理解选举 DR/BDR 之前，需要先掌握 RID 的确定方法。RID 用来唯一标识 OSPF 区域中的每一台路由器。

下面以图 2-22 为例来了解 RID 的确定方法。RID 是以 IP 地址的形式出现的，在路由器的众多 IP 地址中，确定 RID 的顺序如下。

（1）router-id 命令配置优先

在图 2-22 中，在路由器 R1 上用 router-id 命令手工配置 RID。

```
R1(config)#router ospf 1
R1(config-router)#router-id 3.3.3.3    // 将RID配置为3.3.3.3，但此IP此地址并不存在
Reload or use "clear ip ospf process" command, for this to take effect
//提示：如果要让所配置的RID生效，须使用 clear ip ospf process 命令清空进程，让
//OSPF重新计算
```

在清空进程前，再查看一下RID。

```
R1#show ip protocols
…
   Router ID 2.2.2.2                        //可见，RID并不是刚才配置的3.3.3.3
```

在R1上清空OSPF进程。

```
R1# clear ip ospf process
```

然后，再在路由器R1上使用show ip protocols命令查看RID。

```
R1#show ip protocols
…
   Router ID 3.3.3.3        //可见，RID已变成3.3.3.3了
```

（2）环回端口中激活的最大IP地址其次

如果在路由器上没有手工配置的RID，如果有激活的环回端口地址，则最大的环回端口地址为RID。接续上面的操作，在R1上将刚才配置的RID删除掉，并清空OSPF进程，然后再查看RID。

```
R1(config)#router ospf 1
R1(config-router)#no router-id           //删除前面手工配置的RID
R1(config-router)#end
R1#clear ip ospf process                 //清空OSPF进程，重新建立邻居关系
   Reset All OSPF processes? [no]: y     //输入"y"确认清空
R1#show ip protocols
…
   Router ID 2.2.2.2                     //RID改为了路由器上的最大环回端口IP
```

根据前面OSPF的基本配置可知，2.2.2.2所在的网络并没有被公告在OSPF的区域中，可见，RID是路由器的标识，它是基于路由器的，所确定的RID使用的IP地址与其对应的端口是否被公告在OSPF区域中无关。

（3）最后是最大的激活的物理地址

如果既没手工指定RID，也没有激活的环回端口，那路由器的RID就一定是最大的激活的物理端口地址（如果连这个也没有，那OSPF的邻居关系根本没办法建立，相当于根本没配置OSPF路由协议，所以不可能没有激活的物理端口）。为什么环回端口优于物理端口？因为环回端口比物理端口更稳定。

现在，查看一台没有配环回端口的路由器R2的RID。

```
R2#show ip protocols
…
   Router ID 192.168.2.2
```

根据图 2-22 所示，R2 上有两个 IP 地址，一个是 192.168.1.2，另一个是 192.168.2.2，这里的 RID 就是较大的物理端口的 IP 地址。

> **思考**：如果把 S0/0 端口关闭后再查看 R2 的 RID，结果会是什么？为什么？

如果仅关闭的话，查看到的结果仍是 192.168.2.2，因为路由进程重启前，RID 不会改变。

3. DR/BDR 选举规则

在多路访问网络中，选举 DR/BDR 的规则如下。
1）端口优先级最高的路由器为 DR，次高的为 BDR（比较的是端口优先级）。
可使用 show ip ospf neighbor 命令查看这 3 台路由器的端口优先级。

```
R1#show ip ospf neighbor

Neighbor ID      Pri   State         Dead Time    Address        Interface
192.168.2.2      1     FULL/BDR      00:00:34     192.168.1.2    FastEthernet0/0
192.168.2.3      1     FULL/DR       00:00:34     192.168.1.3    FastEthernet0/0


R2#show ip ospf neighbor

Neighbor ID      Pri   State         Dead Time    Address        Interface
192.168.2.3      0     FULL/ -       00:00:34     192.168.2.3    Serial1/0
2.2.2.2          1     FULL/DROTHER  00:00:34     192.168.1.1    FastEthernet0/0
192.168.2.3      1     FULL/DR       00:00:34     192.168.1.3    FastEthernet0/0


R3#show ip ospf neighbor

Neighbor ID      Pri   State         Dead Time    Address        Interface
192.168.2.2      0     FULL/ -       00:00:37     192.168.2.2    Serial1/0
2.2.2.2          1     FULL/DROTHER  00:00:37     192.168.1.1    FastEthernet0/0
192.168.2.2      1     FULL/BDR      00:00:37     192.168.1.2    FastEthernet0/0
```

可见，凡是参与了 DR/BDR 选举的端口，其优先级默认都是 1。如何更改默认优先级，让具有更高硬件配置的路由器来充当 DR 或 BDR 呢？可以在端口中使用命令 ip ospf priority XX 来修改此端口的优先级。

```
R1(config-if)#ip ospf priority ?                    //查看优先级取值范围

  <0-255>  Priority                                  //取值在 0~255 之间

R1(config-if)#ip ospf priority 255                   //配置优先级为 255
```

使用同样的方法，可配置其他端口的优先级。

但是，上述方法并不能完全解决让有更高硬件配置的路由器来充当 DR 或 BDR 的问题，因为 OSPF 中的 DR 和 BDR 不采用抢占机制，在具有高优先级的路由器重启后，为了保证网络的稳定性，并不立即重选 DR 和 BDR，只有等现在的 DR 和 BDR 出现问题后，它才能升级成为 DR 或 BDR。

因此，另一种解决办法是让配置低的路由器不参与 DR 和 BDR 的选举，即把它们的优先级设置为 0。

```
R3(config)#int f0/0
R3(config-if)#ip ospf priority 0
R2(config)#int f0/0
R2(config-if)#ip ospf priority 0
```

然后，再查看 OSPF 邻居表 R2 或 R3 中 F0/0 端口的状态。

```
R2#show ip ospf neighbor
Neighbor ID     Pri  State           Dead Time    Address        Interface
192.168.2.3     0    FULL/  -        00:00:32     192.168.2.3    Serial1/0
2.2.2.2         1    FULL/DR         00:00:32     192.168.1.1    FastEthernet0/0
192.168.2.3     0    2WAY/DROTHER    00:00:30     192.168.1.3    FastEthernet0/0
```

将此邻居表与 R2 的邻居表进行比较，以前是 R2 与 R3 相连的 F0/0 端口由 FULL 状态变成了 Two-way 状态，R3 由 DR 降为了 DROther。可见，此命令执行后，此端口马上退出 DR，而以前是 BDR 的路由器马上升级成 DR，再从以前是 DROther 的路由器中选举产生一个 BDR。

2）如果端口优先级相同，则 RID 最高的为 DR，次高的为 BDR（比较的是路由器的 RID）。

根据前面查看的邻居表信息可见，路由器端口默认的优先级都是 1，如果管理员不去修改端口优先级，那么 OSPF 将以路由器的 RID 大小来选举 DR/BDR。下面查看这 3 个路由器的 RID。

```
R1#show ip protocols
…
  Router ID 2.2.2.2           //R1 的 RID 是 2.2.2.2

R2#show ip protocols
…
  Router ID 192.168.2.2       //R2 的 RID 是 192.168.2.2

R3#show ip protocols
…
  Router ID 192.168.2.3       //R3 的 RID 是 192.168.2.3
```

可见，在 OSPF 的 DR/DBR 选举中，R3 的 RID 最大，R2 其次，R1 最小，因此，R3 应被选为 DR，R2 应被选为 BDR，R1 应成为 DROther。这和前面查看邻居表时所看到的一致。

但是，这只是在这 3 台路由器都同时启动的情况下的结果，为了保证网络的稳定性，如果在启动时先启动 R1，则 R1 将成为 DR，其次启动的成为 BDR，后面启动的成为 DROther。如果后面启动的路由器配置更高，在没有管理员干预的情况下，就需要等到前面的 DR 或 BDR 离开网络后才能被选为 DR 或 BDR。

例如，在默认优先级没有改变的情况下，R3 是 DR，假设在 R3 上重启 OSPF 进程。

```
R3#clear ip ospf process
```

```
Reset ALL OSPF processes? [no]: y
    *Dec 24 13:03:41.767: %OSPF-5-ADJCHG: Process 1, Nbr 192.168.2.2 on
Serial1/0 from FULL to DOWN, Neighbor Down: Interface down or detached
    *Dec 24 13:03:41.771: %OSPF-5-ADJCHG: Process 1, Nbr 2.2.2.2 on
FastEthernet0/0 from 2WAY to DOWN, Neighbor Down: Interface down or detached
    *Dec 24 13:03:41.771: %OSPF-5-ADJCHG: Process 1, Nbr 192.168.2.2 on
FastEthernet 0/0 from FULL to DOWN, Neighbor Down: Interface down or detached
    //提示与 R3 的三个邻居关系 down 掉了
    *Dec 24 13:03:50.995: %OSPF-5-ADJCHG: Process 1, Nbr 192.168.2.2 on
Serial1/0 from LOADING to FULL, Loading Done
    *Dec 24 13:03:54.471: %OSPF-5-ADJCHG: Process 1, Nbr 2.2.2.2 on
FastEthernet0/0 from LOADING to FULL, Loading Done
    *Dec 24 13:03:54.563: %OSPF-5-ADJCHG: Process 1, Nbr 192.168.2.2 on
FastEthernet 0/0 from LOADING to FULL, Loading Doney
    //R3 重新建立三个邻居关系（其中与 R2 有两个端口相连，建立了两次邻居关系）。
```

然后，在 R1 上通过 show ip ospf neighbor 命令查看 R3 在这个多路访问网络中的地位。

```
R1#show ip ospf neighbor

Neighbor ID     Pri   State         Dead Time   Address        Interface
192.168.2.2      1    FULL/DR       00:00:31    192.168.1.2    FastEthernet0/0
192.168.2.3      1    FULL/DROTHER  00:00:32    192.168.1.3    FastEthernet0/0
```

可见，RID 为 192.168.2.3 的 R3 路由器现在是 DROther 了，R2 由 BDR 升级成 DR（读者可以到 R2 上查看 R1 的地位，看其是否已由 DROther 变为 BDR）。

注意：DR 和 BDR 的选举是基于配置了 OSPF 的路由器端口的，不是整个路由器。图 2-25 中的 R1，其不同端口可以属于不同的多路访问网络，每个多路访问网络独立选举 DR/BDR，因此，同一路由器上，有的端口可能被选为 DR，有的端口可能成为 BDR 或 DROther。

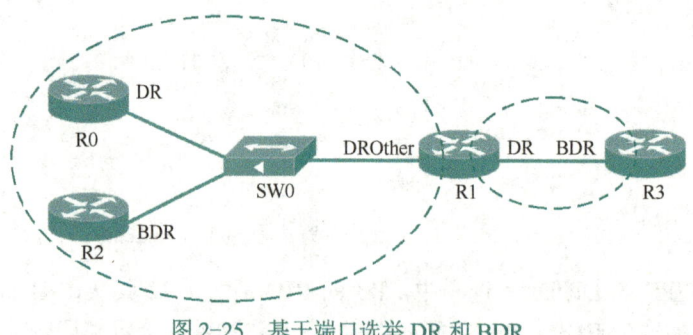

图 2-25 基于端口选举 DR 和 BDR

【任务实施】

在本任务中，网建公司需要在北京总部内部及与上海分部之间配置 OSPF 路由协议，完成七彩数码集团总部与其他分部的网络互联。网络拓扑如图 2-26 所示。主要实施步骤如下。

第 1 步：路由器的基本配置。

第 2 步：配置 OSPF 主干区域。

第 3 步：配置 OSPF 标准区域。

第 4 步：配置区域验证和链路验证。
第 5 步：RIP 路由和 OSPF 路由的相互发布。
第 6 步：EIGRP 路由和 OSPF 路由的相互发布。
第 7 步：测试网络配置情况。

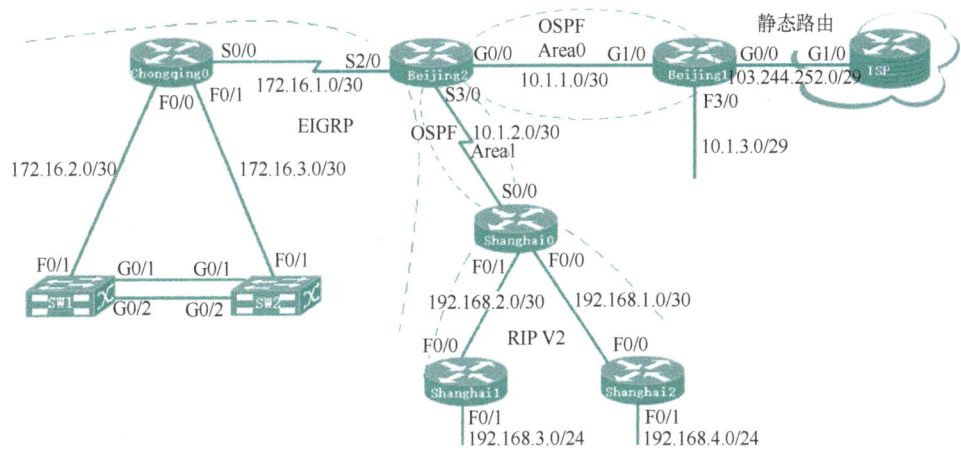

图 2-26　配置 OSPF 路由协议

1. 路由器的基本配置

配置 OSPF 路由协议前，需要完成 Beijing1、Beijing2 和 Shanghai0 三个路由器的基本配置。

其中，路由器 Beijing1 和 Beijing2 的基本配置在前面的任务中已经配置完成，这里不需要重复配置了，但是，由于前面为了测试远程登录功能，在路由器 Beijing2 上配置有一条静态路由，需要将其删除。

```
Beijing2#conf t
Beijing2(config)#no ip route 10.1.3.0 255.255.255.0 GigabitEthernet0/0
```

关于路由器 Shanghai0 的基本配置，还需要在前面配置 RIP 时已完成的配置基础上对端口 S0/0 进行配置。

```
Shanghai0#conf t
Shanghai0(config)#int s0/0
Shanghai0(config-if)#ip add 10.1.2.2 255.255.255.252
Shanghai0(config-if)#no shut
```

2. 配置 OSPF 主干区域

在路由器 Beijing1 上配置 OSPF 路由协议。

```
Beijing1#conf t
Beijing1(config)#router ospf 1
Beijing1(config-router)#router-id 1.1.1.1
Beijing1(config-router)#netw 10.1.1.1 0.0.0.0 area 0   //将 G1/0 端口公告到区域 0
Beijing1(config-router)# netw 10.1.3.1 255.255.255.248 area 0
```

在路由器 Beijing2 上配置 OSPF 路由协议。

```
Beijing2#conf t
```

```
Beijing2(config)#router ospf 1
Beijing2(config-router)#router-id 2.2.2.2
Beijing2(config-router)#netw 10.1.1.2 0.0.0.0 area 0
Beijing2(config-router)#netw 10.1.2.1 0.0.0.0 area 1
```

3. 配置 OSPF 标准区域

在路由器 Shanghai0 上配置 OSPF 路由协议。

```
Shanghai0#conf t
Shanghai0(config)#router ospf 1
Shanghai0(config-router)#router-id 3.3.3.3
Shanghai0(config-router)#netw 10.1.2.2 0.0.0.0 area 1
```

4. 配置区域验证和链路验证

（1）配置区域 0 上的区域验证

在路由器 Beijing1 上的配置如下。

```
Beijing1#conf t
Beijing1(config)#router ospf 1
Beijing1(config-router)#area 0 authentication message-digest
Beijing1(config-router)#exit
Beijing1(config)#int g1/0
Beijing1(config-if)#ip ospf message-digest-key 1 md5 abcd
```

在路由器 Beijing2 上的配置如下。

```
Beijing2#conf t
Beijing2(config)#router ospf 1
Beijing2(config-router)#area 0 authentication message-digest
Beijing2(config-router)#int g0/0
Beijing2(config-if)#ip ospf message-digest-key 1 md5 abcd
```

（2）配置路由器 Beijing2 与 Shanghai0 间的 MD5 验证

在路由器 Beijing2 上配置 MD5 验证。

```
Beijing2(config)#int s3/0
Beijing2(config-if)#ip ospf authentication message-digest
Beijing2(config-if)#ip ospf message-digest-key 1 md5 wxyz
```

在路由器 Shanghai0 上配置 MD5 验证。

```
Shanghai0(config)#int s0/0
Shanghai0(config-if)#ip ospf authentication message-digest
Shanghai0(config-if)#ip ospf message-digest-key 1 md5 wxyz
```

5. RIP 路由和 OSPF 路由的相互发布

在路由器 Shanghai0 上将 RIP 发布到 OSPF 路由域。

```
Shanghai0#conf t
Shanghai0(config)#router ospf 1
Shanghai0(config-router)#redistribute rip metric 30 subnets
```

其中，"metric 30"是 RIP 进入 OSPF 区域后的路由度量值。"subnets"关键字表示可以注入主类路由，也可以注入子网路由。

在路由器 Shanghai0 上将 OSPF 发布到 RIP 路由域。

```
Shanghai0(config)#router rip
Shanghai0(config-router)#redistribute ospf 1 metric 3
```

其中，"ospf 1" 是指 ospf 的进程 1，"metric 3" 是将 OSPF 路由注入 RIP 所产生的 RIP 路由的 Metric 值，即 3 跳。

6. EIGRP 路由和 OSPF 路由的相互发布

在路由器 Beijing2 上将 EIGRP 发布到 OSPF 路由域。

```
Beijing2#conf t
Beijing2(config)#router ospf 1
Beijing2(config-router)#redistribute eigrp 1 subnets
```

在路由器 Beijing2 上将 OSPF 发布到 EIGRP 路由域。

```
Beijing2(config)#router eigrp 1
Beijing2(config-router)#redistribute ospf 1 metric 100000 100 255 1 1500
```

其中，参数 "100000 100 255 1 1500" 分别代表带宽、延迟、负载、可靠性和 MTU，这些参数可根据实际需要灵活设定。

7. 测试网络配置情况

查看路由器 Beijing2 的路由表。

```
Beijing2#show ip route
…
     10.0.0.0/8 is variably subnetted, 3 subnets, 2 masks
C       10.1.1.0/30 is directly connected, GigabitEthernet0/0
C       10.1.2.0/30 is directly connected, Serial3/0
O       10.1.3.0/29 [110/2] via 10.1.1.1, 00:22:56, GigabitEthernet0/0
     172.16.0.0/16 is variably subnetted, 4 subnets, 2 masks
C       172.16.1.0/30 is directly connected, Serial2/0
D       172.16.2.0/30 [90/20514560] via 172.16.1.2, 00:23:37, Serial2/0
D       172.16.3.0/30 [90/20514560] via 172.16.1.2, 00:23:37, Serial2/0
D       172.16.4.0/22 [90/20514560] via 172.16.1.2, 00:23:37, Serial2/0
     192.168.1.0/30 is subnetted, 1 subnets
O E2    192.168.1.0 [110/30] via 10.1.2.2, 00:11:11, Serial3/0
                   [110/30] via 10.1.1.1, 00:02:39, GigabitEthernet0/0
     192.168.2.0/30 is subnetted, 1 subnets
O E2    192.168.2.0 [110/30] via 10.1.2.2, 00:11:11, Serial3/0
                   [110/30] via 10.1.1.1, 00:02:39, GigabitEthernet0/0
O E2 192.168.3.0/24 [110/30] via 10.1.2.2, 00:11:11, Serial3/0
                   [110/30] via 10.1.1.1, 00:02:39, GigabitEthernet0/0
O E2 192.168.4.0/24 [110/30] via 10.1.2.2, 00:11:11, Serial3/0
                   [110/30] via 10.1.1.1, 00:02:39, GigabitEthernet0/0
S*   0.0.0.0/0 is directly connected, GigabitEthernet0/0
```

从路由器 Beijing2 的路由表可以看出，它包括直连路由条目 "C"、RIP 区域传来的路由条

目 "O E2"、EIGRP 路由条目 "D" 及 OSPF 路由条目 "O"。

再来测试网络连通性。

```
SW1#ping 192.168.4.1

Type escape sequence to abort.
Sending 5, 100-byte ICMP Echos to 192.168.4.1, timeout is 2 seconds:
!!!!!
Success rate is 100 percent (5/5), round-trip min/avg/max = 84/101/111 ms

SW1#ping 10.1.1.1

Type escape sequence to abort.
Sending 5, 100-byte ICMP Echos to 10.1.1.1, timeout is 2 seconds:
!!!!!
Success rate is 100 percent (5/5), round-trip min/avg/max = 63/76/95 ms

Shanghai1#ping 172.16.6.1

Type escape sequence to abort.
Sending 5, 100-byte ICMP Echos to 172.16.6.1, timeout is 2 seconds:
!!!!!
Success rate is 100 percent (5/5), round-trip min/avg/max = 48/97/121 ms
…
```

从测试结果可见，连通性正常。

【考赛点拨】

本任务内容涉及认证考试和全国职业院校技能竞赛的相关要求如下。

1. 认证考试

关于配置 OSPF 路由协议的认证考试主要有华为、锐捷、思科等公司认证，以及 1+X 证书考试。这里列出了这些认证考试中关于配置 OSPF 路由协议的要求。

- 核实及配置 OSPF 路由协议，包括单区域和多区域。
- 核实 OSPF 路由协议的相邻连接、OSPF 状态。
- 配置 OSPFv2、OSPFv3。
- 配置 RID、LSA 类型。
- 核实及配置 OSPF 路由协议与其他路由协议间的路由重发布。
- 配置 OSPF 路由验证。

2. 技能竞赛

关于配置 OSPF 路由协议，在网络设备竞赛操作模块中需要掌握的内容包括 OSPF 基本配置、RID 优先级、OSPF 区域验证和链路验证、OSPF 路由与 RIP 路由的相互重发布等。在竞赛中，路由重发布是个难点，是参赛者的易丢分点，需要认真准备。

项目 3　交换机配置

📖 学习目标

【知识目标】

理解 VLAN 的概念并掌握按端口划分 VLAN 的配置方法。

掌握 VLAN 间路由的配置方法。

掌握 VTP 的配置方法。

掌握生成树协议的作用及配置方法。

掌握快速生成树协议的配置方法。

掌握 HSRP 的工作原理及配置方法。

【能力目标】

能根据项目需要配置 VLAN。

能完成 VLAN 间路由的配置。

会使用 VTP 配置和管理 VLAN。

会使用 STP/RSTP 解决网络环路问题。

会配置 HSRP 确保网络的可靠性。

【素质目标】

培养学生检索信息、查阅资料及自主学习能力。

介绍网络认证及行业前景,激发学生学习网络技术的热情。

培养学生良好的设备操作规范和习惯。

培养学生严谨治学的工作态度和工作作风。

培养学生独立思考问题、分析问题的能力及团队合作意识。

📘 项目简介

网建公司的网络设计和部署项目组在项目经理李明的带领下,完成了七彩数码集团网络中路由器的路由协议的配置任务,接下来需要为每个分部内部部署交换机,确保所有员工能够接入集团网络中。

项目经理李明根据七彩数码集团网络的具体情况,对整个网络进行了如下规划。

1)按工作需要划分 VLAN。

2)配置 VLAN 间的路由。

3)通过 VTP 来管理 VLAN。

4)配置 RSTP 来解决网络环路问题。

5)配置 HSRP 确保网络的可靠性。

本项目将围绕如图 1-1 所示的网络拓扑完成交换机的配置。

📑 项目意义

在本项目中,要学习关于交换机 VLAN 配置。VLAN 称为虚拟局域网,通过在交换机上划分 VLAN 对网络进行逻辑上的隔离管理,可以控制网络中广播风暴的范围,减少网络中一些不必要的流量,提高了网络的性能,强化网络的安全,使网络的不安全操作限制在一个较小的范围内;另外,划分 VLAN 还可以简化网络管理,增加网络连接的灵活性等。

交换机中的 VLAN 技术在网络工程得到了非常广泛的应用。

任务 3.1　配置 VLAN

【任务描述】

VLAN、VTP（VLAN Trunking Protocol,虚拟局域网干道协议）和 STP（Spanning Tree Protocol,生成树协议）是企业局域网中最常用的网络技术。VLAN 是将局域网内的交换机按逻辑关系划分为多个网段,从而实现虚拟工作组的数据交换;采用 VTP 可以解决在大型局域网中 VLAN 配置工作量大的问题;STP 是为解决局域网中有冗余链路时的网络环路问题。本任务的目标就是要完成七彩数码集团中各局域网络中 VLAN、VTP 及 STP 的配置。

【任务分析】

作为网建公司的网络设计和部署项目组的成员,要完成本任务的工作,需要具备以下关于 VLAN 和 VTP 的相关知识。

- 理解 VLAN 的概念并掌握按端口划分 VLAN 的配置方法。
- 掌握 VLAN 间路由的配置方法。
- 理解并处理 VTP 修正号。
- 掌握 VTP 的配置方法。
- 掌握采用 STP/RSTP 解决网络环路问题的方法。

【知识储备】

3.1.1　了解 VLAN 的特性

VLAN（Virtual Local Area Network,虚拟局域网）是一组逻辑上的设备和用户,这些设备和用户并不受物理位置的限制,可以根据功能、部门及应用等因素将它们组织起来,完成相互间的通信,就好像它们在同一个网段中一样,由此得名虚拟局域网。

32　了解VLAN

在局域网中通过划分 VLAN,用户能方便地在网络中移动和快捷地组建网络,而无须改变任何硬件和通信线路。网络管理员能够从逻辑上对用户和网络资源进行分配,而无须考虑物理连接方式。

网络的虚拟化是未来网络发展的潮流,VLAN 与普通局域网在原理上没有什么不同,但从用户使用和网络管理的角度来看,VLAN 与普通局域网最基本的差异体现在:VLAN 并不局限于某一个网络或物理范围,VLAN 中的用户可以位于一个园区内的任意位置,甚至位于不同的国家。VLAN 充分体现了现代网络技术的重要特征：高速、灵活、管理简便和扩展容易。

1. 划分 VLAN 的优点

1）避免网络的广播风暴。采用 VLAN 技术，可将某个交换端口划到某个 VLAN 中，而一个 VLAN 的广播不会影响其他 VLAN 的性能。也就是说，采用 VLAN 技术可以减少网络上不必要的流量，提高网络的性能。

2）确保网络的安全性。共享式局域网之所以很难保证网络的安全性，是因为只要用户插入一个活动端口，就能访问网络。而 VLAN 能限制个别用户的访问，控制广播组的大小和位置，甚至能锁定某台设备的 MAC 地址，因此 VLAN 能确保网络的安全性。

3）方便网络管理。网络管理员能借助 VLAN 技术轻松管理整个网络。例如，需要为完成某个项目建立一个工作组网络，其成员可能遍及全国或全世界，此时，网络管理员只须设置几条命令，就能在几分钟内建立该项目的 VLAN 网络，其成员使用 VLAN 网络就像使用本地局域网一样。

4）提高网络连接的灵活性。借助 VLAN 技术，能将不同地点、不同网络、不同用户组合在一起，形成一个虚拟的网络环境，就像使用本地 LAN 一样方便、灵活、有效。VLAN 可以降低移动或变更工作站地理位置的管理费用，特别是一些业务情况有经常性变动的公司使用了 VLAN 后，这部分管理费用大大降低。

VLAN 是建立在物理网络基础上的一种逻辑子网，建立 VLAN 需要支持 VLAN 技术的相应网络设备。在划分 VLAN 时，需要具有 ISO 二层或三层功能的智能交换机；而当网络中的不同 VLAN 间进行相互通信时，则需要路由的支持，这时就需要具有路由功能的设备，例如路由器或三层交换机。

2. 静态 VLAN 与动态 VLAN

VLAN 按创建方式的不同，分为静态 VLAN 和动态 VLAN。静态 VLAN 通常是由管理员创建的，并由管理员将交换机端口分配到每个 VLAN 中；而动态 VLAN 是使用智能化的管理软件，基于硬件（MAC）地址、协议甚至应用程序来创建的。

创建 VLAN 时，通常都是创建静态 VLAN，一是因为静态 VLAN 最安全的，二是静态 VLAN 配置更加容易设置和监控。

静态 VLAN 是根据交换机的端口来划分的，这种方式在局域网中，将交换机的不同端口划分到不同的 VLAN 中。一个 VLAN 可以只位于一台交换机上，也可以跨越多台交换机。VLAN 的管理程序根据交换机的端口来标识不同的 VLAN，同一个 VLAN 中的所有站点可以直接通信，而不同的 VLAN 间的通信需要进行路由。基于端口划分 VLAN 的方式如图 3-1 所示。

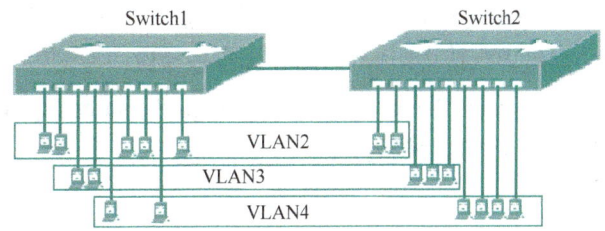

图 3-1 基于端口划分 VLAN 的方式

有的端口上所连接的设备，可能需要与多个 VLAN 中的设备进行信息传输，例如，网络中的服务器、网络打印机等。针对这种情况，许多交换机还支持将同一个端口划分到多个 VLAN 中，这样多个 VLAN 中的设备都可共享此端口连接的共享资源。

根据端口来划分 VLAN 的方式是所有划分 VLAN 方式中最常用的一种。这种划分方式的优点是：划分简单，容易实现，只须指定端口即可。它的缺点是：各个端口在初始设置时都需要指定到某个 VLAN 中，工作量较大，并且当某用户从原来的端口移到另一个端口，网管人员需要重新设置。

动态 VLAN 的划分方法分为根据 MAC 地址划分、根据网络层划分、基于 IP 组播划分，以及基于策略划分。

由于静态 VLAN 应用最为广泛，本书主要围绕静态 VLAN 来学习。

3.1.2　VLAN 的配置

1. 交换机端口工作模式

交换机的端口工作模式一般分为 3 种：Access 模式、Multi 模式和 Trunk 模式。

33　VLAN 的基本配置

Access 模式：称为接入模式，用于将终端设备静态接入交换机。在划分 VLAN 的交换机中，Access 模式是大多数交换机端口采用的模式，默认情况下，交换机的以太网端口工作在 Access 模式下。

Multi 模式：多 VLAN 模式。工作在 Multi 模式的端口可以属于多个 VLAN，可以收发多个 VLAN 的数据；既可以在交换机间互连，也可以用于连接主机。现在的交换机基本不使用且不支持此类端口了。

Trunk 模式：称为干道模式。在划分 VLAN 的网络中，采用干道模式的端口将交换机相互连接起来，不同的 VLAN 数据都可以从干道上经过。如果不使用干道，在不同的交换机上的 VLAN 通信时，将需要分别为这些 VLAN 划分交换机端口，从而导致交换机硬件的浪费、线缆的浪费，以及增加工程的难度和费用等。

在实现 VLAN 间路由时，交换机与路由器间相连接的端口也须配置为 Trunk 模式。

VLAN 干道协议的作用是给进入交换机的数据帧打上 VLAN 标记，标识此数据帧属于哪个 VLAN，确保数据帧在投递过程中不发生差错。

VLAN 干道协议分为 ISL 和 802.1Q。其中，ISL 属于 Cisco 私有干道协议，而 802.1Q 是由 IEEE 提出的通用标准。一些老的 Cisco 交换机默认使用 ISL，需要手动修改为 802.1Q 协议；其他厂家以及现在的 Cisco 交机都默认采用 802.1Q 作为干道协议，在配置时，一般不需要手动配置，当然，也可以输入"SW(config-if)#switchport trunk encapsulation dot1q/ISL"命令来指定干道协议，这里的"dot1q"就是 802.1Q 的封装类型。

2. 配置 VLAN

下面以图 3-2 所示的网络拓扑为例，学习 VLAN 的配置方法。

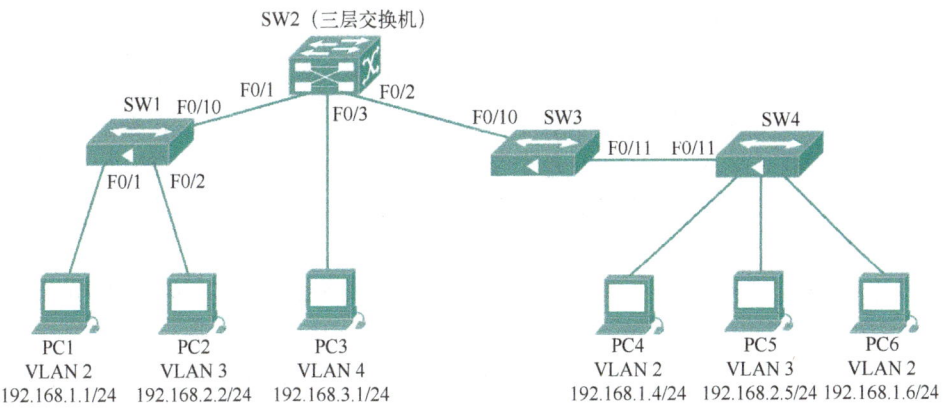

图 3-2　VLAN 网络拓扑

（1）在交换机 SW1 上的配置过程

```
Switch(config)#host SW1
SW1(config)#vlan 2                    //创建 VLAN 2
SW1(config-vlan)#name V2              //将 VLAN 2 命名为 V2
SW1(config-vlan)#vlan 3
SW1(config-vlan)#name V3
SW1(config)#int f0/1
SW1(config-if)#switchport mode access
                                      //将 F0/1 端口设置为 Access 模式（默认为 Access）
SW1(config-if)#switchport access vlan 2    //将 F0/1 端口加入 VLAN 2 中
SW1(config-if)#int f0/2
SW1(config-if)#switchport mode access
SW1(config-if)#switchport access vlan 3
SW1(config-if)#int f0/10
SW1(config-if)#switchport mode trunk              //将 F0/10 端口设置为 Trunk 模式
SW1(config-if)#switchport trunk encapsulation dot1q   //将 F0/10 端口的封
//装协议设为 802.1Q，现在的交换机大多默认封装为 802.1Q，所以可以不配置本语句，只有在
//不确定设备状况时进行配置
```

配置完成后，在 SW1 上查看 VLAN 信息。

```
SW1#show vlan

VLAN Name                             Status    Ports
---- -------------------------------- --------- -------------------------------
1    default                          active    Fa0/3, Fa0/4, Fa0/5, Fa0/6
                                                Fa0/7, Fa0/8, Fa0/9, Fa0/11
                                                Fa0/12, Fa0/13, Fa0/14, Fa0/15
                                                Fa0/16, Fa0/17, Fa0/18, Fa0/19
                                                Fa0/20, Fa0/21, Fa0/22, Fa0/23
                                                Fa0/24, Gig1/1, Gig1/2
2    V2                               active    Fa0/1
3    V3                               active    Fa0/2
1002 fddi-default                     act/unsup
1003 token-ring-default                  act/unsup
```

```
1004 fddinet-default              act/unsup
1005 trnet-default                act/unsup
...
```

其中，VLAN 1 是交换机上默认存在的 VLAN，交换机的端口在默认情况下都属于 VLAN 1；另外，1002～1005 号 VLAN 是交换机固定存在的 VLAN，一般情况下不会使用。

由上述输出可见，F0/1 端口和 F0/2 端口分别被划分到 VLAN 2（命名为 V2）和 VLAN 3（命名为 V3）中。

删除 VLAN 的方法：在全局模式下，输入 "no vlan VLAN-id" 命令，其中 VLAN-id 为 VLAN 的编号。

还有一种创建 VLAN 的方式，是在 VLAN 数据库模式下创建，但现在较少使用这种方式。

```
SW1#vlan database              //进入 VLAN 数据库模式

% Warning: It is recommended to configure VLAN from config mode, as VLAN
database mode is being deprecated. Please consult user documentation for configuring
VTP/VLAN in config mode.       //提示：不推荐使用这种方式，建议在全局模式下创建 VLAN
SW1(vlan)#vlan 10 name V10     //创建 VLAN 10，并命名为 V10

VLAN 10 added:
    Name: V10                  //提示创建了 VLAN10，名为 V10
SW1(vlan)#exit                 //退出 VLAN 数据库模式
APPLY completed.               //提示创建生效
Exiting...
```

再查看创建了 VLAN 10 后的 VLAN 信息。

```
SW1#show vlan

VLAN Name                             Status    Ports
---- -------------------------------- --------- -------------------------------
1    default                          active    Fa0/3, Fa0/4, Fa0/5, Fa0/6
                                                Fa0/7, Fa0/8, Fa0/9, Fa0/11
                                                Fa0/12, Fa0/13, Fa0/14, Fa0/15
                                                Fa0/16, Fa0/17, Fa0/18, Fa0/19
                                                Fa0/20, Fa0/21, Fa0/22, Fa0/23
                                                Fa0/24, Gig1/1, Gig1/2
2    V2                               active    Fa0/1
3    V3                               active    Fa0/2
10   V10                              active
...
```

可见，已经创建 VLAN 10 了。

删除 VLAN 10 使用如下命令。

```
SW1(config)#no vlan 10
```

（2）在交换机 SW2 上的配置过程

```
SW2(config)#vlan 4
SW2(config-vlan)#name V4
SW2(config-vlan)#exit
```

```
SW2(config-if)#int f0/3
SW2(config-if)#switchport mode access
SW2(config-if)#switchport access vlan 4  //将 F0/3 端口加入 VLAN 4 中
SW2(config-if)#int f0/2
SW2(config-if)#switchport trunk encapsulation dot1q
SW2(config-if)#switchport mode trunk    //将 F0/2 端口设置为 Trunk 模式
SW2(config)#int f0/1
SW2(config-if)#switchport trunk encapsulation dot1q
SW2(config-if)#switchport mode trunk    //将 F0/1 端口设置为 Trunk 模式
SW2(config-if)#switchport trunk allowed vlan 1,2,3
//设置干道上允许传输的 VLAN，默认允许传输所有 VLAN
```

查看此命令还具有哪些功能。

```
SW2(config-if)#switchport trunk allowed vlan ?
  WORD    VLAN IDs of the allowed VLANs when this port is in trunking mode
                                            //指定允许传递的 VLAN
  add     add VLANs to the current list     //添加允许传输的 VLAN
  all     all VLANs                         //允许所有的 VLAN
  except  all VLANs except the following    //不允许传输的 VLAN
  none    no VLANs                          //不允许传输所有 VLAN
  remove  remove VLANs from the current list //从已允许的列表中去除指定 VLAN
```

如"SW2(config-if)#switchport trunk allowed vlan add 5"表示除了前面的 VLAN 1、VLAN 2 和 VLAN 3 外，VLAN 5 也可以从干道上传输。

（3）在交换机 SW3 上的配置过程

```
SW3(config)#int f0/10
SW3(config-if)#switchport mode trunk
SW3(config-if)#int f0/11
SW3(config-if)#switchport mode trunk
```

（4）在交换机 SW4 上的配置过程

```
SW4(config)#vlan 2
SW4(config-vlan)#name V2
SW4(config-vlan)#vlan 3
SW4(config-vlan)#name V3
SW4(config-vlan)#exit
SW4(config)#int f0/11
SW4(config-if)#switchport mode trunk
SW4(config)#int f0/1
SW4(config-if)#switchport mode access
SW4(config-if)#switchport access vlan 2      //将 F0/1 端口加入 VLAN2 中
SW4(config-if)#int f0/2
SW4(config-if)#switchport mode access
SW4(config-if)#switchport access vlan 3      //将 F0/2 端口加入 VLAN3 中
SW4(config)#int f0/3
SW4(config-if)#switchport mode access
SW4(config-if)#switchport access vlan 2      //将 F0/3 端口加入 VLAN2 中
```

然后，根据图 3-2 所示，配置各 PC 的 IP 地址。其中，PC1、PC4 和 PC6 属于 VLAN 2，PC2 和 PC5 属于 VLAN 3，PC3 属于 VLAN 4。

至此，交换机和 PC 都配置完毕，下面测试连通性。

PC1、PC4、PC6 之间，以及 PC2 与 PC5 之间，都能 ping 通。但是，从 PC1 ping PC2、从 PC3 ping PC5 都 ping 不通，以及从 PC2 ping PC1、PC3、PC4 和 PC6 也都 ping 不通。

ping 不通的原因是在网络中，PC1、PC4 和 PC6 属于同一个 VLAN，即 VLAN 2，PC2 和 PC5 属于同一个 VLAN，即 VLAN 3，它们是可以相互 ping 通的；而 PC1 和 PC2 等，虽然同连在一个交换机 SW1 上，但属于不同的 VLAN，所以无法 ping 通。

如何才能使不同的 VLAN 间能相互通信呢？这就需要用到 VLAN 间的路由功能。

3.1.3 配置 VLAN 间路由

实现 VLAN 间的互访，需要使用路由器或三层交换机的路由功能。下面介绍实现 VLAN 间路由的几种方法。

1. 基于三层交换机的 VLAN 间路由

现在接着上面的配置开始配置三层交换机的 VLAN 间路由功能（其余交换机的配置不变）。从图 3-2 可见，SW2 是三层交换机，在交换机 SW2 上新增加的配置如下。

```
SW2(config)#vlan 2              //创建 VLAN 2
SW2(config-vlan)#vlan 3         //创建 VLAN 3
SW2(config-vlan)#exit

SW2(config)#ip routing          //启用三层交换机的路由功能
SW2(config)#int vlan 2          //配置三层交换机的 SVI (Switch Virtual Interface,
//交换机虚拟接口)，相当于路由器的一个端口，这是一个虚拟端口，充当 VLAN 2 的网关
SW2(config-if)#ip add 192.168.1.254 255.255.255.0
                                //给 SVI 配置 IP 地址，即网关 IP 地址
SW2(config-if)#no shut
SW2(config-if)#int vlan 3
SW2(config-if)#ip add 192.168.2.254 255.255.255.0
SW2(config-if)#no shut
SW2(config-if)#int vlan 4
SW2(config-if)#ip add 192.168.3.254 255.255.255.0
SW2(config-if)#no shut
SW2(config-if)#end
```

> 34 基于三层交换机的 VLAN 间路由

然后，给图 3-2 上的所有 PC 均配置网关地址。以 PC1 为例，如图 3-3 所示。

在 PC 上为什么要配置默认网关地址？

因为网关实现了不同子网间的路由转发。在启用了三层交换机的路由功能后，这个三层交换机就相当于一个路由器，在这个三层交换机上为每个 VLAN 配置了虚拟接口及地址，这些虚拟接口相当于路由器的端口，当虚拟接口收到数据包后，三层交换机就进行路由选择，根据数据包的目的 IP 地址，选择正确的虚拟接口转发出去。如果 PC 上没有配置网关地址，则不能在 VLAN 间通信。

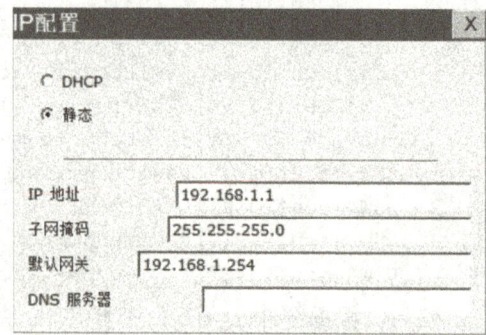

图 3-3 配置 PC 的 IP 地址与网关

配置完成后，在所有的 PC 间都能相互 ping 通了。

2. 基于路由器物理端口的 VLAN 间路由

如图 3-4 所示，SW1、SW2、SW3 是二层交换机，路由器 R0 的 3 个物理端口与 SW2 的 3 个端口相连。

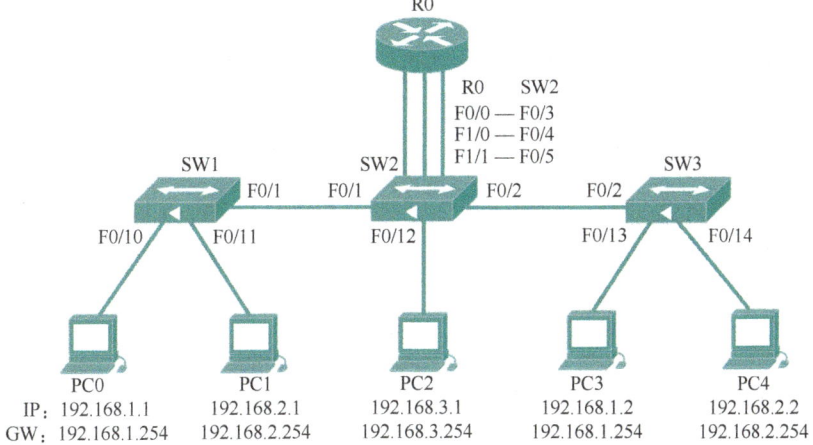

图 3-4　基于路由器物理端口的 VLAN 间路由

（1）在交换机 SW1 上的配置过程

```
SW1(config)#vlan 2
SW1(config-vlan)#vlan 3
SW1(config-vlan)#exit
SW1(config)#int f0/10
SW1(config-if)#switchport mode access
SW1(config-if)#switchport access vlan 2
SW1(config-if)#int f0/11
SW1(config-if)#switchport mode access
SW1(config-if)#switchport access vlan 3
SW1(config)#int f0/1
SW1(config-if)#switchport mode trunk
```

SW3 的配置过程与 SW1 相似，此处略。

（2）在交换机 SW2 上的配置过程

```
SW2(config)#vlan 2
SW2(config-vlan)#vlan 3
SW2(config-vlan)#vlan 4
//在与路由器相连的交换机上配置需要实现VLAN间路由的所有VLAN，以使用路由器进行VLAN间路由
SW2(config-vlan)#exit
SW2(config)#int f0/1
SW2(config-if)#switchport mode trunk    //指定与SW1相连的端口为Trunk模式
SW2(config-if)#int f0/2
SW2(config-if)#switchport mode trunk    //指定与SW3相连的端口为Trunk模式
SW2(config)#int f0/12
SW2(config-if)#switchport mode access   //指定与PC相连的端口为Access模式
SW2(config-if)#switchport access vlan 4 //将F0/12端口指定给VLAN 4
```

```
SW2(config-if)#int f0/3
SW2(config-if)#switchport mode access        //指定与路由器R0相连的端口为Access模式
SW2(config-if)#switchport access vlan 2      //指定F0/3端口属于VLAN 2
SW2(config-if)#int f0/4
SW2(config-if)#switchport mode access        //指定与路由器R0相连的端口为Access模式
SW2(config-if)#switchport access vlan 3      //指定F0/4端口属于VLAN 3
SW2(config-if)#int f0/5
SW2(config-if)#switchport mode access        //指定与路由器R0相连的端口为Access模式
SW2(config-if)#switchport access vlan 4      //指定F0/5端口属于VLAN 4
```

（3）在路由器R0上的配置过程

```
R0(config)#int f0/0
R0(config-if)#ip add 192.168.1.254 255.255.255.0
//在F0/0端口上配置VLAN 2网关地址，用于转发VLAN 2流量
R0(config-if)#no shut
R0(config-if)#int f1/0
R0(config-if)#ip add 192.168.2.254 255.255.255.0
//在F1/0端口上配置VLAN 3网关地址
R0(config-if)#no shut
R0(config-if)#int f1/1
R0(config-if)#ip add 192.168.3.254 255.255.255.0
//在F1/1端口上配置VLAN 4网关地址
R0(config-if)#no shut
```

在PC上的配置方法类似于图3-3中的，此处略。

最后，在各PC上进行连通性测试，相同或不同VLAN间的PC均可互相ping通。

 注意：由于路由器端口数量少且昂贵，一般情况下很少采用这种方式实现VLAN间路由。

3．独臂路由

独臂路由又称为单臂路由，它与基于三层交换机的VLAN间路由和基于路由器物理端口的VLAN间路由不同，独臂路由使用路由器的一个端口来实现VLAN间的路由转发。独臂路由的拓扑如图3-5所示。

 36 独臂路由

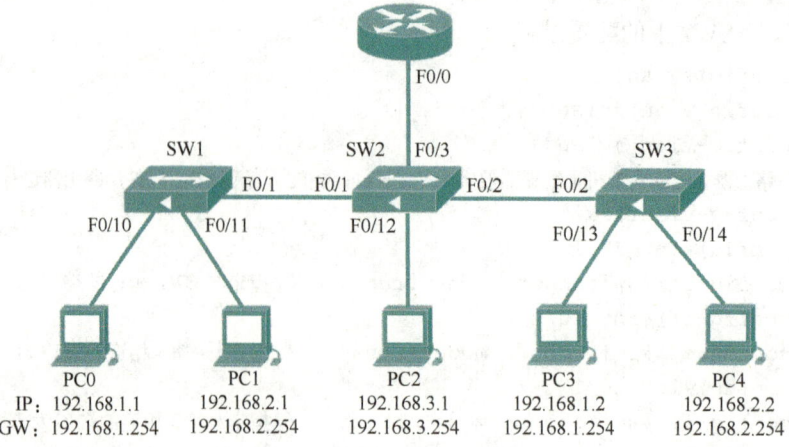

图3-5 独臂路由的拓扑

独臂路由使用子端口作为各 VLAN 的网关。独臂路由与使用路由器物理端口的 VLAN 间路由最明显的不同是在交换机与路由器间只使用一条线路进行连接，这样可减少连接线缆，节省路由器的物理端口，节省交换机物理端口，从而使 VLAN 间路由的成本大大降低。

（1）在交换机 SW2 上的配置过程

```
SW2(config)#vlan 4
SW2(config-vlan)#exit
SW2(config)#int f0/12
SW2(config-if)#switchport mode access
SW2(config-if)#switchport access vlan 4
SW2(config-if)#int f0/1
SW2(config-if)#switchport mode trunk      //将与 SW1 相连的端口配置成 Trunk 模式
SW2(config-if)#int f0/2
SW2(config-if)#switchport mode trunk      //将与 SW3 相连的端口配置成 Trunk 模式
SW2(config-if)#int f0/3
SW2(config-if)#switchport mode trunk      //将与路由器 R0 相连的端口配置成 Trunk 模式
```

按前面类似的配置方法，完成 SW1 和 SW3 的配置。再按照图 3-5 所示，配置各 PC 的 IP 地址及网关地址后，测试一下各 PC 间的连通性，结果是各 VLAN 内部是可以 ping 通的，但 VLAN 间是 ping 不通的。这是因为还没有实现 VLAN 间的路由功能，还需要在路由器上进行配置。

（2）在路由器 R0 上的配置过程

```
R0(config)#int f0/0
//进入路由器的物理端口 F0/0，此端口是与交换机 SW2 干道相连的端口
R0(config-if)#no shut                     //需要在物理端口模式下打开
R0(config-if)#int f0/0.1                  //配置 F0/0 端口的第一个子端口
R0(config-subif)#encapsulation dot1Q 2    //配置链路封装及对应的 VLAN
R0(config-subif)#ip add 192.168.1.254 255.255.255.0   //配置对应 VLAN 的网关 IP
R0(config-subif)#int f0/0.2               //配置 F0/0 端口的第二个子端口
R0(config-subif)#encapsulation dot1Q 3
R0(config-subif)#ip add 192.168.2.254 255.255.255.0
R0(config-subif)#int f0/0.3               //配置 F0/0 端口的第三个子端口
R0(config-subif)#encapsulation dot1Q 4
R0(config-subif)#ip add 192.168.3.254 255.255.255.0
```

最后，在各 PC 上进行连通性测试，不同 VLAN 的 PC 也可互相 ping 通。

> **注意**：在配置子端口时，应先配置封装协议，后配置 IP 地址，否则会报错；另外，需要为每个 VLAN 分别创建一个子端口，并配置相应的网关地址。

关于子端口的说明如下。

1）子端口（Subinterface）是将一个物理端口（Interface）虚拟出来的多个逻辑端口。子端口所在的物理端口称为主端口。每个子端口从功能、作用上来说，与每个物理端口是没有任何区别的，它的出现打破了设备物理端口数量有限的局限性。一个物理端口可以配置多个子端口（0～4 294 967 295 个），子端口性能受主端口物理性能的限制，数量越多，各子端口性能越差。

2）子端口分为点到点子端口和点到多点子端口。

3）当存在多个 VLAN 时，无法使用单台路由器的一个物理端口实现 VLAN 间通信，通过在一个物理端口上划分多个子端口的方式，从而实现多个 VLAN 间的路由和通信。

4）与子端口相比，物理端口的性能更好。可将子端口配置在多个物理端口上，以减轻 VLAN 流量之间竞争带宽的现象。

4. 路由器与三层交换机的区别

路由器与三层交换机的相同之处是都可以实现路由转发功能，但它们并不等同。

1）转发数据的方式不同。三层交换机的路由功能比较简单，主要用在局域网内部，实现快速数据交换和路由转发两大功能。其数据交换和路由转发主要是靠硬件实现的；而路由器的路由转发是基于微处理器的软件路由引擎执行数据包交换，其速度远远不及三层交换机。

2）转发数据的效率不同。三层交换机利用缓存技术对数据包的处理，即对发往同一目标的数据包，第一个数据包需要路由，后续的数据包直接交换，大大降低了数据包转发延迟，这就是所谓"一次路由，多次交换"。三层交换机的背板带宽（交换机端口处理器或端口卡和数据总线间所能吞吐的最大数据量）很高，背板带宽标志了交换机总的数据交换能力，一台交换机的背板带宽越高，处理数据的能力就越强，不同 VLAN 间交换不存在瓶颈问题。路由器的转发采用最长匹配的方式，实现复杂，通常使用软件来实现，转发效率较低。

3）应用环境不同。路由器的主要功能就是路由转发，但路由器适用的网络环境更加复杂，更适合于数据交换不是很频繁的不同类型网络的连接，如局域网与广域网之间、不同协议的网络之间的连接，体现的是路由器强大的路由功能。一个局域网的核心层设备多使用三层或多层交换机来充当，而不是路由器。

3.1.4 配置 VLAN 中继协议

在前面关于 VLAN 的配置中，读者可能注意到，在每台交换机上都是通过手工去配置 VLAN 的。但是，在一个大中型的企业网中有几十台甚至上百台交换机，如果每台交换机都要配置 VLAN 信息，这样工作量很大，后期维护困难，并且较容易出错。这时，可以使用 VTP 来解决此问题。

VTP（VLAN Trunking Protocol，VLAN 中继协议）可以在 VTP 域内同步 VLAN 信息，将一台交换机配成 VTP Server，其余交换机配置成 VTP Client，只在 VTP Server 上配置 VLAN 后，其余 VTP Client 交换机就可以学习到 VTP Server 上的 VLAN 信息。

使用 VTP，可以使同一个 VTP 域内的交换机间进行 VLAN 通信，在 VTP Server 上可实现全网中 VLAN 的添加、删除、重命名等操作，确保配置的一致性。

VTP 是 Cisco 专有协议。

1. 了解 VTP

下面还是以图 3-2 所示的拓扑为例，来学习 VTP 的相关内容。

（1）查看 VTP 信息

首先，以 SW2 为例，将前面的配置删除掉（按同样的方法删除其他交换机的配置）。

```
Sw2#delete flash:vlan.dat              //删除 VLAN 数据库配置文件
    Delete filename [vlan.dat]?
    Delete flash:/vlan.dat? [confirm]
sw2#erase startup-config               //删除保存在 NVRAM 中的配置
    Erasing the nvram filesystem will remove all configuration files!
```

37 VTP（1）

```
Continue? [confirm]
        [OK]
        Erase of nvram: complete
        %SYS-7-NV_BLOCK_INIT: Initialized the geometry of nvram
sw2#reload                              //重新加载
        Proceed with reload? [confirm]
        C3560 Boot Loader (C3560-HBOOT-M) Version 12.2(25r)SEC, RELEASE SOFTWARE (fc4)
        cisco WS-C3560-24PS (PowerPC405) processor (revision P0) with 122880K/8184K
bytes of memory.
        3560-24PS starting...
        …
        Switch>
```

重新加载后，查看 VTP 信息。

```
Switch#show vtp status
        VTP Version                    : 2        //VTP 支持的版本有 2 个，默认为 1
        Configuration Revision         : 0        //修正号是 0，交换机的 VLAN 信息每修改
//一次，修正号加 1，直到 4 294 967 295 后归为 0，并重新开始增加。当交换机接收到的 VTP
//更新配置修订号比内部数据库的修订号大时，交换机才更新 VLAN 信息
        Maximum VLANs supported locally : 1005   //最多可配置的 VLAN 个数
        Number of existing VLANs       : 5        //当前存在的 VLAN 个数
        VTP Operating Mode             : Server   //VTP 模式：Server 模式
        VTP Domain Name                :          //VTP 域名：现在还没配置，为空
        VTP Pruning Mode               : Disabled //VTP 裁剪：未启用
        VTP V2 Mode                    : Disabled //VTP 第二版模式：未启用
        VTP Traps Generation           : Disabled //VTP 的陷阱：未启用
        MD5 digest                     : 0x63 0x3D 0x2B 0xA2 0x20 0x5D 0x20 0x14
//采用 MD5 加密算法
        Configuration last modified by 0.0.0.0 at 3-1-93 00:00:10
//最后收到谁发的更新包及时间
        Local updater ID is 0.0.0.0 (no valid interface found)
//发送 VTP 消息的端口 IP 地址
```

VTP 1 和 VTP 2 的区别：VTP 2 支持令牌环交换和令牌环 VLAN；在 VTP 1 中，一个 VTP 透明模式的交换机在用 VTP 转发信息给其他交换机时，先检查 VTP 版本号和域名是否与本机相匹配，匹配时才转发该消息，而 VTP 2 在转发信息时，不检查版本号和域名是否与自己的相同。

VTP 版本的配置方法如下所示。

```
switch(config)#vtp version 2           //配置 VTP 版本为 2，默认是 1
```

（2）VTP 通告

VTP 通告的作用是在 VTP 域内的交换机采用周期性发送或触发方式发送 VTP 信息。VTP 通告中包括 VTP 域名、修正号、版本及 VLAN 信息等。VTP 通告的作用类似于前面讲的路由协议（如 OSPF 路由协议）中的链路状态数据包。

（3）VTP 模式

VTP 有三种模式：Server 模式、Client 模式和 Transparent 模式。

Server 模式称为服务器模式，在此模式下，交换机可以创建、修改和删除 VLAN，这是交换

机默认的 VTP 模式，也可以用"Switch(config)#vtp mode server"命令把 VTP 改为 Server 模式。

Client 模式称为客户模式，在此模式下，交换机不能创建、修改和删除 VLAN。把 VTP 改为 Client 模式的命令是"Switch(config)#vtp mode client"。

Transparent 模式称为透明模式，工作在此模式下的交换机可以将收到的 VTP 通告转发给网络中的其他交换机。虽然在透明模式下的交换机可以创建、修改和删除 VLAN，但这些修改只能影响交换机自身，而不能将自己的 VLAN 信息发送给其他交换机，也不与其他交换机同步 VLAN 信息。把 VTP 改为 Transparent 模式的命令是"Switch(config)#vtp mode transparent"。

这三种模式的对比见表 3-1。

表 3-1　VTP 三种模式的对比

功能	模式		
	Server 模式	Client 模式	Transparent 模式
能否创建、修改和删除 VLAN	能	否	能
能否发送 VTP 通告	能	能	仅转发
能否同步 VTP 信息	能	能	否
VLAN 信息保存位置	Vlan.dat	Vlan.dat	Startup-config

（4）VTP 域名

要使在交换机上配置的 VLAN 信息自动传播到网络中的其他交换机上，必须将这些交换机配置在同一个 VTP 域中。通过查看 VTP 信息可知，在默认情况下，交换机的域名为空。

为使交换机之间能交换 VTP 信息，需要为这些交换机配置相同的 VTP 域名。在交换机上，可使用"Switch(config)#vtp domain 域名"命令来配置 VTP 域名。如在交换机 SW2 上配置 VTP 域名的命令如下：

```
SW2(config)#vtp domain abc                    //将 VTP 域名配置为 abc
Changing VTP domain name from NULL to abc     //提示 VTP 从空域名改为了 abc
```

 注意：VTP 域名是区分大小写的。

（5）VTP 裁剪

VTP 裁剪（VTP Pruning）是 VTP 的一个功能，VTP 通过裁剪来减少没有必要扩散的通信量，以提高中继链路的带宽利用率。VTP 裁剪默认是关闭状态。

在默认情况下，某个 VLAN 的广播包会通过干道传输到所有交换机，即使该交换机上没有这个 VLAN 的端口也会从干道收到此广播包。如图 3-6 所示，在 SW1 上并没有配置 VLAN 4 的端口，但如果 SW2 的 F0/3 端口（该端口属于 VLAN 4）收到一个广播包，则该广播包也会通过干道传输到没有 VLAN 4 端口的 SW1 上。

在配置了 VTP 裁剪后，SW2 检测到 SW1 上没有配置 VLAN 4 的端口，SW2 将在 F0/1（干道端口）上裁剪掉 VLAN 4 的流量。

开启 VTP 裁剪功能（Cisco Packet Tracer 不支持此功能，在 DynamipsGUI 上完成）的方法如下。

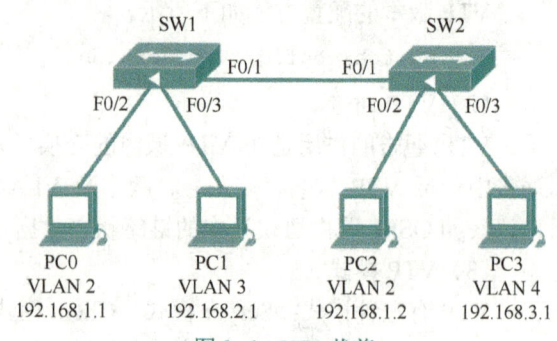

图 3-6　VTP 裁剪

```
SW1#vlan database         //进入 VLAN 数据库模式
SW1(vlan)#vtp pruning     //开启 VTP 裁剪功能
Pruning switched ON       //提示 VTP 裁剪功能已开启
```

上述方式是在 VLAN 数据库模式下完成的，而现在大多数交换机开启 VTP 裁剪功能是在全局模式下完成的（Cisco Packet Tracer 和 DynamipsGUI 均不支持在全局模式下开启 VTP 裁剪功能），开启方法如下。

```
Switch(config)#vtp pruning
```

另外，还可以在 Trunk 端口上配置修剪列表来去除某些 VLAN 的传递。

```
Switch(config-if)#switchport trunk pruning vlan remove vlan-id
```

比如去除 VLAN 2、3、4、6 和 8 的方法如下。

```
Switch(config-if)#switchport trunk pruning vlan remove 2-4,6,8
```

（6）VTP 口令

如果配置了 VTP 口令，需要对在同一个 VTP 域中的交换机，无论是 Server 模式的，还是 Client 模式的，都配置相同的口令，才能使 VLAN 信息通过 VTP 传输。配置 VTP 口令的命令如下。

```
switch(config)#vtp password xyz     //配置VTP 口令为 xyz
```

综上所述，在交换机间使用 VTP 来传递 VLAN 信息，需要满足以下几个条件。

➢ 域名一致。
➢ 口令一致。
➢ 版本一致。
➢ 模式配置正确。
➢ 修正号问题。

对新加入 VTP 域的交换机，在加入之前，应将修正号调整为 0，以免加入一个高的修正号的 Server 模式交换机进入域中后，将全域中其他交换机的 VLAN 信息覆盖（将修正号调整为 0 的方法：把模式改为 Transparent 模式后，再改为 Client 模式；或修改域名后再把域名改回来）。

至于 VTP 裁剪功能，则不是必须开启的。

38 VTP（2）

2. 配置 VTP

下面以图 3-7 所示的拓扑为例，讲解 VTP 的配置。

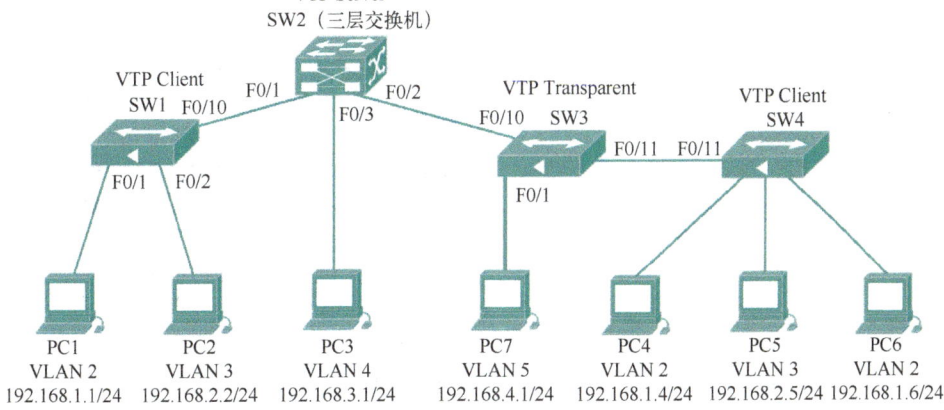

图 3-7　VTP 的配置

1）根据图 3-7 所示，将交换机 SW2 配置为 Server 模式，其配置过程如下。

```
SW2(config)#vlan 2
SW2(config-vlan)#vlan 3
SW2(config-vlan)#vlan 4                    //在 VTP Server 上配置 VLAN
SW2(config-vlan)#exit
SW2(config)#int f0/1
SW2(config-if)#switchport mode trunk
//将与其他交换机相连的端口配置为 Trunk 模式，因为 VTP 只在干道上传输 VLAN 信息
SW2(config-if)#int f0/2
SW2(config-if)#switchport mode trunk
SW2(config-if)#exit
SW2(config)#vtp domain abc                 //配置 VTP 域名为 abc
SW2(config)#vtp password xyz               //配置 VTP 口令为 xyz
SW2(config)#int f0/3
SW2(config-if)#switchport mode access
SW2(config-if)#switchport access vlan 4
```

由于交换机默认的 VTP 模式为 Server 模式，在此不用专门去配置。配置完成后，查看 VTP 信息。

```
SW2#show vtp status

VTP Version                     : 2
Configuration Revision          : 0
Maximum VLANs supported locally : 1005
Number of existing VLANs        : 8
VTP Operating Mode              : Server
VTP Domain Name                 : abc
VTP Pruning Mode                : Disabled
VTP V2 Mode                     : Disabled
VTP Traps Generation            : Disabled
…
```

再查看 VLAN 信息。

```
SW2#show vlan

VLAN Name                             Status    Ports
---- -------------------------------- --------- -------------------------------
1    default                          active    Fa0/2, Fa0/4, Fa0/5, Fa0/6
                                                Fa0/7, Fa0/8, Fa0/9, Fa0/10
                                                Fa0/11, Fa0/12, Fa0/13, Fa0/14
                                                Fa0/15, Fa0/16, Fa0/17, Fa0/18
                                                Fa0/19, Fa0/20, Fa0/21, Fa0/22
                                                Fa0/23, Fa0/24, Gig0/1, Gig0/2
2    VLAN0002                         active
3    VLAN0003                         active
4    VLAN0004                         active    Fa0/3
1002 fddi-default                     act/unsup
```

```
1003  token-ring-default              act/unsup
1004  fddinet-default                 act/unsup
1005  trnet-default                   act/unsup
...
```

可见，已配置了 3 个 VLAN，其中有一个端口 F0/3 属于 VLAN 4。

2）根据图 3-7 所示，交换机 SW1 应配置为 Client 模式，在配置 SW1 前，先查看 SW1 上的 VLAN 信息。

```
Switch1#show vlan
VLAN Name                         Status      Ports
---- ------------------------     ---------   -------------------------------
1    default                      active      Fa0/1, Fa0/2, Fa0/3, Fa0/4
                                              Fa0/5, Fa0/6, Fa0/7, Fa0/8
                                              Fa0/9, Fa0/10, Fa0/11, Fa0/12
                                              Fa0/13, Fa0/14, Fa0/15, Fa0/16
                                              Fa0/17, Fa0/18, Fa0/19, Fa0/20
                                              Fa0/21, Fa0/22, Fa0/23, Fa0/24
                                              Gig1/1, Gig1/2
1002 fddi-default                 act/unsup
1003 token-ring-default           act/unsup
1004 fddinet-default              act/unsup
1005 trnet-default                act/unsup
...
```

可见，交换机 SW1 上只有默认的几个 VLAN，交换机 SW2 上所配置的 VLAN 信息并没有被交换机 SW1 学习到。

对交换机 SW1 进行配置，配置过程如下。

```
SW1(config)#int f0/10
SW1(config-if)#switchport mode trunk
SW1(config-if)#exit
SW1(config)#vtp domain abc          //指定 VTP 域名为 abc，须与 VTP Server 上的相同
SW1(config)#vtp mode client         //指定 VTP 模式为 Client
SW1(config)#vtp password xyz        //配置 VTP 口令为 xyz，须与 VTP Server 上的相同
SW1(config)#int f0/1
SW1(config-if)#switchport mode access
SW1(config-if)#switchport access vlan 2
SW1(config-if)#int f0/2
SW1(config-if)#switchport mode access
SW1(config-if)#switchport access vlan 3
```

然后，再查看 SW1 的 VLAN 信息。

```
SW1#show vlan
VLAN Name                         Status      Ports
---- ------------------------     ---------   -------------------------------
1    default                      active      Fa0/3, Fa0/4, Fa0/5, Fa0/6
                                              Fa0/7, Fa0/8, Fa0/9, Fa0/11
                                              Fa0/12, Fa0/13, Fa0/14, Fa0/15
```

```
                                    Fa0/16, Fa0/17, Fa0/18, Fa0/19
                                    Fa0/20, Fa0/21, Fa0/22, Fa0/23
                                    Fa0/24, Gig1/1, Gig1/2
2     VLAN0002                      active    Fa0/1
3     VLAN0003                      active    Fa0/2
4     VLAN0004                      active
1002  fddi-default                  act/unsup
1003  token-ring-default            act/unsup
1004  fddinet-default               act/unsup
1005  trnet-default                 act/unsup
...
```

可见，在配置 SW1 的过程中，不需要再配置 VLAN 信息，作为 Client 模式的交换机，可以从 VTP 域中的 Server 模式交换机中学习到 VLAN 信息。

3）根据图 3-7 所示，将交换机 SW3 配置成 Transparent 模式。

```
SW3(config)#vlan 5                  //在 Transparent 模式交换机上新配置一个 VLAN
SW3(config-vlan)#exit
SW3(config)#int f0/10
SW3(config-if)#switchport mode trunk
SW3(config-if)#int f0/11
SW3(config-if)#switchport mode trunk
SW3(config-if)#int f0/1
SW3(config-if)#switchport mode access
SW3(config-if)#switchport access vlan 5
SW3(config-if)#exit
SW3(config)#vtp mode transparent    //配置 VTP 模式为 Transparent 模式
SW3(config)#vtp password bbb
//配置 VTP 口令，此口令可以与其他交换机相同，也可以不同
SW3(config)#vtp domain aaa
//配置 VTP 域名，此域名可以与其他交换机相同，也可以不同，这里配置了不同的域名
00:18:51 %DTP-5-DOMAINMISMATCH: Unable to perform trunk negotiation on
port Fa0/10 because of VTP domain mismatch.  //这是一个弹出的警告信息：在 F0/10 端口上无
//法执行中继协商，因为 VTP 域名不匹配。但配置不同的域名，并不影响作为 Transparent 模式
//交换机传递 VLAN 信息的功能
```

如果要使交换机不要一直出现此警告信息，可将 VTP 域名都配置成"abc"。

```
SW3(config)#vtp domain abc
```

4）根据图 3-7 所示，交换机 SW4 应配置为 Client 模式。

```
SW4(config)#int f0/11
SW4(config-if)#switchport mode trunk
SW4(config-if)#exit
SW4(config)#vtp domain abc          //指定 VTP 域名为 abc，须与 VTP Server 上的相同
SW4(config)#vtp password xyz        //配置 VTP 口令为 xyz，须与 VTP Server 上的相同
SW4(config)#vtp mode client         //指定 VTP 模式为 Client
SW4(config)#int f0/1
SW4(config-if)#switchport mode access
SW4(config-if)#switchport access vlan 2
```

```
SW4(config-if)#int f0/2
SW4(config-if)#switchport mode access
SW4(config-if)#switchport access vlan 3
SW4(config-if)#int f0/3
SW4(config-if)#switchport mode access
SW4(config-if)#switchport access vlan 2
```

然后，查看 SW4 通过 VTP 学习到的 VLAN 信息。

```
SW4#show vlan

VLAN Name                             Status    Ports
---- -------------------------------- --------- -------------------------------
1    default                          active    Fa0/1, Fa0/2, Fa0/3, Fa0/4
                                                Fa0/5, Fa0/6, Fa0/7, Fa0/8
                                                Fa0/9, Fa0/10, Fa0/12, Fa0/13
                                                Fa0/14, Fa0/15, Fa0/16, Fa0/17
                                                Fa0/18, Fa0/19, Fa0/20, Fa0/21
                                                Fa0/22, Fa0/23, Fa0/24, Gig1/1
                                                Gig1/2
2    VLAN0002                         active
3    VLAN0003                         active
4    VLAN0004                         active
1002 fddi-default                     act/unsup
1003 token-ring-default               act/unsup
1004 fddinet-default                  act/unsup
1005 trnet-default                    act/unsup
...
```

可见，SW4 已从 Server 模式交换机 SW2 上学到 VLAN 2、VLAN 3、VLAN 4 的信息，但并没有从 Transparent 模式交换机 SW3 上学到 VLAN 5 的信息，交换机 SW3 在 SW2 和 SW4 间起到了传递 VLAN 信息的作用；同样，SW2 和 SW1 也不能从 SW3 上学到 VLAN 5 的信息。

接下来测试网络的连通性。发现各 VLAN 内的 PC 间可以相互 ping 通，而不同的 VLAN 间不能 ping 通。这是因为，VTP 的作用只是传递 VLAN 信息，而不能实现 VLAN 间的路由，要实现 VLAN 间路由，还须在 SW2 上配置三层交换机的 VLAN 路由功能。

```
SW2(config)#ip routing
SW2(config)#int vlan 2
SW2(config-if)#ip add 192.168.1.254 255.255.255.0
SW2(config-if)#int vlan 3
SW2(config-if)#ip add 192.168.2.254 255.255.255.0
SW2(config-if)#int vlan 4
SW2(config-if)#ip add 192.168.3.254 255.255.255.0
SW2(config-if)#int vlan 5
SW2(config-if)#ip add 192.168.4.254 255.255.255.0
```

开启三层交换机的路由功能并配置了各 VLAN 的网关地址后，再测试发现，除了 PC7 不能与其他 PC 相互 ping 通外，其余的 PC 都可以相互 ping 通。这是为什么呢？

查看 SW2 上的 VLAN 信息。

```
SW2#show vlan

VLAN Name                             Status    Ports
---- -------------------------------- --------- -------------------------------
1    default                          active    Fa0/4, Fa0/5, Fa0/6, Fa0/7
                                                Fa0/8, Fa0/9, Fa0/10, Fa0/11
                                                Fa0/12, Fa0/13, Fa0/14, Fa0/15
                                                Fa0/16, Fa0/17, Fa0/18, Fa0/19
                                                Fa0/20, Fa0/21, Fa0/22, Fa0/23
                                                Fa0/24, Gig0/1, Gig0/2
2    VLAN0002                         active
3    VLAN0003                         active
4    VLAN0004                         active    Fa0/3
1002 fddi-default                     act/unsup
1003 token-ring-default               act/unsup
1004 fddinet-default                  act/unsup
1005 trnet-default                    act/unsup
…
```

可见,在 SW2 上并没有 VLAN 5,这是因为 SW3 是 Transparent 模式的,在其上配置的 VLAN 信息不会传递到其他交换机上,因此,需要在 SW2 上创建一个 VLAN 5。

```
SW2(config)#vlan 5
```

在 SW2 上创建好 VLAN 5 后,再测试各 PC 间的连通性,此时各 PC 间都可以 ping 通了。

3.1.5 生成树协议

在对网络的规划中,为防止单一链路的损坏导致全网瘫痪的情况发生,需要进行链路的冗余设计。在使用交换机组成第二层链路冗余后,增加了系统的安全性和可靠性,但是带来了另外一个问题,就是网络环路问题。

39 了解 STP

STP 应用于计算机网络中的树形拓扑结构,主要作用是防止网络中的冗余链路形成环路状态。STP 的原理是:利用 SPA 算法按照树的结构来构造网络拓扑,消除网络中的环路,避免由于环路的存在造成广播风暴问题。

1. 了解网络环路

环路是指由多个交换机的物理链路相互连接形成的一种拓扑结构,如图 3-8 所示。形成环路的好处是增加了系统的可靠性。

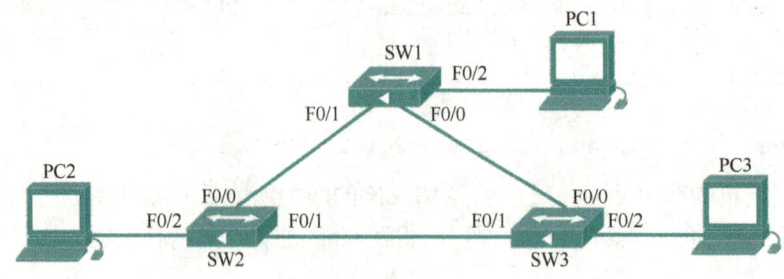

图 3-8　由交换机构成的环路拓扑结构

如图 3-8 所示，交换机 SW1、SW2、SW3 三台交换机相互连接，如果交换机 SW1 与 SW2 之间的链路出了问题（可能是线路断开或交换机端口的物理故障等所致），此时与这两台交换机分别相连的 PC1 和 PC2 仍可以通过 SW3 来转发它们之间的数据。

但是在网络中，构成了像图 3-8 所示的环路拓扑结构，会产生以下几方面的问题。

1）广播风暴。由于交换机属于数据链路层设备，不具有隔离广播的能力，一旦网络中产生了广播流量，交换机会将此广播流量在环路中永不停止地来回传送，从而占用正常带宽的使用。例如，PC1 发送了一个广播数据包，SW1 就会向除了 F0/2 之外的其余端口转发，其中也就包括与 SW2 和 SW3 相连的 F0/1 和 F0/0 两个端口，这样 SW2 和 SW3 收到此广播包后，也将向除相连端口之外的其他端口转发，这样广播数据将不停地在这些交换机间来回传送。

2）未知接收站的单播帧。交换机对这种帧的处理方式同广播帧一样，也是通过广播的方式全网转发。

3）导致 MAC 地址表不稳定。一个 MAC 地址可能通过不同的端口到达交换机，这样交换机将不断更新它的 MAC 表。例如，SW3 能从 F0/0 和 F0/1 两个端口学习到 PC1 的 MAC 地址。这样将导致 SW3 的 MAC 地址表不稳定。

STP 就是用于解决上述由环路引起的问题的。使用 STP 来清除网络中逻辑上的环路，却保留了物理上的环路存在。它是采用软件的方式来实现清除逻辑环路的。

STP 的功能是从网络拓扑中清除二层环路，它运用数学中的生成树算法，使网络拓扑中任意两节点间有且只有一条活动的逻辑通路，而其他的通路均被逻辑阻塞而成为备份链路，当活动的逻辑通路出现问题时，自动启用备份链路。

交换机的 STP 要完成二层环路清除工作，需要在交换机之间互相公告自身信息，这个相互通告的信息就是 BPDU（Bridge Protocol Data Unit，桥接协议数据单元）。BDPU 以组播的形式在交换机之间相互传递，每隔 2s 就发送一次，这是一个数据链路层的数据帧，只有其他的二层设备才能收到，交换机就是利用 BPDU 消息来发现是否存在二层环路。如果发现存在二层环路，则运行 STP，禁止某些端口，从而完成逻辑环路的清除。

2. 选举根桥

在一个成环的拓扑结构中，交换机通过相互发送的 BPDU 消息，运行 STP 创建一个生成树，使得任意两个节点间只能有一条逻辑通路可达，而其他物理上相连的通路均被阻塞成为备份链路，凡是根桥两边的交换机之间，都需要通过根桥来为它们转发数据帧，如图 3-9 所示。

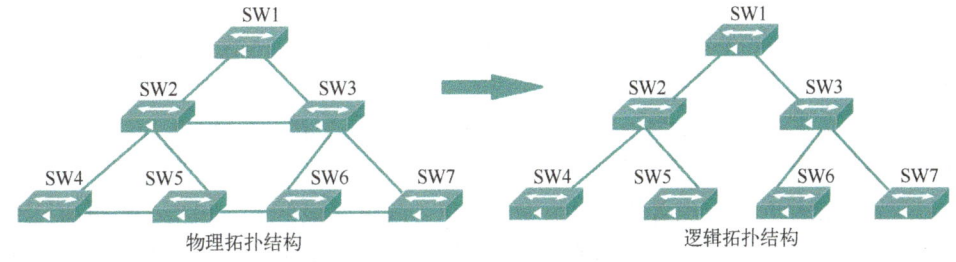

图 3-9 物理拓扑结构与逻辑拓扑结构的对比

在图 3-9 中，左边是物理上相互连接的交换机拓扑图，这是一个带有冗余连接的拓扑结构图，通过 STP 对冗余链路进行修剪之后，形成右边的逻辑上拓扑图，可见任意两台交换机之间已经没有第二条通路可以连通了。如果需要把与交换机 SW4 相连的主机数据传输到与交换机 SW6 相连的主机上去，根据图 3-9，此数据一定要经过根桥 SW1。可见，根桥承担了整个数据转发中最重的任务。

注意：生成树并不是把那些多余的链路从物理上去除掉，而是从逻辑上使交换机的某些端口被阻塞从而断开逻辑连接形成的。

既然根桥任务最重，那么在网络拓扑中，交换机使用 STP 选举根桥的依据又是什么呢？

根桥是 BID（桥 ID）最小的交换机。BID 的组成有以下两种方式。

一种是"BID=优先级+MAC 地址"，优先级占 16 位，其取值范围是 0～65 535。在做实验时用的模拟软件 DynamipsGUI 就使用这种方式。在默认情况下，优先级都是 32 768，用于区分 BID 的是 MAC 地址。这种方式是由于早期的 STP 没有为 VLAN 设计，所以交换机只有一棵共同的生成树。

另一种是"BID=优先级+扩展系统 ID+MAC 地址"，优先级占 16 位中的高 4 位，扩展系统 ID 占 16 位中的低 12 位。因此，优先级的取值只有 2^4=16 个，且是 2^{12}（即 4096）的整数倍；扩展系统 ID 用于表示 VLAN 号。在默认情况下，交换机都有一个默认的 VLAN 1，那么其 BID=32 768+1+MAC 地址，即 32 769+MAC 地址，其中 32 768 是默认优先级，1 是 VLAN 的编号，现在是 VLAN 1，所以是加 1，可以把这二者之和看作优先级。现在大多数交换机都使用带扩展系统 ID 的方式确定 BID，在做实验时用的模拟软件 Cisco Packet Tracer 就是使用这种方式确定 BID 的。这种方式是随着 PVST+（Per_VLAN Spanning Tree Plus，增强的按 VLAN 生成树）的实施发展而来的，有多少 VLAN，交换机就有多少个 BID。

如果一个网络划分了 VLAN（虚拟局域网），STP 是以各个 VLAN 为单位来运行 STP 的，即 STP 在各个 VLAN 中，对根桥的选举、根端口及指定端口的选择是独立进行的，各个 VLAN 的根桥、根端口、指定端口可以是同一个交换机，也可以是不同的交换机。STP 是在某一个 VLAN 内运行并清除其中环路的。如果在网络中没有划分 VLAN，则 STP 是在默认的 VLAN 1 中运行的。

在划分了 VLAN 的网络中，按"BID=优先级+MAC 地址"方式，同一个交换机的 MAC 地址中 VLAN 1 的 MAC 地址最小，然后按 VLAN 编号从小到大依次增 1，如果某交换机上有 3 个 VLAN：VLAN 1、VLAN 3 和 VLAN 8，假设 VLAN 1 的 MAC 地址为 cc00.0f2c.0000，那么 VLAN 3 的 MAC 地址就是 cc00.0f2c.0001，VLAN 8 的 MAC 地址就是 cc00.0f2c.0002。在比较 BID 时，是在不同交换机间的同名 VLAN 间进行比较（同一交换机的不同 VLAN 间比较 BID 没有意义）。

按"BID=优先级+扩展系统 ID+MAC 地址"方式，VLAN 的 MAC 地址不变，变化的是扩展系统 ID（以优先级形式显示），同样，如果某交换机上有 3 个 VLAN：VLAN 1、VLAN 3 和 VLAN 8，VLAN 1 的优先级=32 769（即 32 768+1），VLAN 3 的优先级=32 771（即 32 768+3），VLAN 8 的优先级=32 776（即 32 768+8）。

在 STP 选举根桥时，首先看该交换机的优先级，优先级最低者为根桥；如果所有的优先级相同，再看 MAC 地址，MAC 地址一般来说是相同的，MAC 地址最低的为根桥。要注意这两个决定因素的先后顺序。

说明：为了让大家对这两种 BID 都能掌握，在下面的讲解过程中，使用的是 DynamipsGUI；而在"STP 的配置"实验中，使用 Cisco Packet Tracer 来学习 STP。

下面通过一个实例直观地看一下桥 ID 的两个决定因素（使用 DynamipsGUI），拓扑图如图 3-10 所示。

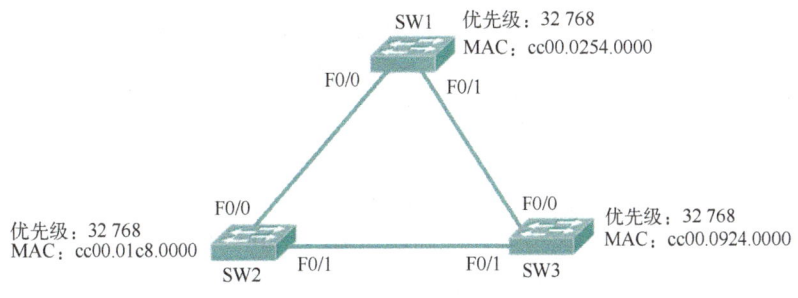

图 3-10　成环交换机的拓扑图

在默认情况下，每个交换机的管理优先级都是 32 768，这个默认的优先级是由 IEEE 802.1d 定义的，而它们的 MAC 地址是不同的。

根据 STP 选举根桥的规则，SW2 的 MAC 地址为 cc00.01c8.0000，比 SW1 和 SW3 的 MAC 地址都小，因此在默认情况下，它将成为根桥。

但是，各设备生产厂商在生产交换机时，一般都是先使用编号较小的 MAC 地址，这样的结果是：时间越往后，拥有更先进技术、更多功能、更高性能的交换机将使用较大编号的 MAC 地址。如图 3-10 所示，假设 SW1 是一台 6506 的高档交换机，而 SW2 是一台 2950 系列的交换机，但在进行根桥选举时，默认将会确定以 MAC 更小的 SW2 作为根桥。

在前面讲过，根桥的确定有两个因素，MAC 地址不能修改，但可以通过修改交换机的默认优先级来改变 STP 选举根桥的结果，这样可以使那些性能更好的交换机成为根桥。

为了直观地理解上述理论，下面使用 "show spanning-tree" 命令来查看交换机 SW1 的生成树状态。

```
SW1#show spanning-tree

VLAN1 is executing the ieee compatible Spanning Tree protocol
  Bridge Identifier has priority 32768, address cc00.0f2c.0000    ❶
  Configured hello time 2, max age 20, forward delay 15
  Current root has priority 32768, address cc00.0ic8.0000         ❷
  Root port is 1 <FastEthernet0/0>. cost of root path is 19       ❸
  Topology change flag not set, detected flag not set
  Number of topology changes 2 last change occurred 00:20:45 ago
        from FastEthernet0/1
  Times:  hold 1, topology change 35, notification 2
          hello 2, max age 20, forward delay 15
  Timers: hello 0, topology change 0, notification 0, aging 300

Port 1 <FastEthernet0/0> of VLAN1 is forwarding                   ❹
  Port path cost 19, Port priority 128, Port Identifier 128.1.
  Designated root has priority 32768, address cc00.01c8.0000
  Designated bridge  has priority 32768, address cc00.01c8.0000
  Designated port id is 128.1, designated path cost 0
  Timers: message age 3, forward delay 0, hold 0
```

```
       Number of transitions to forwarding state: 1
       BPDU: sent 22, received 693

    Port 2 <FastEthernet0/1> of VLAN1 is blocking      ❺
       Port path cost 19, Port priority 128, Port Identifier 128.2.
       Designated root has priority 32768, address cc00.01c8.0000
       Designated bridge  has priority 32768, address cc00.0924.0000
       Designated port id is 128.1, designated path cost 19
       Timers: message age 1, forward delay 0, hold 0
       Number of transitions to forwarding state: 1
       BPDU: sent 75, received 637
```

其中，❶处"priority 32768, address cc00.0f2c.0000"说明了 SW1 的优先级是 32 768，MAC 地址是 cc00.0f2c.0000；❷处"Current root has priority 32768, address cc00.0ic8.0000"说明了此交换机的根桥（即 SW2）的优先级是 32 768，MAC 地址是 cc00.0ic8.0000，可见其优先级默认相同，而根桥的 MAC 值比 SW1 更小；❸处"Root port is 1 <FastEthernet0/0>. cost of root path is 19"指明了根端口为 SW1 的 F0/0 端口，STP 的端口成本是 19（根端口与端口成本的概念在后面再详细讲解）；❹处的 VLAN1 表示由于现在没有进行 VLAN 的划分，因此所有端口都属于 VLAN1；"Port 1 <FastEthernet0/0> of VLAN1 is forwarding"表明此端口状态为 forwarding（转发）状态；❺处"Port 2 <FastEthernet0/1> of VLAN1 is blocking"表明 F0/1 端口状态为 blocking（阻塞）状态。

下面再查看交换机 SW2 的生成树状态。

```
       SW2#show spanning-stree

    VLAN1 is executing the ieee compatible Spanning Tree protocol
       Bridge Identifier has priority 32768, address cc00.01c8.0000   ❶
       Configured hello time 2, max age 20, forward delay 15
       We are the root of the spanning tree      ❷
       Topology change flag not set,  detected flag not set
       Number of topology changes 2 last change occurred 01:41:42 ago
             from FastEthernet0/0
       Times:  hold 1, topology change 35, notification 2
             hello 2, max age 20, forward delay 15
       Timers: hello 0, topology change 0, notification 0, aging 300

    Port 1 <FastEthernet0/0> of VLAN1 is forwarding       ❸
       Port path cost 19, Port priority 128, Port Identifier 128.1.
       Designated root has priority 32768, address cc00.01c8.0000
       Designated bridge  has priority 32768, address cc00.01c8.0000
       Designated port id is 128.1, designated path cost 0
       Timers: message age 0, forward delay 0, hold 0
       Number of transitions to forwarding state: 1
       BPDU: sent 3105, received 3

    Port 2 <FastEthernet0/1> of VLAN1 is forwarding       ❹
```

其中，❶处显示了 SW2 的管理优先级为 32 768，MAC 地址为 cc00.01c8.0000；❷处"We are the root of the spanning tree"说明此交换机就是生成树的根，也就是 STP 选出的根桥；❸处和❹处表明 SW2 上的两个端口 F0/0 和 F0/1 都处于 forwarding（转发）状态。

最后，查看交换机 SW3 的生成树状态，可以发现交换机 SW3 上的两个端口 F0/0 和 F0/1 都处于 forwarding（转发）状态。

通过查询交换机 SW1、SW2 和 SW3 的生成树状态可知，只有 SW1 的 F0/1 为 blocking（阻塞）状态，其余端口都处于 forwarding（转发）状态。这是为什么呢？下面来了解交换机的端口状态。

3. 端口状态

对于启用了 IEEE 802.1d STP 的交换机，在收敛过程中，每个端口需要依次经历如下几种状态。

1）blocking（阻塞）状态。交换机的端口在以下 3 种情况下将成为阻塞状态：一是当交换机刚开机启动时处于阻塞状态；二是网络拓扑发生变化时所有端口将进入阻塞状态；三是收敛完成后，如果此端口既不是根端口也不是指定端口，也就是此交换机另有到达根桥的成本更小的 STP 端口。在图 3-11 中，交换机 SW1 的 F0/1 端口状态为阻塞状态，就是因为 F0/1 端口既非根端口也非指定端口，数据不会通过此端口转发，通过阻塞此端口后，即可使物理上的环状拓扑从逻辑上变为树形拓扑。

处于阻塞状态的端口只能接收并处理 BPDU，而丢弃掉其余的数据帧，不能发送 BPDU，这个时间为 20s，20s 之后将进入侦听状态。

2）listening（侦听）状态。在此状态下的端口可以发送 BPDU，相互交换 BPDU 的作用是判断是否有拓扑发生变化。同样，除了 BPDU 之外要丢弃其余的数据帧，默认的侦听状态为 15s。

3）learning（学习）状态。此状态就是学习数据帧的 MAC 地址建立 MAC 地址表的状态。在此状态下的端口除了可以接收和发送 BPDU 外，还可以对转发的数据帧中的 MAC 地址进行学习，并建立好自己的 MAC 地址表，为转发数据帧做准备。但此时仍不能将数据从目标端口转发出去。这个状态的时间为 15s。

4）forwarding（转发）状态。在此状态下的端口可以处理 BPDU，可以学习 MAC 地址，也可以完成对数据帧的转发工作，这是一个端口正常工作的状态。

另外，如果管理员对某个端口执行了 shut down 命令，则交换机端口还有一种状态就是 disabled（禁止）状态。在此状态下的端口根本不参与 STP 过程，当然也不可能对数据进行转发。

4. 端口类型

交换机根据 STP 算法将端口设置为两种类型：根端口和指定端口。

（1）根端口

根端口是指到达根桥的路径开销最小的端口。这里的"路径开销"是选择根端口的决定因素。路径开销是根据链路的速率来计算的。在 IEEE 802.1d STP 中，路径开销有新旧两种计算方法，在前面用命令"show spanning-tree"查看交换机 SW1 的生成树状态时，"cost of root path is 19"指的就是从交换机 SW1 的 F0/0 端口到作为根桥的交换机 SW2 的 F0/0 端口的链路开销为 19。这个开销值就是按新的计算标准得来的端口成本。新旧两种计算方法的端口成本见表 3-2。

表 3-2　STP 的新旧两种计算方法的端口成本

链路速率	新的端口成本	旧的端口成本
10Gbit/s	2	1
1Gbit/s	4	1
100Mbit/s	19	10
10Mbit/s	100	100

新的开销值标准产生的原因：在定义旧的开销值时只考虑千兆以太网的问题，计算方法是用 1000 去除以链路速率，如 1000Mbit/s 的带宽，开销值为 1000/1000=1，如果现在的链路速率为 10Gbit/s，开销值 1000/10000=0.1，但是开销值不能为小数和 0，因此这样的链路开销值也是 1，这样就把 1Gbit/s 和 10Gbit/s 的链路都按相同的开销看待，将可能产生次优（不是最优）网络拓扑。因此，在 Cisco 的交换机中，主要是 1900 系列的交换机使用旧的成本开销值，而 2950 系列及以后的交换机都使用新的开销值计算端口成本。

在交换机之间相互发送的 BPDU 消息中，包含的是每个端口的成本，而根端口是指到达根桥的路径开销最小的端口，那么端口成本与路径开销之间有什么关系呢？两台交换机相连的链路是由两台交换机的端口和传输线路组成，在不考虑传输线路带宽的情况下，路径开销就以相连的两个端口中成本较大的来取值。例如，一个百兆端口（端口成本是 19）与一个十兆端口（端口成本是 100）相连，其路径开销就是 100，而不是 19。

STP 进行根端口选择的原则如下。

1）一个交换机有两条或两条以上能到达根桥的路径，则选择累加成本最小的路径对应的端口为根端口。

2）在到达根桥的邻居交换机中，选择和 BID 最小的邻居交换机相连的端口为根端口。

3）如果多条路径都经过同一邻居交换机，则选择优先级值最小的端口为根端口。

4）选择端口物理编号最低的端口作为根端口。如对于 F0/1 和 F0/2，选物理编号更低的 F0/1 端口为根端口。

注意：上述原则是有顺序的，只有按照前面的原则不能选出根端口时才使用后面的原则。一般情况下依据前两条原则已足够选出根端口了。

下面以图 3-11 为例来分析和理解根端口和指定端口。

在图 3-11 中，S1 为根桥，现已标注各交换机的端口成本和相互间的路径开销。例如，交换机 S1 的 A 端口成本为 2，交换机 S2 的 C 端口成本为 4，那么 S2 的端口 C 到 S1 的端口 A 之间的路径开销就是 4。

根据根端口的概念，其他交换机到根桥的路径开销最小的端口为根端口，因此对各交换机端口分析如下。

交换机 S1：因为此交换机为根桥，所以它上面没有根端口。

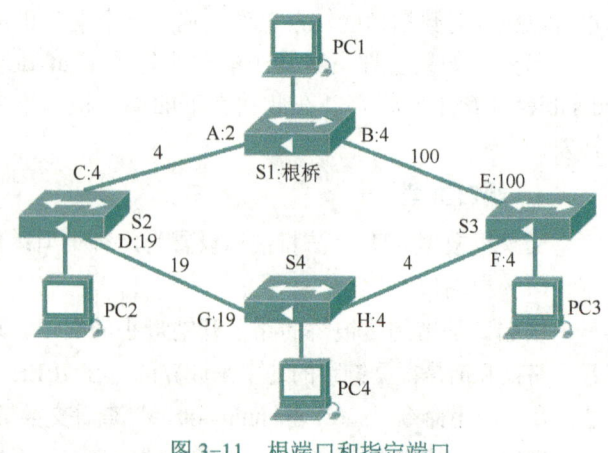

图 3-11　根端口和指定端口

交换机 S2：有两条路径可以到达根桥 S1，一条是 C—A，其路径开销为 4，另一条是 D—G—F—B，其路径开销是各段路径开销之和，即 19+4+100=123。可见，路径开销最小的是 C—A 路径，所以交换机 S2 的根端口为端口 C。如果 PC2 有数据要发送到 PC1，那么它将走路径开销更小的 C—A 路径。

交换机 S3：与 S2 一样，有两条路径可以到达根桥 S1，一条是 E—B，路径开销为 100，另一条是 F—H—D—A，路径开销为 4+19+4=27，所以端口 F 是 S3 交换机的根端口。如果 PC3 有数据要发送到 PC1，那么它应该走的路径是 F—H—D—A，而不是直接从 E 端口到 B 端口。

交换机 S4：按上面同样的分析，到根桥的路径为 G—D—A，其最小路径开销为 23，根端口为 G 端口。

（2）指定端口

指定端口是指能够接收其他交换机转发来的网络流量的端口。指定端口也是通过计算最低路径开销得来的，其选举原则与根端口的选举原则类似，在此不再重复。

下面还以图 3-11 为例，来说明哪些端口为指定端口。

交换机 S1：因为它是根桥，所有的端口都可以接收来自其他网络的流量，在它上面的所有端口都是指定端口，即 A 和 B 两个端口都是指定端口，由于它们就在根桥上，因此其路径开销为 0。

交换机 S2：由于 D 端口将接收和转发来自于其他网络的流量，因此它是指定端口，到根桥的路径开销为 4。

交换机 S3：没有其他网段的流量需要流入 E 端口，因此 E 端口不接收任何网络的流量，它不是指定端口。结合前面的分析，它也不是根端口，可见这个端口应该被阻塞。

交换机 S4：由于 H 端口将接收和转发来自于如 PC3 所在网段的流量，因此它是指定端口，到根桥的路径开销为 23。

5. 配置 STP

40 配置 STP 和 RSTP

下面以图 3-12 所示的拓扑为例，来学习 STP 的配置。

先查看这 3 台交换机 3560、2950-24 和 2950T 的生成树状态。使用 "show spanning-tree" 命令显示交换机生成树的状态。

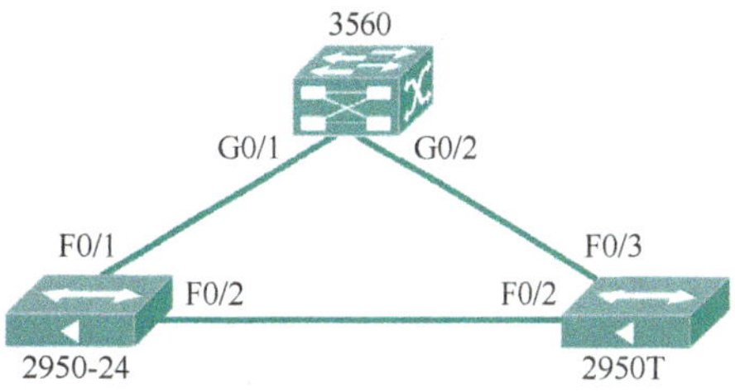

交换机 3560 的生成树状态如下。

```
3560#show spanning-tree

VLAN0001
  Spanning tree enabled protocol ieee
  Root ID    Priority    32769      //优先级为 32769（默认值 32768 加 VLAN 号 1）
             Address     0002.1638.DC61   //MAC 地址
             This bridge is the root     //本交换机就是根桥
             Hello Time  2 sec  Max Age 20 sec  Forward Delay 15 sec

  Bridge ID  Priority    32769   (priority 32768 sys-id-ext 1)
             Address     0002.1638.DC61
             Hello Time  2 sec  Max Age 20 sec  Forward Delay 15 sec
             Aging Time  20
```

图 3-12　STP 配置

```
Interface       Role Sts Cost      Prio.Nbr Type
--------------- ---- --- --------- -------- -----------------------------
Gi0/2           desg FWD 19        128.26   P2p
Gi0/1           desg FWD 19        128.25   P2p
```

端口 Gi0/2 和 Gi0/1 的 Sts（状态）都是 FWD，即 forwarding，路径开销 Cost 值为 19，因为对端连的是 100Mbit/s 的端口，根据表 3-2 可知应该是 19。链路类型 Type 为 P2p，表示点对点。

交换机 2950-24 的生成树状态如下。

```
2950-24#show spanning-tree

VLAN0001
  Spanning tree enabled protocol ieee
  Root ID    Priority    32769                    //根桥的优先级为32769
             Address     0002.1638.DC61           //MAC 地址
             Cost        19                       //到根桥的路径开销为19
             Port        1(FastEthernet0/1)
             Hello Time  2 sec  Max Age 20 sec  Forward Delay 15 sec

  Bridge ID  Priority    32769  (priority 32768 sys-id-ext-1)//优先级为32769
             Address     0040.0BEC.2749                       //MAC 地址
             Hello Time  2 sec  Max Age 20 sec  Forward Delay 15 sec
             Aging Time  20

Interface       Role Sts Cost      Prio.Nbr Type
--------------- ---- --- --------- -------- -----------------------------
Fa0/2           Desg FWD 19        128.2    P2p
Fa0/1           Root FWD 19        128.1    P2p
```

交换机 2950T 的生成树状态如下。

```
2950T#show spanning-tree

VLAN0001
  Spanning tree enabled protocol ieee
  Root ID    Priority    32769
             Address     0002.1638.DC61           //MAC 地址
             Cost        19                       //路径开销值为19
             Port        3(FastEthernet0/3)       //是端口3与根端口相连
             Hello Time  2 sec  Max Age 20 sec  Forward Delay 15 sec

  Bridge ID  Priority    32769  (priority 32768 sys-id-ext-1)    //优先级
             Address     0090.21B1.505B                           //MAC 地址
             Hello Time  2 sec  Max Age 20 sec  Forward Delay 15 sec
             Aging Time  20

Interface       Role Sts Cost      Prio.Nbr Type
--------------- ---- --- --------- -------- -----------------------------
```

```
Fa0/2           Altn BLK 19         128.2    P2p
Fa0/3           Root FWD 19         128.3    P2p
```

Fa0/2 端口的状态为 BLK，即 blocking（阻塞）状态，经过 STP 收敛之后，将环路中的 2950T 中的 Fa0/2 端口阻塞，从而避免环路存在。

现假设 2950-24 不是 2950 型的交换机，而是一台 6506 型的交换机，如图 3-12 所示，其 MAC 地址为 0002.1638.DC61，按默认规则"BID=管理优先级+MAC 地址"，现 3560 交换机已被选为根桥，这明显不合理（因为根桥应选择性能更好的交换机充当，否则使低性能交换机成为核心，将成为网络流量的瓶颈）。可通过配置命令，使性能更高的 6506 交换机为根桥。

```
2950-24(config)#spanning-tree vlan 1 priority 4096
```

设置交换机 2950-24 的优先级为 4096，数值最小的交换机为根桥，交换机 3560 与 2924T 的优先级采用默认优先级（32 769），因此 2950-24 将成为根交换机（在更改优先级后，整个网络需要经历阻塞、侦听、学习和转发 4 个状态过程，这需要花费一定的收敛时间）。然后，查看交换机 2950-24 的生成树状态。

```
2950-24#show spanning-tree

VLAN0001
  Spanning tree enabled protocol ieee
  Root ID    Priority    4097              //优先级值为4097，由于交换机的优先级为
             Address     0040.0BEC.2749    //4096，VLAN 1 的优先级则为4096+1；如果是
             This bridge is the root       //VLAN 2，则4096+2，即为4098；这是根桥，
                                           //MAC 地址为0040.0BEC.2749
             Hello Time  2 sec  Max Age 20 sec  Forward Delay 15 sec

  Bridge ID  Priority    4097    (priority 4096 sys-id-ext 1)
             Address     0040.0BEC.2749
             Hello Time  2 sec  Max Age 20 sec  Forward Delay 15 sec
             Aging Time  20

Interface       Role Sts Cost      Prio.Nbr Type
---------------- ---- --- --------- -------- --------------------------------
Fa0/2           Desg FWD 19        128.2    P2p
Fa0/1           Desg FWD 19        128.1    P2p
```

可见，在改变其优先级后，2950-24 已成为根桥。再查看 3560 交换机的生成树状态，它已不再是根桥了。

```
3560#show spanning-tree

VLAN0001
  Spanning tree enabled protocol ieee    //生成树协议为 IEEE，对应思科的 PVST
  Root ID    Priority    4097
             Address     0040.0BEC.2749  //该 MAC 地址是根桥 2950-24 的
             Cost        19
```

```
               Port        25(GigabitEthernet0/1)
               Hello Time  2 sec  Max Age 20 sec  Forward Delay 15 sec

  Bridge ID  Priority    32769  (priority 32768 sys-id-ext 1)
             Address     0002.1638.DC61  //该MAC地址是3560的，它已不是根桥
             Hello Time  2 sec  Max Age 20 sec  Forward Delay 15 sec
             Aging Time  20

Interface        Role Sts Cost      Prio.Nbr Type
---------------- ---- --- --------- -------- --------------------------------
Gi0/2            Desg FWD 19        128.26   P2p
Gi0/1            Root FWD 19        128.25   P2p
```

3.1.6 快速生成树协议

由于标准 STP 的收敛时间大约是 30～50s，但对于那些要求快速收敛的网络来说，这个速度就太慢了，为此，Cisco 开发了 Rapid-PVST+（包括 PortFast、UplinkFast、BackboneFast 几种协议）来解决收敛慢的问题，但这些特性只能在 Cisco 设备中使用。

快速生成树协议（Rapid Spanning Tree Protocol，RSTP）是由 IEEE 在参照 Cisco 制定的新标准的基础上而制定出来的协议，称为 802.1w，它是 802.1d 的扩展版本，可以与 802.1d 共存。802.1w 标准对 802.1d 的 BPDU 做了改动。在 802.1d 中，如果某台交换机在 20s 内没有发现根桥的 BPDU，那么所有交换机将运行 STP，重新选举新的根桥并创建新的拓扑结构。802.1w 将 802.1d 的 BPDU 最大超时时长改成了 6s，如果在 6s 内没有收到来自邻居的 BPDU 消息，就开始重新进行 RSTP 的计算。

RSTP 比较明确地区分了端口状态与端口角色，且其收敛时更多地依赖于端口角色的切换，而 STP 没有明确区分端口状态与端口角色，收敛时主要依赖于端口状态的切换；RSTP 端口状态的切换是一种主动协商，而 STP 端口状态的切换必须被动地等待超时；RSTP 中的非根交换机对 BPDU 的中继具有一定的主动性，而 STP 中的非根交换机只能被动地中继 BPDU。

下面从端口状态、端口类型、边缘端口以及配置等几个方面来学习 RSTP。

1. 端口状态的改变

在 RSTP 中，端口状态由 STP 中的 4 种变成 3 种状态，见表 3-3。

表 3-3 RSTP 与 STP 端口状态的对应关系

RSTP（802.1w）	STP（802.1d）
丢弃（discarding）	阻塞（blocking）
	侦听（listening）
学习（learning）	学习（learning）
转发（forwarding）	转发（forwarding）

从上表可见，RSTP 中的丢弃状态就是 STP 中的阻塞和侦听两种状态。通过更少的状态，提高了网络收敛的速度。

2. 新增端口类型

在 RSTP 中，根桥、根端口、指定端口的概念及功能与 STP 中一样，但新增了两种端口类型：轮换端口和备份端口。

1）轮换端口。当一个交换机拥有两条及两条以上到达根桥的物理路径时，当正在使用的根端口失效时，将快速变成根端口的那个端口。

2）备份端口。当正在使用的指定端口失效时，将快速变成指定端口的那个端口。

如果一个端口收到同一个网桥的更好 BPDU，那么这个端口将成为备份端口。当两个端口被一个点到点链路的一个环路连在一起时，或者当一个交换机有两个或多个到共享局域网段的连接时，一个备份端口才能存在，如图 3-13 所示。

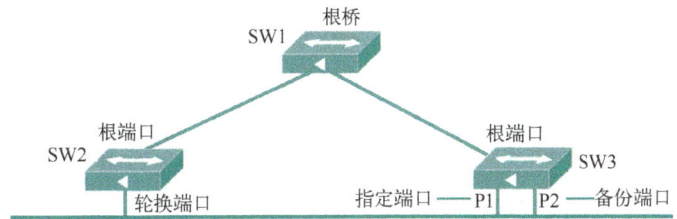

图 3-13　轮换端口与备份端口

在 RSTP 中，上述两种端口是辅助的，未使用端口，是在网络正常运转时就确定好的，一旦原有网络拓扑发生变化，就可以在很短的时间内完成收敛过程，不会像 STP 那样需要花费 30～50s。

3. 边缘端口的改变

边缘端口是指连接到不具备 RSTP 功能的设备（如计算机、路由器等）的端口，也就是交换机上不会连接到另一台交换设备的端口。由于这些设备不可能产生 STP 环路，因此这些端口是不需要通过阻塞来防止环路的。此功能可以使用 Cisco 的命令来启用，在进入某个与 PC 或路由器相连的端口后进行配置，配置命令如下。

```
2950-24(config-if)#spanning-tree portfast

%Warning: portfast should only be enabled on ports connected to a single
host. Connecting hubs, concentrators, switches, bridges, etc… to this
interface when portfast is enabled, can cause temporary bridging loops.
Use with CAUTION
    //这是一个警告提示：边缘端口只能接一个主机，如果接集线器、集中器、交换机、网桥等，
    //当边缘端口属性启用时，将导致环路
%Portfast has been configured on FastEthernet0/3 but will only
have effect when the interface is in a non-trunking mode.
2950-24(config-if)#
```

也可以根据需要将所有端口都设置成启用边缘端口。在全局模式下的设置方法如下。

```
2950-24(config)# spanning-tree portfast default
```

用户如果将某个端口指定为边缘端口，那么当该端口由堵塞状态向转发状态转变时，这个端口可以实现快速转变，而无须等待延迟时间。

用户只能将与终端连接的端口设置为边缘端口，不能将与交换机相连的端口设为边缘端

口,否则将会造成新的环路。

4. 配置 RSTP

根据图 3-14 所示的拓扑,将网络中交换机的生成树协议配置为 RSTP。要使整个网络实现快速收敛,提高网络性能,需要将网络中的所有交换机都配置为 RSTP,同时还需要手工修改 3560 交换机的优先级,使其成为根桥。

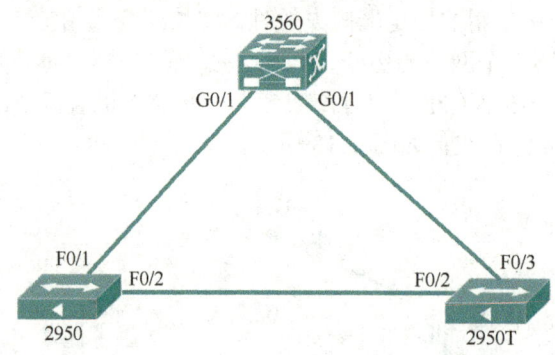

图 3-14 RSTP 配置

在三层交换机 3560 上配置 RSTP。

```
3560(config)#spanning-tree mode rapid-pvst
```

更改交换机的 STP 模式为 Rapid-PVST(这是 Cisco 交换机支持的 RSTP 模式),在更改交换机 STP 模式后,再用 "show spanning-tree" 命令查看生成树信息。

```
3560#show spanning-tree

VLAN0001
  Spanning tree enabled protocol rstp  //可见生成树协议是RSTP了,在未更改前是IEEE
  Root ID    Priority    4097
             Address     0040.0BEC.2749
             Cost        19
             Port        25(GigabitEthernet0/1)
             Hello Time  2 sec  Max Age 20 sec  Forward Delay 15 sec

  Bridge ID  Priority    32769  (priority 32768 sys-id-ext 1)
             Address     0002.1638.DC61
             Hello Time  2 sec  Max Age 20 sec  Forward Delay 15 sec
             Aging Time  20

Interface        Role Sts Cost      Prio.Nbr Type
---------------- ---- --- --------- -------- --------------------------------
Gi0/2            Desg FWD 19        128.26   P2p
```

要使整个网络实现快速收敛,需要按同样的方法将交换机 2950 和 2950T 都配置 RSTP。然后,修改交换机 3560 的优先级,使其成为根桥。

```
3560(config)#spanning-tree vlan 1 priority 4096
```

VLAN0001

```
Spanning tree enabled protocol rstp
Root ID    Priority    4097
           Address     0002.1638.DC61
           This bridge is the root
//可见此交换机已成为根桥，因为它与2950-24交换机的优先级同为4096时，其MAC更小
           Hello Time  2 sec  Max Age 20 sec  Forward Delay 15 sec
Bridge ID  Priority    4097   (priority 4096 sys-id-ext 1)
           Address     0002.1638.DC61
           Hello Time  2 sec  Max Age 20 sec  Forward Delay 15 sec
           Aging Time  20

Interface          Role Sts Cost      Prio.Nbr Type
---------------- ---- --- --------- -------- --------------------------------
Gi0/1              Altn FWD 19        128.25   P2p
Gi0/2              Desg FWD 19        128.26   P2p
```

【任务实施】

根据七彩数码集团总部和分部局域网的不同情况，在设计时需要充分考虑其可扩展性、可靠性、易维护性及高性能需求。针对重庆分部局域网采用核心层和接入层两层的设计方案，网络拓扑如图3-15中加框部分所示。要求完成重庆分部局域网内设备的配置（北京总部和上海分部局域的配置根据具体网络部署情况，参考重庆分部完成）。

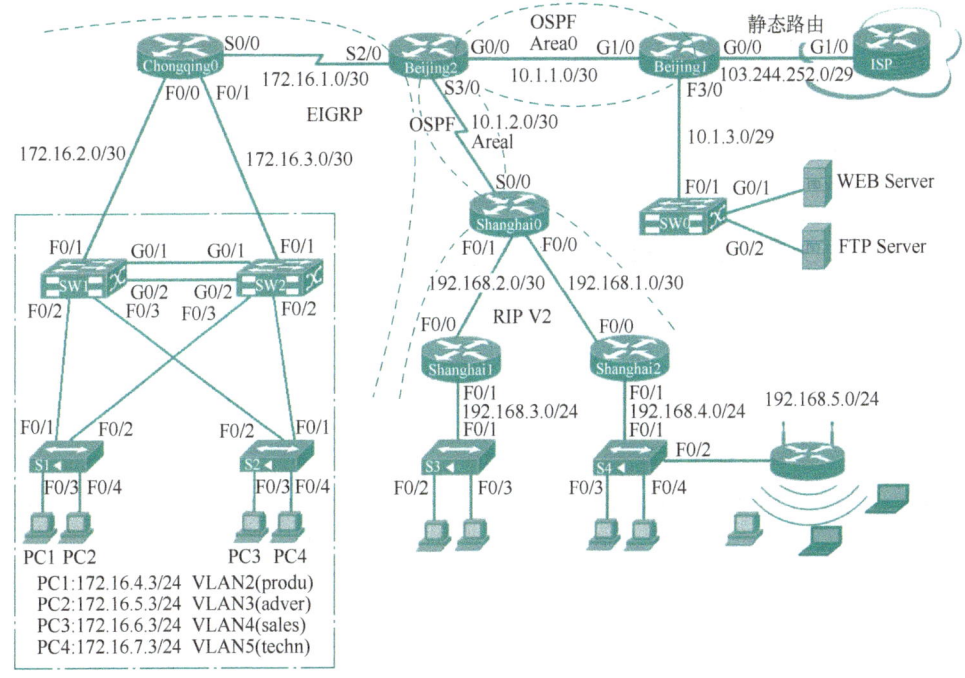

图 3-15　配置交换机

主要实施步骤如下所示。

第1步：在交换机S1上配置VLAN。

第2步：在交换机S1上将端口划分到VLAN。

第3步：配置交换机间的Trunk链路。

第 4 步：配置每台交换机的管理 IP 地址。
第 5 步：配置 VLAN 中继协议。
第 6 步：在交换机 S2 上将端口划分到 VLAN。
第 7 步：实现 VLAN 间的路由功能。
第 8 步：在交换机上开启 RSTP。
第 9 步：配置 RSTP 负载均衡。
第 10 步：配置边缘端口。
第 11 步：测试网络的连通性。

1. 在交换机 S1 上配置 VLAN

```
Switch#conf t
Switch(config)#host S1
S1(config)#vlan 2
S1(config-vlan)#name produ
S1(config-vlan)#vlan 3
S1(config-vlan)#name adver
S1(config-vlan)#vlan 4
S1(config-vlan)#name sales
S1(config-vlan)#vlan 5
S1(config-vlan)#name techn
```

2. 在交换机 S1 上将端口划分到 VLAN

```
S1(config)#int f0/3
S1(config-if)#switchport access vlan 2
S1(config-if)#int range f0/4-6
S1(config-if-range)#switchport access vlan 3
S1(config-if-range)#exit
S1(config)#int range f0/7-12
S1(config-if-range)#switchport access vlan 4
S1(config-if-range)#exit
S1(config)#int range f0/13-18
S1(config-if-range)#switchport access vlan 5
```

3. 配置交换机间的 Trunk 链路

在交换机 S1 的端口上配置 Trunk 模式。

```
S1(config)#interface range f0/1-2
S1(config-if-range)#switchport mode trunk
S1(config-if-range)#switchport nonegotiate
S1(config-if-range)#switchport trunk allowed vlan 1-5
```

在交换机 S2 的端口上配置 Trunk 模式。

```
Switch#conf t
Switch(config)#host S2
S2(config)#int range f0/1-2
S2(config-if-range)#switchport mode trunk
```

```
S2(config-if-range)#switchport nonegotiate
S2(config-if-range)#switchport trunk allowed vlan 1-5
```

在交换机 SW1 的端口上配置 Trunk 模式。

```
Switch#conf t
Switch(config)#host SW1
SW1(config)#int range f0/2-3
SW1(config-if-range)#switchport trunk encapsulation dot1q
SW1(config-if-range)#switchport mode trunk
SW1(config-if-range)#switchport nonegotiate
SW1(config-if-range)#switchport trunk allowed vlan 1-5
SW1(config-if-range)#exit
SW1(config)#int range g0/1-2
SW1(config-if-range)#switchport trunk encapsulation dot1q
SW1(config-if-range)#switchport mode trunk
SW1(config-if-range)#switchport nonegotiate
SW1(config-if-range)#switchport trunk allowed vlan 1-5
```

在交换机 SW2 的端口上配置 Trunk 模式。

```
Switch#conf t
Switch(config)#host SW2
SW2(config)#int range f0/2-3
SW2(config-if-range)#switchport trunk encapsulation dot1q
SW2(config-if-range)#switchport mode trunk
SW2(config-if-range)#switchport nonegotiate
SW2(config-if-range)#switchport trunk allowed vlan 1-5
SW2(config-if-range)#exit
SW2(config)#int range g0/1-2
SW2(config-if-range)#switchport trunk encapsulation dot1q
SW2(config-if-range)#switchport mode trunk
SW2(config-if-range)#switchport nonegotiate
SW2(config-if-range)#switchport trunk allowed vlan 1-5
```

4. 配置每台交换机的管理 IP 地址

在交换机 S1 上的配置如下。

```
S1(config)#int vlan 1
S1(config-if)#ip add 172.30.1.1 255.255.255.0
S1(config-if)#no shut
```

在交换机 S2 上的配置如下。

```
S2(config)#int vlan 1
S2(config-if)#ip add 172.30.1.2 255.255.255.0
S2(config-if)#no shut
```

在交换机 SW1 上的配置如下。

```
SW1(config)#int vlan 1
SW1(config-if)#ip add 172.30.1.3 255.255.255.0
SW1(config-if)#no shut
```

在交换机 SW2 上的配置如下。

```
SW2(config)#int vlan 1
SW2(config-if)#ip add 172.30.1.4 255.255.255.0
SW2(config-if)#no shut
```

5. 配置 VLAN 中继协议

由于在上一个项目中，为测试 EIGRP 的配置情况，对交换机 SW1 和 SW2 都做了 VLAN 配置，导致这两个交换机的修正号比较高，可通过将其配置为 Transparent 模式将修正号改为 0，否则，在交换机 S1 上配置的 VLAN 信息将会被 SW1 上的 VLAN 影响。在交换机 SW1 和 SW2 上先进行如下配置。

```
SW1#conf t
SW1(config)#vtp domain abc
SW1(config)# vtp mode transparent
SW1(config)#vtp password xyz
SW2#conf t
SW2(config)#vtp domain abc
SW2(config)# vtp mode transparent
SW2(config)#vtp password xyz
```

然后，在交换机 S1 上配置 VTP。

```
S1(config)#vtp domain abc           //配置 VTP 域名为 abc
S1(config)#vtp mode server          //默认为 Server 模式
S1(config)#vtp password xyz         //配置 VTP 口令为 xyz
S1(config)#vtp version 2            //配置 VTP 版本号为 2
S1(config)#vtp pruning              //在 VTP Server 上配置 VTP 裁剪
```

在交换机 S2 上的配置如下。

```
S2(config)#vtp domain abc           //配置 VTP 域名为 abc
S2(config)#vtp mode server          //默认为 Server 模式
S2(config)#vtp password xyz         //配置 VTP 口令为 xyz
S2(config)#vtp version 2            //配置 VTP 版本号为 2
S2(config)#vtp pruning              //在 VTP Server 上配置 VTP 裁剪
```

在交换机 SW1 上的配置如下。

```
SW1(config)#vtp domain abc
SW1(config)#vtp mode client
SW1(config)#vtp password xyz
```

在交换机 SW2 上的配置如下。

```
SW2(config)#vtp domain abc
SW2(config)#vtp mode client
SW2(config)#vtp password xyz
```

配置完成后，查看 VLAN 信息，这里查看的是交换机 SW2 的 VLAN 信息。

```
SW2#show vlan
```

```
VLAN Name                             Status    Ports
---- -------------------------------- --------- -------------------------------
1    default                          active    Fa0/1, Fa0/4, Fa0/5, Fa0/6
                                                Fa0/7, Fa0/8, Fa0/9, Fa0/10
                                                Fa0/11, Fa0/12, Fa0/13, Fa0/14
                                                Fa0/15, Fa0/16, Fa0/17, Fa0/18
                                                Fa0/19, Fa0/20, Fa0/21, Fa0/22
                                                Fa0/23, Fa0/24
2    produ                            active
3    adver                            active
4    sales                            active
5    techn                            active
1002 fddi-default                     act/unsup
1003 token-ring-default               act/unsup
...
```

从交换机 SW2 的 VLAN 信息可见，VTP 已生效。

6. 在交换机 S2 上将端口划分到 VLAN

在配置了 VLAN 中继之后，交换机 S2 就可以学习到交换机 S1 上的 VLAN 信息了，现在需要将交换机 S2 上的端口指定到相应的 VLAN 中。

```
S2(config)#int f0/3
S2(config-if)#switchport access vlan 4
S2(config-if)#exit
S2(config)#int range f0/4-6
S2(config-if-range)#switchport access vlan 5
S2(config-if-range)#exit
S2(config)#int range f0/7-16
S2(config-if-range)#switchport access vlan 2
S2(config-if-range)#exit
S2(config)#int range f0/17-20
S2(config-if-range)#switchport access vlan 3
```

7. 实现 VLAN 间的路由功能

实现 VLAN 间路由有 3 种方式，这里根据七彩数码集团网络部署情况，需要采用三层交换机来完成 VLAN 间的路由功能。

由于在"路由配置"项目中，为了测试 EIGRP 的配置情况，已经对三层交换机 SW1 和 SW2 开启了路由功能，并对各 VLAN 配置 SVI 的 IP 地址，所以 VLAN 间已经能通信了。

现在从 PC4 ping PC2，以测试 VLAN 间的路由功能。

```
PC>ping 172.16.5.3

Pinging 172.16.5.3 with 32 bytes of data:
Request timed out.
Reply from 172.16.5.3: bytes=32 time=128ms TTL=127
Reply from 172.16.5.3: bytes=32 time=120ms TTL=127
Reply from 172.16.5.3: bytes=32 time=15ms TTL=127
Ping statistics for 172.16.5.3:
```

```
    Packets: Sent = 4, Received = 3, Lost = 1 (25% loss),
Approximate round trip times in milli-seconds:
    Minimum = 15ms, Maximum = 128ms, Average = 87ms
```

可见，不同的 VLAN 间能够通信。

8. 在交换机上开启 RSTP

根据交换机的根桥选举规则和根端口选举规则，在默认情况下，对网络中的所有 VLAN 来说，其根桥、指定端口和备份端口都是相同的。可以通过 "show spanning-tree vlan 2" 命令来查看交换机上生成树协议的运行情况，以获取网络中的根桥和阻塞端口。

例如，查看在交换机 SW1 上 VLAN 2 的生成树协议信息。

```
SW1#show spanning-tree vlan 2

VLAN0002
  Spanning tree enabled protocol ieee      //默认情况下的生成树协议
  Root ID    Priority     32770             //根桥的优先级为 32770
             Address      000D.BD2B.E5D6
             Cost         19
             Port         3(FastEthernet0/3)
             Hello Time   2 sec  Max Age 20 sec  Forward Delay 15 sec

  Bridge ID  Priority     32770  (priority 32768 sys-id-ext 2)
             Address      00D0.D365.5C61
             Hello Time   2 sec  Max Age 20 sec  Forward Delay 15 sec
             Aging Time   20
Interface        Role Sts Cost      Prio.Nbr Type
---------------- ---- --- --------- -------- ---------------------------
Gi0/2            Altn BLK 4         128.26   P2p       //端口 G0/1 和 G0/2
Gi0/1            Altn BLK 4         128.25   P2p       //为非指定端口并阻塞
Fa0/2            Desg FWD 19        128.2    P2p
Fa0/3            Root FWD 19        128.3    P2p
```

由交换机 SW1 上 VLAN 2 的生成树协议信息可见，VLAN 中运行的生成树协议是 IEEE，即普通的 STP。由于 STP 收敛慢，需要在所有交换机上开启快速生成树协议（RSTP）。

```
S1#conf t
S1(config)#spanning-tree mode rapid-pvst
S2#conf t
S2(config)#spanning-tree mode rapid-pvst
SW1#conf t
SW1(config)#spanning-tree mode rapid-pvst
SW2#conf t
SW1(config)#spanning-tree mode rapid-pvst
```

9. 配置 RSTP 负载均衡

从上面的交换机 SW1 上 VLAN 的生成树协议信息可见，交换机 SW1 的两个端口 G0/1 和 G0/2 为非指定端口，处于阻塞状态，这明显是不合理的。

在七彩数码集团网络中，需要将两台三层交换机 SW1 和 SW2 设置为不同 VLAN 的根桥，以实现 RSTP 负载均衡。其配置方法是为每个 VLAN 在交换机上指定优先级值，优先级值最小的作为该 VLAN 的根桥。

在交换机 SW1 上的配置如下。

```
SW1#conf t
SW1(config)#spanning-tree vlan 2-3 priority 4096
//指定VLAN 2 和VLAN 3 在交换机SW1 上的优先级值为4096，SW1 为VLAN 2 和VLAN 3 的根桥
SW1(config)#spanning-tree vlan 4-5 priority 8192
//指定VLAN 4 和VLAN 5 在交换机SW1 上的优先级值为8192，SW1 为VLAN 4 和VLAN 5 的次根桥
```

在交换机 SW2 上的配置如下。

```
SW2#conf t
SW2(config)#spanning-tree vlan 4-5 priority 4096
//指定VLAN 4 和VLAN 5 在交换机SW1 上的优先级值为4096，SW2 为VLAN 4 和VLAN 5 的根桥
SW2(config)#spanning-tree vlan 2-3 priority 8192
//指定VLAN 2 和VLAN 3 在交换机SW1 上的优先级值为8192，SW2 为VLAN 2 和VLAN 3 的次根桥
```

配置完成后，在交换机上查看 RSTP 信息，可以发现交换机 SW1 是 VLAN 2 和 VLAN 3 的根桥，交换机 SW2 是 VLAN 4 和 VLAN 5 的根桥。

```
SW1#show spanning-tree vlan 2

VLAN0002
  Spanning tree enabled protocol rstp
  Root ID    Priority    4098
             Address     00D0.D365.5C61        //根桥的MAC 地址
             This bridge is the root
             Hello Time  2 sec  Max Age 20 sec  Forward Delay 15 sec

  Bridge ID  Priority    4098  (priority 4096 sys-id-ext 2)
             Address     00D0.D365.5C61        //与根桥MAC 地址相同，即为根桥
             Hello Time  2 sec  Max Age 20 sec  Forward Delay 15 sec
             Aging Time  20

Interface       Role Sts Cost      Prio.Nbr Type
--------------- ---- --- --------- -------- --------------------------------
Gi0/1           Desg FWD 4         128.25   P2p
Gi0/2           Desg FWD 4         128.26   P2p
Fa0/2           Desg FWD 19        128.2    P2p
Fa0/3           Desg FWD 19        128.3    P2p
```

使用同样的方法，可以查看其他交换机和其他 VLAN 的 RSTP 信息。

10. 配置边缘端口

由于交换机 S1 和 S2 中的某些端口只用于连接计算机，因此可以将这些端口设置为边缘端口。

```
S1(config)#int range f0/3-24
S1(config-if-range)#spanning-tree portfast
S2(config)#int range f0/3-4
S2(config-if-range)#spanning-tree portfast
```

11. 测试网络的连通性

从 PC2 ping 北京总部路由器 Beijing2，查看网络的连通性。

```
PC>ping 172.16.1.1

Pinging 172.16.1.1 with 32 bytes of data:
Reply from 172.16.1.1: bytes=32 time=120ms TTL=253
Reply from 172.16.1.1: bytes=32 time=124ms TTL=253
Reply from 172.16.1.1: bytes=32 time=30ms TTL=253
Reply from 172.16.1.1: bytes=32 time=140ms TTL=253
Ping statistics for 172.16.1.1:
    Packets: Sent = 4, Received = 4, Lost = 0 (0% loss),
Approximate round trip times in milli-seconds:
    Minimum = 30ms, Maximum = 140ms, Average = 103ms
```

从 ping 测试的结果可见，连通性正常。

【考赛点拨】

本任务内容涉及认证考试和全国职业院校技能竞赛的相关要求如下。

1. 认证考试

关于交换机配置的认证考试主要有华为、锐捷、思科等公司认证，以及 1+X 证书考试。这里列出了这些认证考试中关于交换机配置的要求。

- 描述 VLAN 如何创建逻辑分隔的网络，以及在这些逻辑分隔的网络之间进行路由的需求。
- 配置并核实 VLAN。
- 配置并核实 VLAN 间路由、封装，配置 SVI。
- 配置并核实 VTP。
- 排查并解决 VLAN 问题，确认 VLAN 已配置、端口正确、IP 地址已配置。
- 解决 Trunking 问题，改正 Trunk 状态、封装正确配置。
- 配置并核实 PVSTP 操作，描述根桥、生成树协议。
- 认识进阶的交换技术 RSTP。

2. 技能竞赛

在网络设备竞赛操作模块中，需要掌握的关于交换机配置的内容包括 VLAN 配置、VLAN 间路由、VLAN 中继、RSTP 及负载均衡等。在每次竞赛中，划分 VLAN、实现跨交换机不同 VLAN 间通信、STP/RSTP 及负载均衡基本上都是必考题目，特别是用 RSTP 解决二层环路问题，是竞赛内容的重中之重。

任务 3.2 配置 HSRP

【任务描述】

在企业的局域网中，当一台作为网关的路由器或交换机出现故障

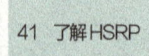

41 了解HSRP

时，主机没有办法自动切换网关，无法保障网络的正常通信，所以诞生了双机备份协议 HSRP，它可以实现网关备份，当运行的设备出现故障就会自动切换到备份状态的设备。因此，HSRP 是企业级网络网关的故障冗余服务。在七彩数码集团的各局域网络中，可通过配置 HSRP 确保网络的正常通信。

【任务分析】

作为网建公司的网络设计和部署项目组的成员，要完成本任务的工作，需要具备以下关于 HSRP 的相关技能。

➢ 了解 HSRP 的相关术语。
➢ 理解 HSRP 的工作过程。
➢ 掌握 HSRP 的配置方法。

【知识储备】

3.2.1 了解 HSRP 的相关术语

HSRP（Hot Standby Router Protocol，热备份路由协议）的作用是解决网关故障问题，提高网关的冗余性，并可以实现不同 VLAN 间的负载均衡。实现 HSRP 的前提是系统中有多台路由器组成一个热备组，这个热备组就是一个虚拟路由器。HSRP 的工作原理如图 3-16 所示。

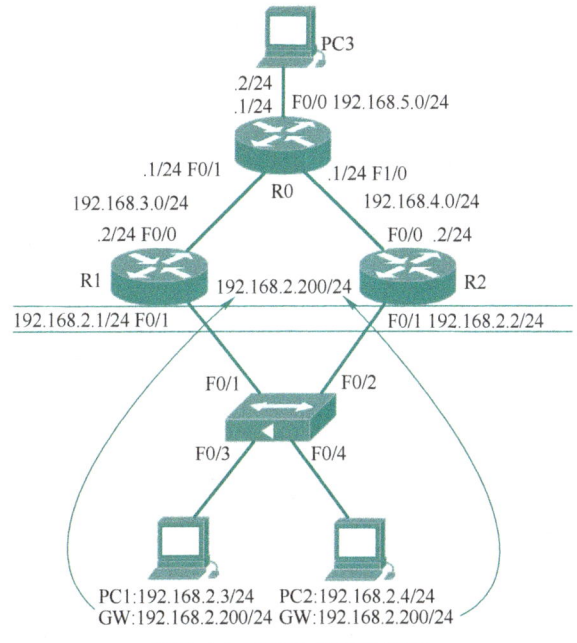

图 3-16　HSRP 的工作原理

1. 虚拟路由器

虚拟路由器（Virtual Router）是由参与到热备组中的路由器组成的，它有自己的虚拟 IP 地址和虚拟 MAC 地址。这个虚拟的 MAC 地址不是参与到热备组中各路由器中的任何一个端口的 MAC 地址，而是有固定格式的。

在 HRSP v1 中，虚拟地址的格式是"厂商编码+07.ac+组号"，例如 Cisco 的路由器，其厂商编码为 0000.oc，HRSP v1 组号的取值范围是十六进制的 00～ff，这里假设组号为 47，那么整个虚拟 MAC 地址就是 0000.0c07.ac47。

在 HRSP v2 中，虚拟地址的格式是"厂商编码+9f.f+组号"，HRSP v2 组号的取值范围是十六进制的 000～fff，假设组号为 d47 且是 Cisco 的路由器，整个虚拟 MAC 地址就是 0000.0c9f.fd47。

2. 活动路由器

在 HSRP 的热备组中，任意一个时刻只有一台路由器处于数据转发状态，这个路由器就是活动路由器（Active Router）。活动路由器负责响应组内主机发送的 ARP 请求并转发到虚拟路由器 MAC 地址的数据包。

3. 备份路由器

备份路由器（Standby Router）根据监听到的周期性 Hello 消息的情况，如果活动路由器发生故障，备份路由器将取代活动路由器进行数据转发。

确定活动路由器和备份路由器主要是通过配置的 HSRP 优先级，如果优先级相同，则比较其 IP 地址的大小，IP 地址大的为活动路由器。优先级值的范围是 0～255，默认是 100。

4. 其他路由器

在一个 HSRP 热备组中，可以有多台路由器，但只有一台活动路由器和一台备份路由器，其他路由器都处于监听状态。在配置了抢占功能的条件下（默认情况下是没有配置抢占功能的），当活动路由器失效，按抢占规则，备份路由器转变为活动路由器，其他路由器成为备份路由器。

3.2.2 HSRP 的工作过程

HSRP 的工作过程包含了 6 种工作状态的转换。

1. Initial 状态

Initial 状态是 HSRP 启动时的状态。此时 HSRP 还没有运行，一般是在改变路由器配置或端口刚打开时进入的状态。

2. Learn 状态

在 Learn 状态时，热备组路由器还未设定虚拟 IP 地址，并等待从本组活动路由器发出的认证 Hello 分组中学习得到自己的虚拟 IP 地址。

3. Listen 状态

在 Listen 状态时，热备组路由器已得知或设置了虚拟 IP 地址，通过监听 Hello 分组监视活动路由器和备份路由器，一旦发现活动/备份路由器长时间未发送 Hello 分组，则进入 Speak 状态，开始竞选。

4. Speak 状态

Speak 状态是参加竞选活动路由器或备份路由器的组员所处的状态，通过发送 Hello 分组，竞选者间相互比较和竞争。

5. Standby 状态

Standby 状态是热备组内备份路由器所处的状态，备份组员监视活动路由器，准备在活动路由器失效时随时接替活动路由器。备份路由器也周期性发送 Hello 分组告诉其他组员自己没有失效。

6. Active 状态

Active 状态是热备组内活动路由器（即负责虚拟路由器实际路由工作的组员）所处的状态。活动路由器周期性发送 Hello 分组告诉其他组员自己没有失效。

3.2.3 HSRP 的配置

下面以图 3-16 所示的拓扑环境为例，来学习 HSRP 的配置过程。

在图 3-16 中，要确保 PC1 和 PC2 能够在路由器 R1 和 R2 出现单点故障时，持续 ping 通 PC3：192.168.5.2/24。

42 配置HSRP

根据图 3-16，在配置 HSRP 时，需要在路由器 R1 和 R2 上启动 HSRP，设置 HSRP 热备组虚拟 IP 地址为 192.168.2.200，并且需要将主机 PC1 和 PC2 的网关 IP 地址设置为 192.168.2.200。

1. 配置路由器

按图 3-16 所示完成三台路由器的配置。路由器 R0 上的配置过程如下。

```
Router#conf t
Router(config)#host R0
R0(config)#interface FastEthernet0/0
R0(config-if)#ip address 192.168.5.1 255.255.255.0
R0(config-if)#no shut
R0(config-if)#interface FastEthernet0/1
R0(config-if)#ip address 192.168.3.1 255.255.255.0
R0(config-if)#no shut
R0(config-if)#interface FastEthernet1/0
R0(config-if)#ip address 192.168.4.1 255.255.255.0
R0(config-if)#no shut
R0(config-if)#router rip          //配置 RIP，确保基本网络的连通性
R0(config-router)#version 2
R0(config-router)#network 192.168.3.0
R0(config-router)#network 192.168.4.0
R0(config-router)#network 192.168.5.0
```

路由器 R1 上的配置过程如下。

```
Router#conf t
Router(config)#host R1
R1(config)#interface FastEthernet0/0
R1(config-if)#ip address 192.168.3.2 255.255.255.0
R1(config-if)#no shut
R1(config-if)#interface FastEthernet0/1
```

```
R1(config-if)#ip address 192.168.2.1 255.255.255.0
R1(config-if)#no shut
R1(config-if)#router rip
R1(config-router)#version 2
R1(config-router)#network 192.168.2.0
R1(config-router)#network 192.168.3.0
R1(config-router)#int f0/1
R1(config-if)#standby 10 ip 192.168.2.200        //设置 HSRP 虚拟 IP 地址
R1(config-if)#standby 10 preempt                 //开启抢占功能（默认是关闭的）
R1(config-if)#standby 10 track f0/0
//设置 HSRP 对端口 F0/0 进行检测，端口 down 时优先级减少 10(默认)
R1(config-if)#standby 10 priority 115
//设置 HSRP 组 10 的优先级为 115（默认为 100），当检测到 F0/0 端口故障后，R1 的优先级将变
//为 115-10=105
```

路由器 R2 上的配置过程如下。

```
Router#conf t
Router(config)#host R2
R2(config)#interface FastEthernet0/0
R2(config-if)#ip address 192.168.4.2 255.255.255.0
R2(config-if)#no shut
R2(config-if)#interface FastEthernet0/1
R2(config-if)#ip address 192.168.2.2 255.255.255.0
R2(config-if)#no shut
R2(config-if)#router rip
R2(config-router)#version 2
R2(config-router)#network 192.168.2.0
R2(config-router)#network 192.168.4.0
R2(config-router)#int f0/1
R2(config-if)#standby 10 ip 192.168.2.200
R2(config-if)#standby 10 preempt
R2(config-if)#standby 10 track f0/0
R2(config-if)#standby 10 priority 110
//R1 上 HSRP 优先级降为 105 后，R2 将转变为活动路由器
```

然后按图 3-16 所示完成计算机的配置，包括 IP 地址和网关地址。

2. 查看 HSRP 配置结果

在路由器 R1 上使用命令 "show standby brief" 查看 HSRP 简单状态。

```
R1#show standby brief
                     P indicates configured to preempt.
                     |
Interface   Grp      Pri P State    Active     Standby       Virtual IP
Fa0/1       10       115 P Active   local      192.168.2.2   192.168.2.200
```

可见，路由器 R1 为热备组 10 的活动路由器，其优先级为 115，备份路由器的 IP 地址为 192.168.2.2，热备组的虚拟 IP 地址为 192.168.2.200。

在路由器 R2 上查看 HSRP 简单状态。

```
R2#show standby brief
                       P indicates configured to preempt.
                      |
Interface   Grp       Pri P State    Active        Standby       Virtual IP
Fa0/1       10        110 P Standby  192.168.2.1   local         192.168.2.200
```

可见，路由器 R2 的身份是备份路由器（Standby）。

3. 路由跟踪

在 PC1 上，使用 "tracert 192.168.5.2" 命令，跟踪测试到 192.168.5.2 的路由。

```
C:\>tracert 192.168.5.2

Tracing route to 192.168.5.2 over a maximum of 30 hops:
    1  12 ms  6 ms  21 ms  192.168.2.1
    2  16 ms  14 ms  26 ms  192.168.3.1
    3  18 ms  15 ms  14 ms  192.168.5.2
```

测试结果表明，流量是经过主路由器的 IP 地址（即 192.168.2.1）进行转发的。

```
C:\>ping 192.168.5.2

Pinging 192.168.5.2 with 32 bytes of data:
Reply from 192.168.5.2: bytes=32 time<1ms TTL=126
Reply from 192.168.5.2: bytes=32 time<1ms TTL=126
Reply from 192.168.5.2: bytes=32 time<1ms TTL=126
Reply from 192.168.5.2: bytes=32 time<1ms TTL=126
```

可见，从 PC1 能 ping 通 PC3。

4. 测试故障切换功能

为了测试 HSRP 的故障切换功能，可以把 R1 上的 F0/0 端口 shutdown（阻塞）后，再查看 HSRP 状态。

```
R1(config)#int f0/0
R1(config-if)#shut
```

再在 PC1 上使用 "tracert 192.168.5.2" 命令，跟踪测试到 192.168.5.2 的路由。

```
C:\>tracert 192.168.5.2

    Tracing route to 192.168.5.2 over a maximum of 30 hops:
    1  13 ms  8 ms  20 ms  192.168.2.2
    2  14 ms  16 ms  23 ms  192.168.4.1
    3  17 ms  15 ms  19 ms  192.168.5.2
```

测试结果表明，流量是经过主路由器的 IP 地址（即 192.168.2.2）进行转发的。
再从 PC1 ping PC3，也同样可以 ping 通。可见，所配置的 HSRP 实现了故障自动切换的功能。现在查看路由器 R2 的 HSRP 状态。

```
R2#show standby brief
                       P indicates configured to preempt.
                      |
```

```
Interface    Grp      Pri P State      Active    Standby       Virtual IP
Fa0/1        10       110 P Active     local     192.168.2.1 192.168.2.200
```

现在路由器 R2 的身份变成活动路由器（Active），备份路由器（Standby）为 192.168.2.1，也就是路由器 R1 变成备份路由器。

【任务实施】

为进一步提升七彩数码集团重庆分部的网络可靠性，网建公司的网络设计和部署项目组项目经理李明决定，在两台核心三层交换机上使用 HSRP 技术为各个 VLAN 中的主机提供冗余网关。任务实施拓扑如图 3-17 中的加框部分所示。主要实施步骤如下。

第 1 步：配置 HSRP。

第 2 步：配置 HSRP 优先级和抢占功能。

第 3 步：配置端口跟踪。

第 4 步：HSRP 验证。

第 5 步：测试故障切换功能。

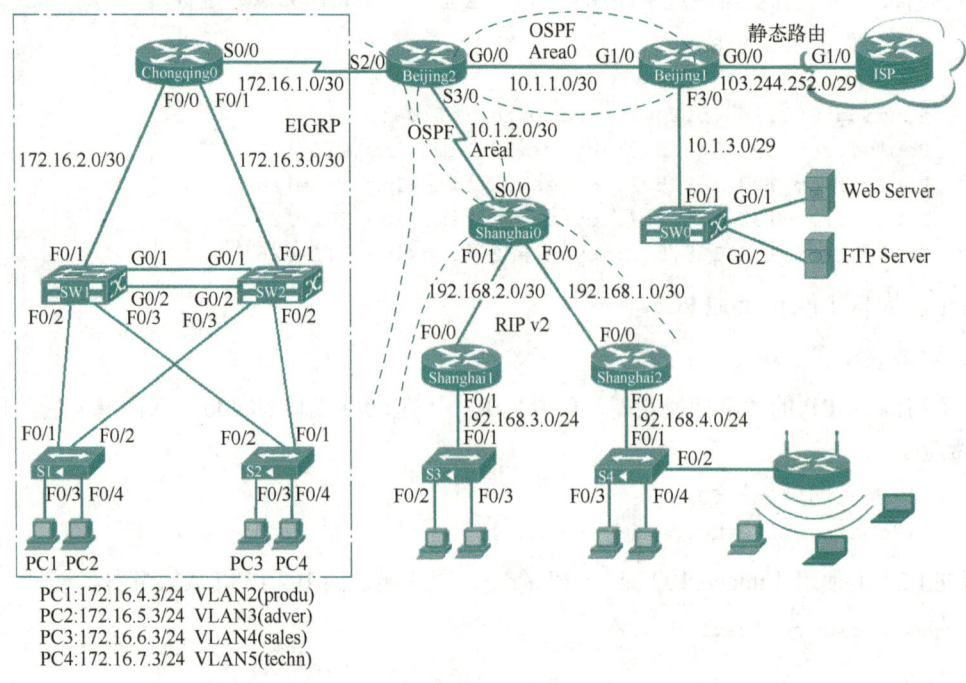

图 3-17　使用 HSRP 提高网络可靠性

1. 配置 HSRP

在交换机 SW1 的每个 VLAN 上配置 HSRP。

```
SW1(config)#int vlan 2                             //对 VLAN 2 配置 HSRP
SW1(config-if)#standby 20 ip 172.16.4.254//HSRP 组号为 20，虚拟 IP 为 172.16.4.254
SW1(config-if)#standby version 2                   //配置 HSRP 版本号为 2
SW1(config-if)#int vlan 3                          //对 VLAN 3 配置 HSRP
SW1(config-if)#standby 30 ip 172.16.5.254//HSRP 组号为 30，虚拟 IP 为 172.16.5.254
SW1(config-if)#standby version 2
```

```
SW1(config-if)#int vlan 4
SW1(config-if)#standby 40 ip 172.16.6.254    //HSRP 组号为 40，虚拟 IP 为 172.16.6.254
SW1(config-if)#standby version 2
SW1(config-if)#int vlan 5
SW1(config-if)#standby 50 ip 172.16.7.254    //HSRP 组号为 50，虚拟 IP 为 172.16.7.254
SW1(config-if)#standby version 2
```

在交换机 SW2 的每个 VLAN 上配置 HSRP。

```
SW2(config)#int vlan 2
SW2(config-if)#standby 20 ip 172.16.4.254
SW2(config-if)#standby version 2
SW2(config-if)#int vlan 3
SW2(config-if)#standby 30 ip 172.16.5.254
SW2(config-if)#standby version 2
SW2(config-if)#int vlan 4
SW2(config-if)#standby 40 ip 172.16.6.254
SW2(config-if)#standby version 2
SW2(config-if)#int vlan 5
SW2(config-if)#standby 50 ip 172.16.7.254
SW2(config-if)#standby version 2
```

2．配置 HSRP 优先级和抢占功能

在前面的任务中将交换机 SW1 配置成了 VLAN 2 和 VLAN 3 的根桥，将交换机 SW2 配置成了 VLAN 4 和 VLAN 5 的根桥。为了确保每个 VLAN 对应的 HSRP 组的活动路由器与相应的根桥位于同一设备，这里在设置 HSRP 的活动路由器时，需要将交换机 SW1 作为 VLAN 2 和 VLAN 3 的活动路由器，将交换机 SW2 作为 VLAN 4 和 VLAN 5 的活动路由器。

在交换机 SW1 上配置 HSRP 优先级和抢占功能。

```
SW1(config)#int vlan 2
SW1(config-if)#standby 20 priority 105
SW1(config-if)#standby 20 preempt
            //将交换机 SW1 作为 VLAN 2 的活动路由器
SW1(config-if)#int vlan 3
SW1(config-if)#standby 30 priority 105
SW1(config-if)#standby 30 preempt
            //将交换机 SW1 作为 VLAN 3 的活动路由器
SW1(config-if)#int vlan 4
SW1(config-if)#standby 40 preempt
SW1(config-if)#int vlan 5
SW1(config-if)#standby 50 preempt
```

在交换机 SW2 上配置 HSRP 优先级和抢占功能。

```
SW2(config)#int vlan 2
SW2(config-if)#standby 20 preempt
SW2(config-if)#int vlan 3
SW2(config-if)#standby 30 preempt
SW2(config-if)#int vlan 4
```

```
SW2(config-if)#standby 40 priority 105
SW2(config-if)#standby 40 preempt
           //将交换机 SW2 作为 VLAN 4 的活动路由器
SW2(config-if)#int vlan 5
SW2(config-if)#standby 50 priority 105
SW2(config-if)#standby 50 preempt
           //将交换机 SW2 作为 VLAN 5 的活动路由器
```

3. 配置端口跟踪

在交换机 SW1 上配置端口跟踪。

```
SW1(config)#int vlan 2
SW1(config-if)#standby 20 track f0/1
           //指定 SW1 的 F0/1 端口为被跟踪端口,如果出现故障,优先级将降低 10,变为 95,低于
           //SW2 上默认的 100,此时 SW2 将转变为 VLAN 1 的活动路由器
SW1(config-if)#int vlan 3
SW1(config-if)#standby 30 track f0/1
           //指定 SW1 的 F0/1 端口为被跟踪端口
```

在交换机 SW2 上配置端口跟踪。

```
SW2(config)#int vlan 4
SW2(config-if)#standby 40 track f0/1
SW2(config-if)#int vlan 50
SW2(config-if)#standby 50 track f0/1
```

4. HSRP 验证

在交换机 SW1 和 SW2 上,使用 "show standby brief" 命令来验证交换机的 HSRP 各个 VLAN 的信息。

```
SW1#show standby brief
                    P indicates configured to preempt.
                    |
Interface Grp Pri P State   Active       Standby      Virtual IP
Vl2       20  105 P Active  local        172.16.4.2   172.16.4.254
Vl3       30  105 P Active  local        172.16.5.2   172.16.5.254
Vl4       40  100 P Standby 172.16.6.2   local        172.16.6.254
Vl5       50  100 P Standby 172.16.7.2   local        172.16.7.254
SW2#show standby brief
                    P indicates configured to preempt.
                    |
Interface Grp Pri P State   Active       Standby      Virtual IP
Vl2       20  100 P Standby 172.16.4.1   local        172.16.4.254
Vl3       30  100 P Standby 172.16.5.1   local        172.16.5.254
Vl4       40  105 P Active  local        172.16.6.1   172.16.6.254
Vl5       50  105 P Active  local        172.16.7.1   172.16.7.254
```

从以上输出可见,SW1 是 VLAN 2 和 VLAN 3 的活动路由器,是 VLAN 4 和 VLAN 5 的备

份路由器，SW2 是 VLAN 2 和 VLAN 3 的备份路由器，是 VLAN 4 和 VLAN 5 的活动路由器。

5. 测试故障切换功能

先从 PC1 ping 到路由器 Chongqing0 的 S0/0 端口。

```
C:\>ping 172.16.1.2
Pinging 172.16.1.2 with 32 bytes of data:
Request timed out.
Reply from 172.16.1.2: bytes=32 time<1ms TTL=254
Reply from 172.16.1.2: bytes=32 time<1ms TTL=254
Reply from 172.16.1.2: bytes=32 time<1ms TTL=254
```

可见，连通性正常。

然后，为了测试 HSRP 的故障切换功能，可以把 SW1 上的 F0/1 端口关闭（shutdown）后，再查看 HSRP 状态。

```
R1(config)#int F0/1
R1(config-if)#shut
```

再在交换机 SW1 上使用"show standby brief"命令查看 HSRP 状态。

```
SW1#show standby brief
                     P indicates configured to preempt.
                     |
Interface Grp Pri P State   Active      Standby     Virtual IP
Vl2       20  95  P Standby 172.16.4.2  local       172.16.4.254
Vl3       30  95  P Standby 172.16.5.2  local       172.16.5.254
Vl4       40  100 P Standby 172.16.6.2  local       172.16.6.254
Vl5       50  100 P Standby 172.16.7.2  local       172.16.7.254
SW2#show standby brief
                     P indicates configured to preempt.
                     |
Interface Grp Pri P State   Active      Standby     Virtual IP
Vl2       20  100 P Active  local       172.16.4.2  172.16.4.254
Vl3       30  100 P Active  local       172.16.5.2  172.16.5.254
Vl4       40  105 P Active  local       172.16.6.1  172.16.6.254
Vl5       50  105 P Active  local       172.16.7.1  172.16.7.254
```

可见，交换机 SW1 是 VLAN 2、VLAN 3、VLAN 4 和 VLAN 5 的备份路由器，而交换机 SW2 转变成了 VLAN 2、VLAN 3、VLAN 4 和 VLAN 5 的活动路由器。

再从 PC1 ping 到路由器 Chongqing0 的 S0/0 端口。

```
C:\>ping 172.16.1.2

Pinging 172.16.1.2 with 32 bytes of data:
Request timed out.
Reply from 172.16.1.2: bytes=32 time<1ms TTL=254
Reply from 172.16.1.2: bytes=32 time<1ms TTL=254
Reply from 172.16.1.2: bytes=32 time<1ms TTL=254
```

可见,连通性仍然正常。

【考赛点拨】

本任务内容涉及认证考试和全国职业院校技能竞赛的相关要求如下。

1. 认证考试

关于交换机配置的认证考试主要有华为、锐捷、思科等公司认证,以及 1+X 证书考试。这里列出了这些认证考试中关于交换机配置的要求。

- 描述虚拟路由器、活动路由器、备份路由器。
- 核实 HSRP 的工作过程。
- 配置并核实 HSRP 的配置:虚拟 IP 地址、抢占功能、优先级、HSRP 验证。

2. 技能竞赛

由于 HSRP 是思科的私有协议,因此在网络设备竞赛操作模块中一般不会出现 HSRP 的试题。但是,作为与 HSRP 功能相同的 VRRP,需要掌握的内容包括 VRRP 配置,包括在每个交换机上为各 VLAN 设置 VRRP、配置 VRRP 虚拟 IP 地址、开启抢占功能、设置 VRRP 组优先级、VRRP 验证等。在每次竞赛中,无论在三层交换机还是在路由器上,实现 VRRP 都是必考内容,特别是抢占功能、优先级的配置。

项目 4　局域网配置与管理

 学习目标

【知识目标】

　　了解无线网络的优点、拓扑、标准等。
　　掌握无线网络安全配置方法。
　　掌握无线路由器的配置方法。
　　了解 DHCP 在局域网中的作用。
　　理解 DHCP 的工作过程。
　　掌握 DHCP 的基本配置方法。
　　掌握 DHCP 中继的配置方法。

【能力目标】

　　能根据需要配置无线局域网。
　　能对无线局域网进行安全配置。
　　能够完成 DHCP 的基本配置。
　　能够在较复杂网络中配置 DHCP。

【素质目标】

　　培养学生对无线网络的规划和设计能力。
　　培养学生信息检索、资料查阅及自主学习能力。
　　培养学生设备操作规范和良好的习惯。
　　培养学生严谨治学的工作态度和工作作风。
　　培养学生运用知识解决实际问题的能力。

项目简介

　　如何才能既轻松高效地完成局域网内用户的上网需求，又能确保后期的应用维护变得简单方便，这是在局域网的组建阶段需要实现的目标。网建公司的网络设计和部署项目组在项目经理李明的带领下，针对七彩数码集团总部和分部网络的具体情况，计划在局域网中部署无线路由器并配置 DHCP，以实现集团内局域网施工快捷、管理简单、维护方便的需求。

　　项目经理李明根据七彩数码集团网络的具体情况，对整个网络进行了如下的规划。

1）配置无线路由器。
2）配置无线 PC。
3）配置 DHCP。
4）配置 DHCP 中继。
5）配置 DHCP 客户机。

　　本项目将围绕图 4-1 所示的网络拓扑完成交换机的配置。

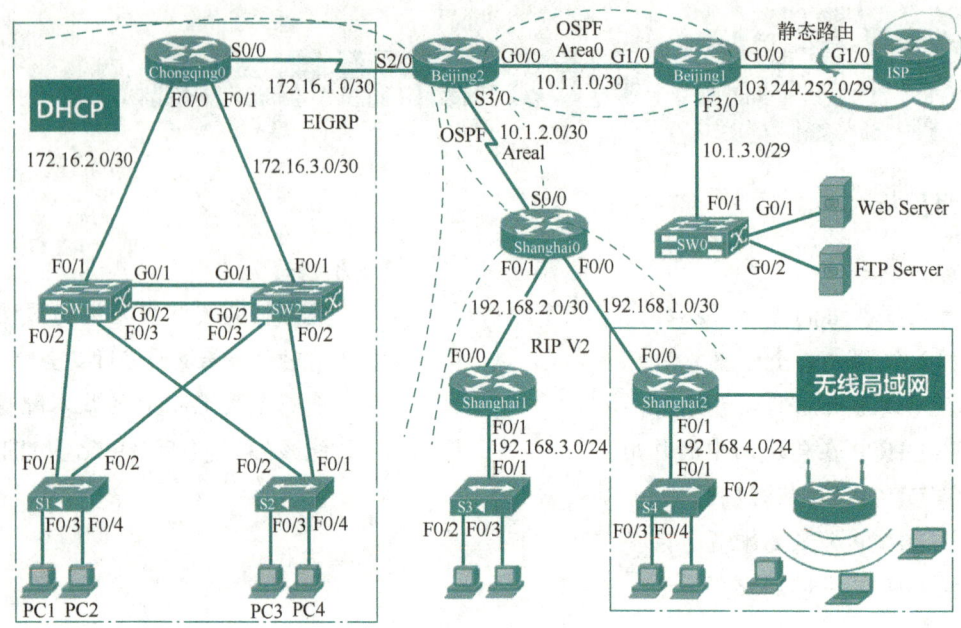

图 4-1 局域网配置

项目意义

随着 WLAN 技术的发展和普及，无线网络已广泛应用在人们工作、学习、休闲娱乐之中。但是，人们更多关注的是无线网络应用的便捷性，而对其安全性往往不够重视。发生在山东聊城的网银"被"转账事件就为人们敲响了一个警钟。在该事件中，黑客利用无线网络，进入个人计算机或手机，窃取了个人账户信息并转走资金。因此，关注无线网络安全并非杞人忧天，而是切实保障个人和企业信息安全的务实之举。

在本项目中，通过学习局域网的配置方法，帮助读者掌握企业中无线局域网以及 DHCP 的安全配置与管理，使得用户方便快捷地应用无线网络的同时，还能避免无线网络引起的安全问题。

任务 4.1 配置无线局域网

【任务描述】

近年来，无线网络已经在企业、医院、商店、工厂和学校等场合得到了广泛的应用。其应用场合包括临时场所、广场展销、会议厅、车站、商场等公共场所，各种不方便架设有线网的场合，以及作为有线网络备份等情况。在七彩数码集团内部的会议室、接待厅等地方使用有线网络很不方便，本任务的目标是完成在七彩数码集团的这些区域部署无线局域网。

【任务分析】

作为网建公司的网络设计和部署项目组的成员，要完成本任务的工作，需要具备关于以下无线局域网的相关知识。
- 了解无线网络的优点、拓扑结构和标准。
- 了解并配置无线局域网安全。
- 了解无线网络组件。
- 掌握家用无线路由器的配置方法。
- 掌握 Cisco LINKSYS 无线路由器的配置方法。

【知识储备】

4.1.1 了解无线网络

随着笔记本计算机、掌上计算机、智能手机等终端的普及，以及互联网络的迅速发展，无线网络的应用也越来越深入人们的生活和工作中。无线局域网可以使用户处在无线网覆盖范围内的任何一个角落，使用手机或笔记本计算机，从容享受网络的乐趣。

无线网络主要包括 WPAN（Wireless Personal Area Network，无线个人区域网）、WLAN（Wireless Local Area Network，无线局域网）、WMAN（Wireless Metropolitan Area Network，无线城域网）和 WWAN（Wireless Wide Area Network，无线广域网）。

在这些无线网络中，使用最多的就是无线局域网，这也是本书的学习重点。

1. 无线局域网的优点

无线网络的使用，可使用户摆脱线缆的束缚，实现自由的移动和漫游。无线局域网具有不受环境的局限，灵活便捷，不影响建筑布局和装修，建网周期短，资金投入少等优点。与有线网络相比，无线网络的主要优点有以下几方面。

1）移动灵活。在无线局域网的服务范围内，无线用户可随时随地进行网络访问。

2）建网简单。组建无线局域网的设备安装简单灵活，并省去了比较复杂的布线过程。在有些不方便布置有线网络的地方，使用无线网络更能显出其独特的优势。

3）易于网络调整。对于有线网络来说，办公地点或网络拓扑的改变通常意味着重新建网，其中重新布线是一个昂贵、费时、浪费和琐碎的过程。无线局域网可以避免或减少以上情况的发生。

4）故障定位容易。有线网络一旦出现物理故障，尤其是线路连接不良造成的网络中断往往很难查明，而且检修线路需要付出很大的代价。无线网络则很容易定位故障，只须更换故障设备即可恢复网络连接。

5）易于扩展。无线局域网有多种配置方式，可以从只有几个用户的小型局域网很快扩展到上千用户的大型网络，并且能够提供节点间"漫游"等有线网络无法实现的特性。

由于无线局域网有以上诸多优点，因此其发展十分迅速。

2. 无线局域网的拓扑结构

无线局域网分为两种拓扑结构：一是对等网络，二是结构化网络。

（1）对等网络

对等网络（Peer to Peer）也称为 Ad-hoc 网络，它覆盖的服务区称为独立基本服务区，用于在一台计算机与其他计算机之间进行无线直接通信。该网络无法接入有线网络，只能独立使用。

（2）结构化网络

结构化网络由无线访问点（Access Point，AP）、无线工作站（STA），以及分布式系统（Distributed System，DSS）构成。覆盖的区域分为基本服务集（Basic Service Set，BSS）和扩展服务集（Extended Service Set，ESS）。无线访问点也称为无线路由器，用于在无线工作站和有线网络之间接收、缓存和转发数据。无线访问点一般能覆盖几十到上百个用户，半径可达百米。

基本服务集由一个无线访问点和与之相关联的无线工作站构成，其中无线工作站与无线访问点的关联采用基本服务集标识符（BSSID）进行；扩展服务集是指由多个无线访问点以及连接它们的分布式系统组成的结构化网络，这多个无线访问点共享同一个扩展服务集标识符（ESSID）。

3. 无线局域网的标准

无线局域网的标准是 IEEE 802.11，IEEE 802.11 又分为 802.11、802.11a、802.11b、802.11g 和 802.11n 几个标准，以及用于无线局域网安全和质量保证的 802.11i 和 802.11e 标准，另外还有欧洲电信标准化协会（ETSI）制定的 Hiper LAN 标准。

（1）IEEE 802.11

IEEE 802.11 是 IEEE 最初制定的一个无线局域网标准，主要用于解决办公室局域网和校园网中用户与用户终端的无线接入，业务主要限于数据访问，速率最高只能达到 2Mbit/s。由于它在速率和传输距离上都不能满足人们的需要，IEEE 802.11 标准被 IEEE 802.11b 所取代了。

（2）IEEE 802.11b

IEEE 802.11b 规定 WLAN 工作频段在 2.4～2.4835GHz，数据传输速率达到 11Mbit/s，最大传输距离为 50m。该标准采用点对点模式和基本模式两种运作模式，在数据传输速率方面可以根据实际情况在 11Mbit/s、5.5Mbit/s、2Mbit/s、1Mbit/s 几种不同速率间自动切换，它改变了 WLAN 设计状况，扩大了 WLAN 的应用领域。

（3）IEEE 802.11a

IEEE 802.11a 标准是 IEEE 802.11b 的后续标准，其设计初衷是取代 802.11b 标准，但是，工作于 2.4GHz 频带是不需要申请的，该频段属于工业、教育、医疗等专用频段，是公开的，而 5.15～8.825GHz 频带是需要申请的。

（4）IEEE 802.11g

IEEE 推出的 IEEE 802.11g 标准，拥有 IEEE 802.11a 的传输速率，安全性较 IEEE 802.11b 好，做到与 802.11a 和 802.11b 兼容。其优点是速度快、传输距离远，缺点是易受干扰。

（5）IEEE 802.11n

IEEE 802.11n 是在 IEEE 802.11g 和 IEEE 802.11a 之上发展起来的，其最大特点是速率的提升，可达到 300Mbit/s（理论速率最高可达 600Mbit/s）。IEEE 802.11n 可工作在 2.4GHz 和 5GHz 两个频段。IEEE 802.11n 采用智能天线技术，其覆盖范围可以达到几平方千米，使 WLAN 的移动性极大提高。

（6）Hiper LAN

Hiper（High Performance Radio）是欧洲电信标准化协会（ETSI）的宽带无线电接入网络（BRAN）小组制定的接入标准，已推出 Hiper LAN1 和 Hiper LAN2。Hiper LAN1 推出时，数据传输速率较低，没有被人们重视；在 2000 年，Hiper LAN2 标准制定完成，Hiper LAN2 标准的最高数据传输速率能达到 54Mbit/s。Hiper LAN2 标准也是目前较完善的 WLAN 协议。

此外，还有一些关于安全（IEEE 802.11i）和传输质量（IEEE 802.11e）等方面的标准。

4.1.2 无线局域网的安全性

无线局域网采用无线传输方式，与有线传输方式不同，任何人都有可能窃听或干扰信息传输。针对无线局域网的安全问题，可采用以下一些方式来加强无线局域网的安全性。

1. 修改默认账号信息

一般的家庭无线网络都是通过一个无线路由器接入有线网络来实现的，通常，这些路由器都内置有一个管理页面工具，利用它可以设置该设备的网络地址及账号等信息。通常，该设备也设有登录界面，需要正确的账户才能登录。相同的无线路由器生产商，默认的登录账号一般都是一样的，如果不修改就会让别有用心的人有机可乘。因此，修改默认登录账号是家庭使用无线网络首先要做的安全措施。

2. 设置加密口令

目前，无线网络中已经有多种加密技术，如 WEP、WPA、WPA2 等。为防止他人轻易进入自己的无线网络，需要为无线网络设置加密口令。WPA2 比 WPA 和 WEP 具有更高的安全性。WEP 加密只提供了 40 位的密钥，比较容易被破解；而 WPA 比 WEP 安全，但也只是 WEP 的改进，没有达到 WPA2 的标准；802.11i 标准提供的 WPA2 加密技术能提供 128 位的密钥，保证了无线网络的安全性问题。

3. 关闭 SSID 广播功能

如果无线网络中开启了 SSID 广播功能，其路由设备会自动向其有效范围内的所有无线网络客户端广播自己的 SSID 号，无线网络客户端接收到这个 SSID 号后，就可利用这个 SSID 号访问这个网络。可见，此功能存在极大的安全隐患。一般在企业环境中，只有为了满足经常变动的无线网络接入端时，才会开启此功能，而作为普通家庭无线网络来说，在相对固定的环境下没有必要开启这项功能。

在关闭 SSID 广播后，对于需要通过无线上网的 PC，通过设置"手动连接到无线网络"即可。

4. 采用静态 IP 地址

针对家庭无线网络用户，如果使用 DHCP 服务来为网络中的客户端动态分配 IP 地址，这样的配置存在着安全隐患。在成员很固定的家庭网络中，建议为网络成员设备分配固定的 IP 地址，然后再在无线路由器上设定允许接入设备的 IP 地址列表。但如果是企业中的无线局域网，由于其上网用户不固定，则一般不便于采用静态 IP 地址的方式。

4.1.3 无线网络的应用

在家庭，以及办公室、会议室、宿舍、广场等公众场合，都比较适合安装无线网络。

1. 应用环境描述

某用户向某 ISP 申请了宽带上网后，由于用户需要接入网络的设备包括 1 台台式机、2 台笔记本计算机、3 个智能手机，以及具有网络功能的电视。而 ISP 向该家庭用户安装的 Modem 只有一个以太网输出接口，无法实现上述多个家庭网络设备的上网需求。

与此类似的情况，对于办公室、会议室、宿舍、广场等公众场合，在只有少量有线以太网输出端口的情况下，无法为多用户提供上网的方便性。

2. 解决方案

购买一个上网使用的无线路由器,然后选择好放置的位置,在兼顾方便的情况下,一般放置在较高的中心位置,减少遮挡,以提高网络接入速度。

3. 接入方法

按图 4-2 所示,将无线路由器的以太网端口与计算机、电视等有线设备相连,其余的无线设备则采用无线方式接入。

 注意:如果是在家庭无线局域网中,无线路由器的 WAN 端口与 Modem 相连,如图 4-2a 所示;如果在办公室、宿舍等其他公众场合,则将无线路由器的 WAN 端口与已部署的普通以太网端口相连,如图 4-2b 所示。

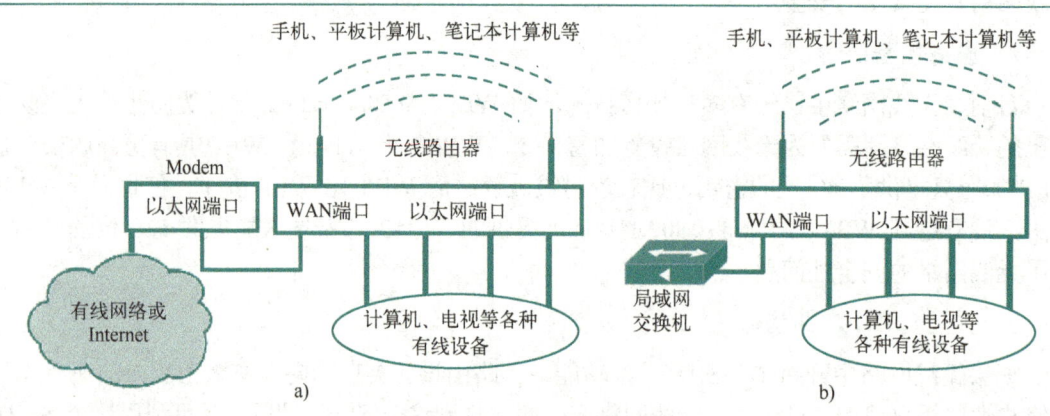

图 4-2 无线路由器接入示意图

a) 家庭无线网络 b) 局域网中的无线网络

【任务实施】

43 无线局域网配置

在七彩数码集团内,办公室、会议室、演播厅、员工宿舍等地方需要上网,如果部署有线网络,不仅施工困难,且后期维护麻烦,同时使用起来也很不方便。因此,网建公司的网络设计和部署项目组项目经理李明根据以往大量的工程经验决定,在这些地方部署无线网络。以在上海分部和一个会议室部署无线网络为例,任务实施拓扑如图 4-3 中方框部分所示。主要实施步骤如下所示。

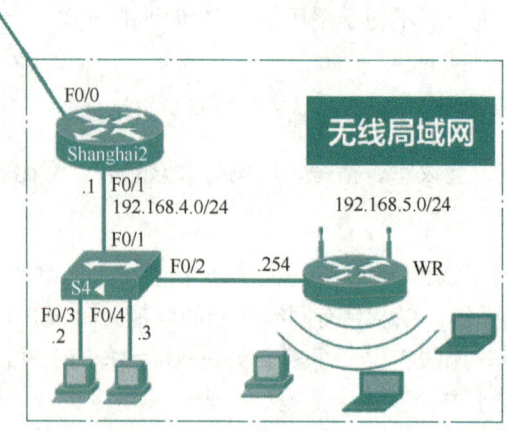

图 4-3 无线网络配置

第 1 步：规划无线路由器的安放位置。
第 2 步：配置无线路由器。
第 3 步：配置无线终端。
第 4 步：无线网络验证。

1. 规划无线路由器的安放位置

无线路由器的安放位置对无线网速的影响比较大，为使无线路由器发出的无线信号能匀称地覆盖用户空间，一般在安放无线路由器时，需要遵循以下一些原则。

1）居中放置原则。在靠近主要使用区域的情况下，尽量居中放置。

2）远离金属阻挡。尽量不要放在屋顶的金属箱内，因为无线信息不能穿透金属。若条件所限必须放置在金属箱内的，也要选购天线外接的产品，对弱电箱打孔引出天线使其暴露在外才行。

3）尽量少隔墙。现在房屋的承重墙多是钢筋混凝土结构的，形成了一道电磁屏蔽网，无线信号穿过时会导致大量信号的衰减。

4）适当远离用户。特别是家庭无线路由器，尽量不要放在床头，建议放置于离人 2m 外的地方。

网建公司的规划设计人员遵循这些放置原则，为不同的环境设计了合适的无线路由器放置位置。

2. 配置无线路由器

在配置 RIP 时，已对路由器 Shanghai2 进行了配置，其中端口 F0/1 的 IP 地址为 192.168.4.1/24。

下面详细讲解无线路由器 WR 的配置过程。

（1）准备工作

准备一台普通计算机，将计算机网卡设置为自动获取 IP 地址，然后用网线将 LINKSYS WRT300N 无线路由器（取名为 WR）的以太网端口与计算机的网卡相连，打开 WR 的电源。

打开计算机的网页浏览器，在地址栏中输入http://192.168.1.1（有些品牌的无线路由器需要输入http://192.168.0.1），然后按〈Enter〉键。

在弹出的对话框中，在"密码"文本框中输入"admin"，"用户名"文本框为空（有些品牌的无线路由器需要输入"admin"作为用户名）。这是 LINKSYS WRT300N 无线路由器默认的用户名和密码。为了确保安全，可以在 Web 设置的"Administration"菜单下修改此密码。

（2）配置过程

在无线路由器 WR 上输入用户名和密码后，进入图 4-4 所示的界面。

在"Config"菜单下，输入无线路由器名。

图 4-4　输入无线路由器名

然后，单击"GUI"菜单，进入"Setup"选项卡，在"Internet Connection type"右边的下

拉列表框中，选择互联网接入类型，如图 4-5 所示。

图 4-5 选择互联网接入类型

在图 4-5 所示的界面中，由于本项目中的无线路由器是在局域网中使用，因此选择"Static IP"选项，然后为因特网地址指定静态 IP192.168.4.254/24，默认网关设置为与此无线路由器最近的路由器入口的 IP192.168.4.1，即 Shanghai2 的 F0/1 端口的 IP 地址，再输入 ISP 的 DNS 地址 202.96.199.133，如图 4-6 所示。

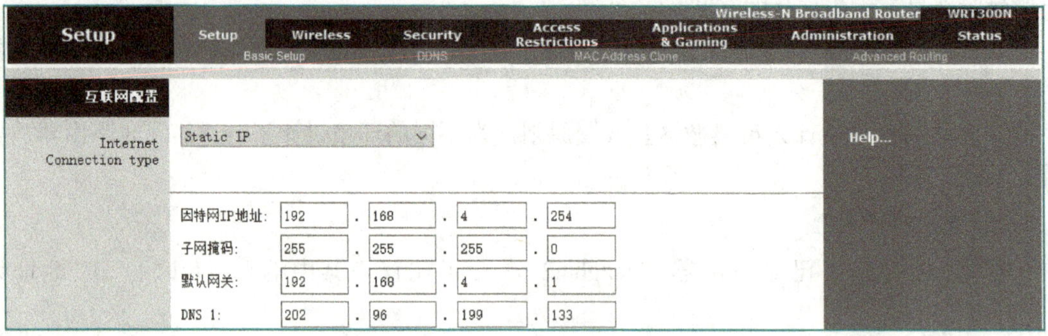

图 4-6 互联网配置

然后，在"网络配置"下的"路由器 IP"中输入 IP 地址 192.168.5.1，并选择子网掩码，这里选了 24 位的掩码；在"DHCP Server Settings"中选择"启用"DHCP 服务器，将起始地址设为 192.168.5.2，最大用户数设为 200。启用 DHCP 服务后，可以使终端设备自动获取 IP 地址，这也是使用无线网络的一大方便之处。设置最大用户数为 200，是因为当前部署的无线网络是一个较大的会议室，需要上网人数最多可达 200 人。具体设置如图 4-7 所示。

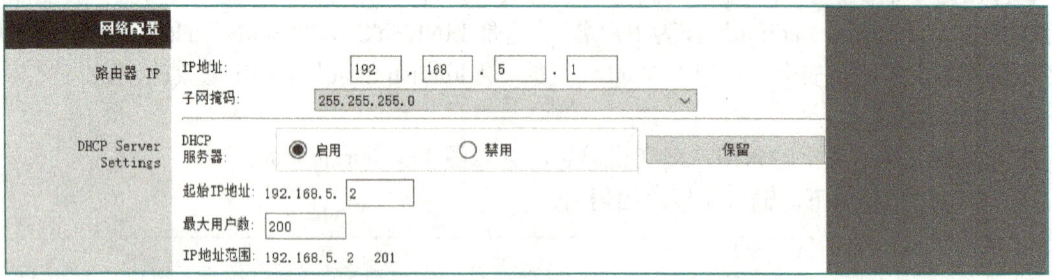

图 4-7 网络配置

在图 4-7 中，"保留"是用于设置保留地址，保留地址用于分配给需要使用固定 IP 地址的设备。设置完后单击下方的"保存配置"按钮。然后，单击"Wireless"选项卡，"Basic Wireless Settings"的设置如图 4-8 所示。

在"网络模式"下拉列表框中，包括 Mixed、802.11b、802.11g、802.11n 等，这里选择"Mixed"混合模式。

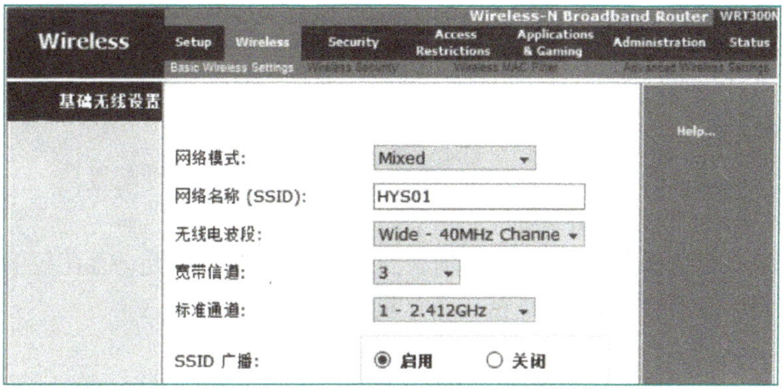

图 4-8 基本无线设置

在"网络名称（SSID）"文本框中，是这台无线路由器的名称，这里是 1#会议室，故命名为"HYS01"。

在"SSID 广播"选区中，有"启用"和"关闭"两个单选按钮，由于使用场所是会议室，是一个公开的环境，不存在严格保密的需要，所以选中"启用"单选按钮，使这个无线路由器覆盖范围内的无线设备都能搜索到这个 SSID 无线网。设置完后单击下方的"保存配置"按钮。然后，选择"Wireless Security"选项，如图 4-9 所示。

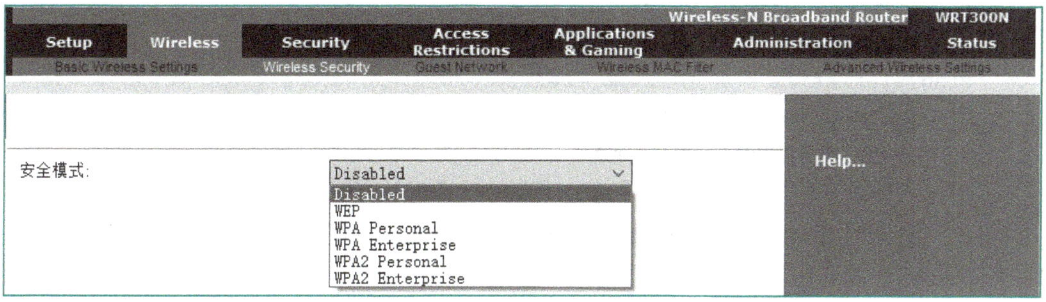

图 4-9 选择安全模式

在图 4-9 所示的安全模式中，WPA2 比 WEP 和 WAP 更加安全。其中，WAP2 Personal 用于个人用户，它有两种加密算法，即 TKIP 和 AES；WPA2 Enterprise 用于与 RADIUS 服务器（认证服务器）协同工作，一般用于企业对用户需要认证、授权和计费时使用，一般的企业都没有使用 RADIUS 服务器认证，那么就只能选 WPA2 Personal 模式。然后，加密方式选择更安全的 AES。这里为 SSID 设置一个初始密码为"00000000"，后面由用户方的管理员来修改这个 SSID 的密码。具体设置如图 4-10 所示。

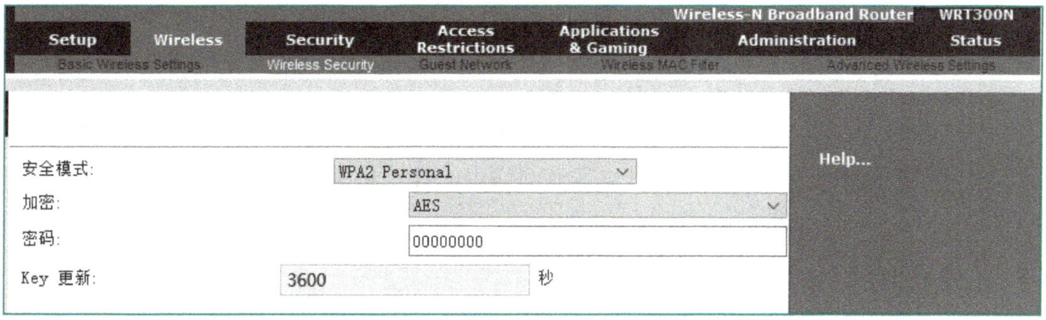

图 4-10 配置无线网络安全

无线网络安全设置完成后,单击下方的"保存配置"按钮。至此,就完成了会议室无线路由器 WR 的基本配置,然后重启无线路由器 WR。

3. 配置无线终端

在对需要使用无线上网的计算机进行配置时,需要进行以下几项配置。

1)IP 地址:采用自动获取 IP 地址的方式。

2)选择 SSID:在选择连接的 SSID 名时,选择"HYS01"(就是前面配置的 SSID 名称)。

3)SSID 密码:输入接入的 SSID 密码,这里输入"00000000"。

4. 无线网络验证

在配置了采用无线上网的计算机上,通过 ping 命令测试到其他端口的连通性。首先测试到图 4-3 中路由器 Shanghai2 的 F0/1 端口的连通性。

```
C:\>ping 192.168.4.1

Pinging 192.168.4.1 with 32 bytes of data:

Request timed out.
Reply from 192.168.4.1: bytes=32 time=16ms TTL=254
Reply from 192.168.4.1: bytes=32 time=17ms TTL=254
Reply from 192.168.4.1: bytes=32 time=12ms TTL=254
Ping statistics for 192.168.4.1:
    Packets: Sent = 4, Received = 3, Lost = 1 (25% loss),
Approximate round trip times in milli-seconds:
    Minimum = 12ms, Maximum = 22ms, Average = 16ms
```

可见,到路由器 Shanghai2 的 F0/1 端口的连通性正常。再测试到图 4-1 中重庆分部的主机 PC1(172.16.4.3)的连通性。

```
C:\>ping 172.16.4.3

Pinging 172.16.4.3 with 32 bytes of data:

Request timed out.
Request timed out.
Request timed out.
Reply from 172.16.4.3: bytes=32 time=23ms TTL=122

Ping statistics for 172.16.4.3:
    Packets: Sent = 4, Received = 1, Lost = 3 (75% loss),
Approximate round trip times in milli-seconds:
    Minimum = 23ms, Maximum = 23ms, Average = 23ms
```

可见,无线局域网内的计算机可以与其他网络中的计算机进行正常通信,无线路由器配置完成。

【考赛点拨】

本任务内容涉及认证考试和全国职业院校技能竞赛的相关要求如下。

1. 认证考试

关于无线网络的认证考试主要有华为、锐捷、思科等公司认证，以及 1+X 证书考试。这里列出了这些认证考试中关于交换机配置的要求。
- 了解无线局域网的拓扑结构和 IEEE 802.11 相关知识点。
- 具备安装、配置、监控无线局域网的能力。
- 小型企业无线网络基础故障排除。

2. 技能竞赛

在网络技术竞赛操作模块中，需要掌握的关于无线局域网的内容包括完成无线环境 AP 点位设计、无线网络配置与实施、无线 WiFi 的应用配置、无线局域网调试等。在每次竞赛中无线局域网都是必考内容，但考题一般不太难。

任务 4.2　配置 DHCP

【任务描述】

DHCP 能够自动地、高效地、可靠地为计算机分配 IP 地址，从而减少管理员手工方式配置 IP 地址效率低下、容易出错并且还不易排查错误的情况发生。在本任务中，要完成七彩数码集团各分部局域网 DHCP 的配置，从而减轻网络管理员的工作量。

【任务分析】

作为网建公司的网络设计和部署项目组的成员，要完成本任务的工作，需要具备以下关于 DHCP 的相关能力。
- 了解使用 DHCP 的优点。
- 理解 DHCP 的工作过程。
- 掌握路由器 DHCP 的配置方法。

【知识储备】

4.2.1　理解 DHCP

1. 了解使用 DHCP 的优点

DHCP（Dynamic Host Configuration Protocol，动态主机配置协议）用于对局域网内部的主机进行集中的管理和 IP 地址分配，使网络环境中的主机动态地获得 IP 地址、网关地址、DNS 服务器地址等信息。

44　DHCP 基础

1）减少网络管理员的工作量。当有大量计算机需要配置地址信息时，如果管理员手工配置其地址与相关参数，需要耗费大量的时间，而使用 DHCP 自动分配地址信息，所耗时间则会大大缩短。

2）减少配置错误。使用 DHCP 可减少手工配置大量地址信息出错的可能性。

2. 了解 DHCP 的工作过程

DHCP 的简单工作过程如图 4-11 所示。

（1）发现阶段

这是 DHCP 客户机寻找 DHCP 服务器的阶段。DHCP 客户机以广播方式（因为 DHCP 服务器的 IP 地址对于客户机来说是未知的）发送 DHCP Discover 发现信息来寻找 DHCP 服务器，即向地址 255.255.255.255 发送特定的广播信息。网络上每一台安装了 TCP/IP 的主机都会接收到这种广播信息，但只有 DHCP 服务器才会做出响应。

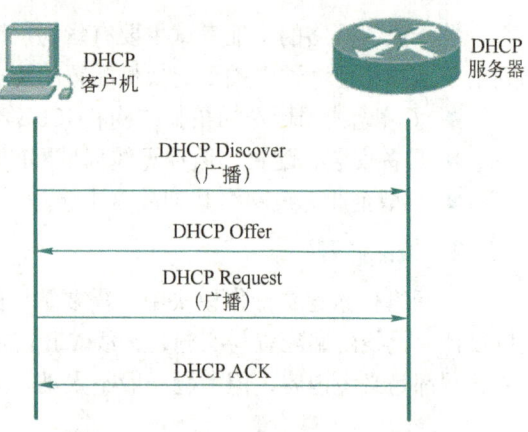

图 4-11　DHCP 的简单工作过程

（2）提供阶段

这是 DHCP 服务器提供 IP 地址的阶段。在网络中接收到 DHCP Discover 的 DHCP 服务器都会从尚未出租的 IP 地址中挑选一个分配给 DHCP 客户机，向 DHCP 客户机发送一个包含出租的 IP 地址和其他设置的 DHCP Offer 提供信息。

（3）选择阶段

这是 DHCP 客户机选择某台 DHCP 服务器提供的 IP 地址的阶段。如果有多台 DHCP 服务器向 DHCP 客户机发来了 DHCP Offer 提供信息，则 DHCP 客户机只接受第一个收到的 DHCP Offer 提供信息，然后它就以广播的方式回答一个 DHCP Request 请求信息，该信息中包含向它所选定的 DHCP 服务器请求 IP 地址的内容。以广播方式回答是为了通知所有的 DHCP 服务器，它所选择的 DHCP 服务器和 IP 地址。

（4）确认阶段

这是 DHCP 服务器确认所提供的 IP 地址的阶段。当 DHCP 服务器收到 DHCP 客户机回答的 DHCP Request 请求信息之后，它便向 DHCP 客户机发送一个包含它所提供的 IP 地址和其他设置的 DHCP ACK 确认信息，告诉 DHCP 客户机可以使用它所提供的 IP 地址。然后，DHCP 客户机便将其 TCP/IP 与网卡绑定。另外，除 DHCP 客户机选中的服务器外，其他的 DHCP 服务器都将收回曾提供的 IP 地址。

（5）重新登录

以后 DHCP 客户机每次重新登录网络时，就不需要再发送 DHCP Discover 发现信息了，而是直接发送包含前一次所分配的 IP 地址的 DHCP Request 请求信息。当 DHCP 服务器收到这一信息后，它会尝试让 DHCP 客户机继续使用原来的 IP 地址，并回答一个 DHCP ACK 确认信息。

如果此 IP 地址已无法再分配给原来的 DHCP 客户机使用时（比如此 IP 地址已被分配给其他 DHCP 客户机使用），则 DHCP 服务器给 DHCP 客户机回答一个 DHCP NACK 否认信息。当原来的 DHCP 客户机收到此 DHCP NACK 否认信息后，它就必须重新发送 DHCP Discover 发现信息来请求新的 IP 地址。

（6）更新租约

DHCP 服务器向 DHCP 客户机出租的 IP 地址一般都有租借期限，期满后 DHCP 服务器便会收回出租的 IP 地址。如果 DHCP 客户机要延长其 IP 租约，则必须更新其 IP 租约。DHCP 客户机启动时和 IP 租约期限达 50%时，就需要重新更新租约，客户机直接向提供租约的服务器发送 DHCP Request 包，要求更新现有的地址租约。如果 DHCP 服务器收到请求包，它将发送 DHCP 确认信息给客户机，更新租约。如果客户机无法与提供租约的服务器取得联系，则客户机一直等到租期的 87.5%时，进入重新申请状态，它向网络上所有的 DHCP 服务器广播 DHCP Discover 包以更新现有的地址租约。如果网络的服务器接受客户机的请求，那么客户机使用该服务器提供的地址信息更新现在的租约。总之，客户机是无法使用剩余租期的 12.5%的。

4.2.2 DHCP 配置

在图 4-12 所示的拓扑中，路由器 R1 为 DHCP 服务器，它要给网络 1 和网络 2 动态分配 IP 地址。

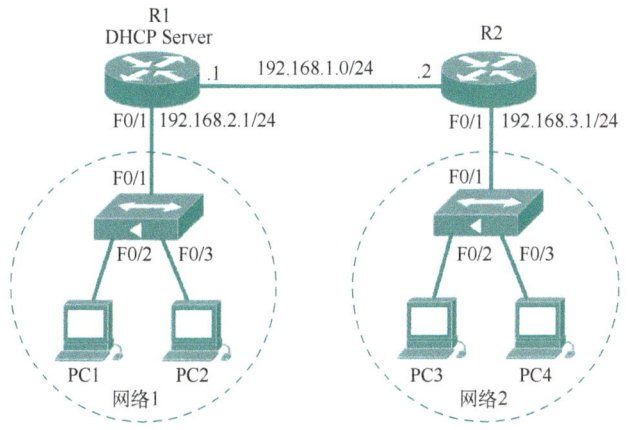

图 4-12　DHCP 中继配置

网络 1 直接与 DHCP 服务器 R1 相连，可以由 R1 直接动态分配 IP 地址，而网络 2 不能直接访问 DHCP 服务器 R1，因此，需要在网络 2 的网关端口上配置一个帮助地址，用于完成 DHCP 中继。

在 R1（DHCP Server）上的配置如下。

```
Router>en
Router#conf t
Router(config)#host R1
R1(config)#int f0/0
R1(config-if)#ip add 192.168.1.1 255.255.255.0
R1(config-if)#no shut
R1(config-if)#int f0/1
R1(config-if)#ip add 192.168.2.1 255.255.255.0
R1(config-if)#no sh
R1(config-if)#exit
R1(config)#ip route 192.168.3.0 255.255.255.0 192.168.1.2
          //用于保证网络的基本连通性
R1(config)# ip dhcp excluded-address 192.168.2.1
R1(config)# ip dhcp excluded-address 192.168.3.1
                    //定义在 DHCP 中不能用于分配的 IP 地址
```

```
R1(config)#ip dhcp pool poolA          //配置 DHCP 地址池，并命名为 poolA
R1(dhcp-config)#network 192.168.2.0 255.255.255.0
                                       //指定分配地址的网段为 192.168.2.0/24
R1(dhcp-config)#default-router 192.168.2.1    //指定网关地址
R1(dhcp-config)#dns-server  114.114.114.114
                //指定 DNS 服务器地址，此地址由各地区、各 ISP 提供，因而不同
DHCP-SERVER(dhcp-config)#lease 8       //配置租约期限为 8 天
R1(dhcp-config)#ip dhcp pool poolB     //配置 DHCP 地址池，并命名为 poolB
R1(dhcp-config)#network 192.168.3.0 255.255.255.0
         //配置 DHCP 分配的网段，此网段是 DHCP 客户机的网关所在的网段，而非本路由器端口所在网段
R1(dhcp-config)#default-router 192.168.3.1
         //配置 DHCP 客户机的网关地址，非本路由器端口地址
R1(dhcp-config)#dns-server  114.114.114.114
DHCP-SERVER(dhcp-config)#lease 8       //配置租约期限为 8 天
R1(dhcp-config)#
```

在 R2 上的配置如下。

```
Router>en
Router#conf t
Router(config)#host R2
R2(config)#int f0/0
R2(config-if)#ip add 192.168.1.2 255.255.255.0
R2(config-if)#no shut
R2(config-if)#int f0/1
R2(config-if)#ip add 192.168.3.1 255.255.255.0
R2(config-if)#no shut
R2(config-if)#exit
R2(config)#ip route 192.168.2.0 255.255.255.0 192.168.1.1
R2(config)#
R2(config)#int f0/1
//在距 DHCP 客户机最近的路由器端口（即网关端口）上配置 DHCP 中继功能
R2(config-if)#ip helper-address 192.168.1.1
//配置帮助地址，此地址是 DHCP 服务器地址，即把网关端口收到的 DHCP Discover 包转发到
//DHCP 服务器 192.168.1.1 上
R2(config-if)#
```

1. 在计算机上的设置

作为 DHCP 客户机的各计算机的配置方法，可按图 4-13 所示设置自动获得 IP 地址及 DNS 等信息。

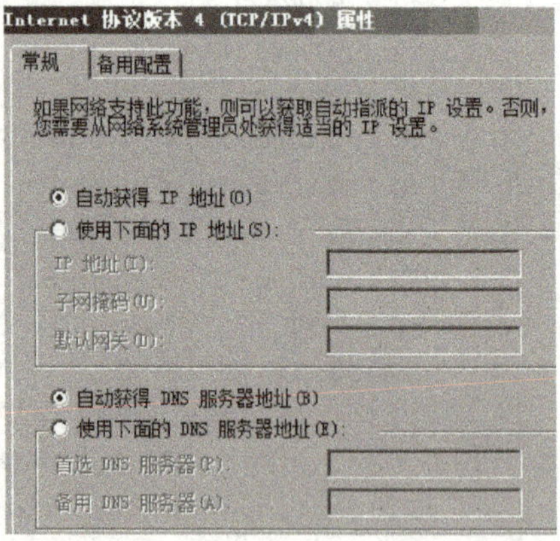

2. 查看 PC 上获得的 IP 地址

在计算机 PC1 上查看（PC1 属于网络 1）。

```
C:\>ipconfig/all

FastEthernet0 Connection:(default port)
Connection-specific DNS Suffix..:
Link-local IPv6 Address.........: ::
```

图 4-13 配置 PC 自动获得 IP 地址

```
    IPv6 Address...................: ::
    IPv4 Address...................: 192.168.2.3
    Subnet Mask....................: 255.255.255.0
    Default Gateway................: :: 192.168.2.1
    …
```

可见，PC1 自动获得了 192.168.2.0 网络的 IP 地址。

在计算机 PC3 上查看（PC3 属于网络 2）。

```
    C:\>ipconfig/all

    FastEthernet0 Connection:(default port)
    Connection-specific DNS Suffix..:
    Link-local IPv6 Address.........: ::
    IPv6 Address...................: ::
    IPv4 Address...................: 192.168.3.3
    Subnet Mask....................: 255.255.255.0
    Default Gateway................: ::192.168.3.1
    …
```

可见，PC3 自动获得了 192.168.3.0 网络的 IP 地址。

3. 测试连通性

从 PC1 ping PC3 的过程如下。

```
    C:\>ping 192.168.3.3

    Pinging 192.168.3.2 with 32 bytes of data:
    Request timed out.
    Reply from 192.168.3.2: bytes=32 time<1ms TTL=126
    Reply from 192.168.3.2: bytes=32 time<1ms TTL=126
    Reply from 192.168.3.2: bytes=32 time=3ms TTL=126
    …
```

可见，网络连通性正常。

【任务实施】

在七彩数码集团中，有大量的主机需要配置 IP 地址，由于采用手工为每台主机配置 IP 地址不但工作量大、使用不灵活，还容易出错，因此网建公司网络设计和部署项目组根据七彩数码集团的应用需求，为集团总部和各分部的主机采用 DHCP 方式动态分配 IP 地址。这里以重庆分部为例来完成 DHCP 的配置。任务实施拓扑如图 4-14 所示。主要实施步骤如下所示。

第 1 步：配置 DHCP。

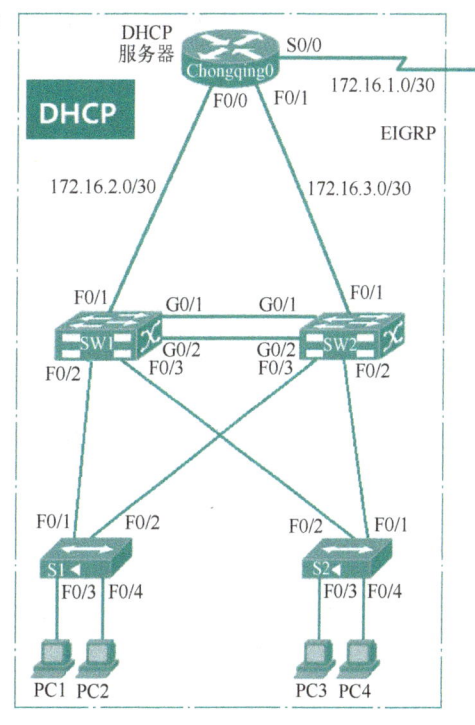

图 4-14　DHCP 的配置

第 2 步：配置 DHCP 中继。

第 3 步：配置 DHCP 客户机。

第 4 步：验证 DHCP 功能。

1. 配置 DHCP

在路由器 Chongqing0 上配置 DHCP。

```
Chongqing0#conf t
Chongqing0(config)#ip dhcp excluded-address 172.16.4.1 172.16.4.2
Chongqing0(config)#ip dhcp excluded-address 172.16.4.254
Chongqing0(config)#ip dhcp excluded-address 172.16.5.1 172.16.5.2
Chongqing0(config)#ip dhcp excluded-address 172.16.5.254
Chongqing0(config)#ip dhcp excluded-address 172.16.6.1 172.16.6.2
Chongqing0(config)#ip dhcp excluded-address 172.16.6.254
Chongqing0(config)#ip dhcp excluded-address 172.16.7.1 172.16.7.2
Chongqing0(config)#ip dhcp excluded-address 172.16.7.254
           //以上配置是排除每个 VLAN 中不可用于分配的 IP 地址
Chongqing0(config)#ip dhcp pool P_vlan2       //定义 DHCP 分配给 VLAN2 的地址池
Chongqing0(dhcp-config)#netw 172.16.4.0 255.255.255.0
Chongqing0(dhcp-config)#default-router 172.16.4.254
Chongqing0(dhcp-config)#dns-server 10.1.3.2  //配置 DNS 服务器地址
Chongqing0(dhcp-config)#lease infinite       //不限制租约期限
Chongqing0(dhcp-config)#exit
Chongqing0(config)#ip dhcp pool P_vlan3       //定义 DHCP 分配给 VLAN3 的地址池
Chongqing0(dhcp-config)#netw 172.16.5.0 255.255.255.0
Chongqing0(dhcp-config)#default-router 172.16.5.254
Chongqing0(dhcp-config)#dns-server 10.1.3.2
Chongqing0(dhcp-config)#lease infinite
Chongqing0(dhcp-config)#exit
Chongqing0(config)#ip dhcp pool P_vlan4       //定义 DHCP 分配给 VLAN4 的地址池
Chongqing0(dhcp-config)#netw 172.16.6.0 255.255.255.0
Chongqing0(dhcp-config)#default-router 172.16.6.254
Chongqing0(dhcp-config)#dns-server 10.1.3.2
Chongqing0(dhcp-config)#lease infinite
Chongqing0(dhcp-config)#exit
Chongqing0(config)#ip dhcp pool P_vlan5       //定义 DHCP 分配给 VLAN5 的地址池
Chongqing0(dhcp-config)#netw 172.16.7.0 255.255.255.0
Chongqing0(dhcp-config)#default-router 172.16.7.254
Chongqing0(dhcp-config)#dns-server 10.1.3.2
Chongqing0(dhcp-config)#lease infinite
Chongqing0(dhcp-config)#exit
```

2. 配置 DHCP 中继

交换机 SW1 上的配置如下。

```
SW1#conf t
SW1(config)#int range vlan2-5
SW1(config-if-range)#ip helper-address 172.16.2.1
```

//将与交换机 SW1 相连的路由器 F0/0 端口的地址配置为帮助地址，用于 DHCP 中继

交换机 SW2 上的配置如下。

```
SW2#conf t
SW2(config)#int range vlan2-5
SW2(config-if-range)#ip helper-address 172.16.3.1
```
//将与交换机 SW2 相连的路由器 F0/1 端口的地址配置为帮助地址，用于 DHCP 中继

3. 配置 DHCP 客户机

DHCP 客户机各 PC 的 IP 地址配置，可按图 4-14 所示设置自动获得 IP 地址及 DNS 等信息。

4. 验证 DHCP 功能

```
C:\>ipconfig

Connection-specific DNS Suffix..:
Link-local IPv6 Address.........: ::
IPv6 Address....................: ::
IPv4 Address....................: 172.16.4.7
Subnet Mask.....................: 255.255.255.0
Default Gateway.................: ::172.16.4.254
Default Gateway.................: :: 10.1.3.2
```

从 PC4 ping PC1 的过程如下。

```
C:\>ping 172.16.4.7

Pinging 172.16.4.7 with 32 bytes of data:
Request timed out.
Request timed out.
Reply from 172.16.4.7: bytes=32 time<1ms TTL=127
Reply from 172.16.4.7: bytes=32 time=14ms TTL=127
…
```

可见，连通性正常。

【考赛点拨】

本任务内容涉及认证考试和全国职业院校技能竞赛的相关要求如下。

1. 认证考试

关于路由器（或三层交换机）DHCP 的认证考试主要有华为、锐捷、思科等公司认证，以及 1+X 证书考试。这里列出了这些认证考试中关于路由器 DHCP 配置的要求。

- 配置并核实 DHCP 工作过程。
- 配置并核实路由器 DHCP 功能。
- 配置路由器端口使用 DHCP。
- 配置路由器 DHCP 选项、禁止分配地址。
- 配置 DHCP 中继代理。

2. 技能竞赛

在竞赛题目中，通过路由器（或三层交换机）实现 DHCP 功能通常会与 VRRP（虚拟路由冗余协议）结合在一起考。通过路由器（或三层交换机）实现 VRRP 后，有时候（因为 DHCP 服务器可以用 Windows 或 Linux 实现，所以在此不一定每年都会考，但此知识点在企业中常用，要求读者熟练掌握）会要求为主机动态分配 IP 地址，这就需要配置路由器（或三层交换机）DHCP 功能。

项目 5　广域网配置与管理

📚 学习目标

【知识目标】
　　了解 NAT 的相关概念和优缺点。
　　掌握动态 NAT 的作用及配置方法。
　　掌握 PAT 的作用及配置方法。
　　掌握静态 NAT 的作用及配置方法。
　　理解 PPP 的特点及身份验证方式。
　　掌握 PPP 验证的配置方法。

【能力目标】
　　能根据实际需要配置网络地址转换功能。
　　能够配置 PPP 封装协议。
　　能够配置 PPP 的两种身份验证方式。

【素质目标】
　　培养学生对企业网接入广域网的规划设计能力。
　　培养学生信息检索、资料查阅及自主学习的能力。
　　培养学生良好的设备操作规范和习惯。
　　培养学生严谨治学的工作态度和工作作风。
　　培养学生运用知识解决实际应用问题的能力。

📖 项目简介

　　在完成七彩数码集团内部网络的基本部署之后，需要实现企业网与广域网的连接，从而使企业总部和各分部可以访问外网，还要使外网用户能访问集团内部的 Web 服务器和 FTP 服务器；同时，为了确保北京总部和各分部之间数据传输的安全性，需要在串行链路上配置 PPP 封装并启用 PPP 安全验证。

　　项目经理李明根据七彩数码集团网络的部署情况，对七彩数码集团北京总部的边界路由器 Beijing1 设计了配置 NAT 的规划，同时还规划对北京总部和各分部间的串行链路配置 PPP 封装及启动安全验证方式。网络拓扑如图 5-1 所示。

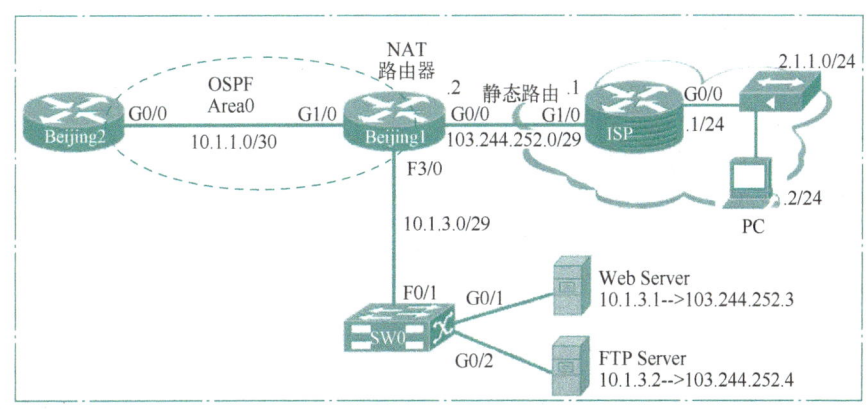

图 5-1　广域网配置

1）配置静态 NAT。
2）配置 PAT。

3）配置 PPP。

4）配置 PPP 安全验证。

本项目将围绕图 5-1 所示的网络拓扑完成广域网的配置。

项目意义

在企业的发展过程中，及时了解本行业及与本行业有关的发展动态对于企业的发展至关重要。将企业网络与互联网互联，可以实现高效快捷的信息获取，同时企业的形象宣传可以使用互联网来进行，这对于扩大企业影响、增强企业的竞争力非常重要，尤其在中国加入 WTO 后，我们更应该注意企业的国际形象，这种国际性的宣传利用其他传统的宣传方式很难达到理想的效果。

在本项目中，学习了广域网的配置与管理方法，其中讲述的 NAT 技术是广泛应用于各种类型 Internet 接入的技术，是将集团网络接入互联网时采用的网络地址转换技术，而在集团内的总部与分部间的广域网链路上，则使用 PPP 完成的 PPP 封装并采用 CHAP 安全验证，确保数据的安全传输。

任务 5.1　配置网络地址转换

【任务描述】

NAT（Network Address Translation，网络地址转换）是 20 世纪 90 年代提出的，主要用于解决 IPv4 地址资源短缺的问题。在企业网的边界路由器上使用 NAT 技术，可以将大量的私有 IP 地址通过少量的公网 IP 地址转换成能在公网路由的 IP 地址，这将节省 IP 地址资源，减缓 IPv4 地址空间的枯竭速度。本任务的目标就是要完成七彩数码集团北京总部的边界路由器 Beijing1 上 NAT 的配置工作。

【任务分析】

作为网建公司的网络设计和部署项目组的成员，要完成本任务的工作，需要具备以下关于 NAT 技术的相关技能。

- 了解 NAT 的相关概念和优缺点。
- 掌握动态 NAT 的作用及配置方法。
- 掌握 PAT 的作用及配置方法。
- 掌握静态 NAT 的作用及配置方法。

【知识储备】

5.1.1　了解 NAT 的基础知识

1. 私网地址与公网地址

在项目 1 中讲解了 IP 地址的私网地址，它包括以下 3 个地址块。

46　动态 NAT 基础

A 类私网地址块：10.0.0.0～10.255.255.255。
B 类私网地址块：172.16.0.0～172.31.255.255。
C 类私网地址块：192.168.0.0～192.168.255.255。

这 3 个私网地址块是在 A、B、C 三类 IP 地址中规划出来的、不在公网上使用的地址。这些私网地址只能在某个组织内部使用，用户不能使用这些地址直接访问 Internet。

为什么要规划出这些私网地址呢？

由于 IPv4 地址空间长度只有 32 位，在设计 IPv4 初期并没有预料到 Internet 会发展到如此大的规模，IP 地址的消耗速度会如此之快，为了减缓 IP 地址的消耗速度，IANA（the Internet Assigned Numbers Authority，互联网数字分配机构）提出了私网地址的概念，这些私网地址可以在各组织机构间重复使用，这样哪怕一个组织机构有成千上万台的计算机需要接入 Internet，也只需要申请少量的公网 IP 地址即可。

2. NAT 的优缺点

在网络中使用 NAT 技术的优点如下。

1）节省公网 IP 地址。一个组织机构可以通过申请少量的公网 IP 地址，使内部大量用户通过 NAT 实现与外部网络的通信。

2）负载平衡。当外网用户对企业内部提供的某些服务访问量很大时，可采用多服务器实现负载平衡，使用 NAT 可以通过重定向服务器连接随机选定的服务器，从而实现负载平衡。

3）NAT 提高了内网的安全性。NAT 可以将内网数据包中的地址信息更改成统一的对外地址信息，不让内网主机直接暴露在外网上，保证内网主机的安全。例如，外部攻击者在进行端口扫描的时候，就侦测不到内网主机。

4）在网络发生变化时避免重新编址。如果企业没有使用私有地址和 NAT 技术，当改变 ISP 时，需要将企业内所有主机地址全部改变，工作量很大；而使用私有地址和 NAT 技术，企业在更改了 ISP 或与另一企业合并，可以保持当前的 IP 地址分配方案，使地址管理更加容易。

但是，在网络中使用 NAT 技术也有一些缺点。

1）NAT 进行地址转换时将增加交换延迟。在进行 NAT 的过程中，需要改变数据包的 IP 地址，甚至转换 TCP 和 UDP 头部，这些都需要增加延迟时间。

2）导致无法进行端到端的 IP 地址跟踪。例如，黑客在内网向外网主机的攻击行为经 NAT 后，很难追踪黑客使用的真实 IP 地址。

3）导致有些应用程序无法正常运行。有些应用依赖于端到端的连接，数据包从源到目标的 IP 地址是不能修改的，例如一些 P2P 应用在 NAT 后双方无法建立连接，从而导致应用无法运行。

3. NAT 相关术语

1）内部本地地址（Inside Local Address）：指内网中设备所使用的 IP 地址，此地址通常是一个私有地址。

2）内部全局地址（Inside Global Address）：是一个公网地址，通常是 ISP 提供的，在内网设备与外网设备通信时使用。

3）外部全局地址（Outside Global Address）：指外网设备所使用的真正的地址，是公网地址。

4）外部本地地址（Outside Local Address）：外网设备所使用的地址，这个地址是在面向内网设备时所使用的，它不一定是一个公网地址。例如，某单位的 Web 服务器的 IP 地址是 192.168.1.100，经 NAT 为 202.202.1.29，外网用户去访问此服务器时，访问的是经 NAT 后的地址，即 202.202.1.29，而对外网用户而言，此 Web 服务器的真实地址 192.168.1.100 就是一个外部本地地址，但外网用户感觉到的是一个经 NAT 后的公网地址，感觉就像外部全局地址一样。

NAT 分为 3 种：动态 NAT、PAT 和静态 NAT，下面依次讲述这 3 种 NAT 的作用及配置方法。

5.1.2 配置动态 NAT

动态 NAT 用于将企业内部网络的私有 IP 地址转换为公网 IP 地址，在转换时内网 IP 地址和公网 IP 地址都是随机的，只要指定哪些内部地址可以进行转换，以及用哪些合法地址作为外部地址即可。

47　配置动态 NAT

需要注意的是，动态转换所使用的公网 IP 地址是经企业向 ISP 申请的。动态 NAT 一般在企业向 ISP 所申请的合法 IP 地址略少于网络内部的计算机数量时使用。

下面以图 5-2 所示的拓扑图为例来讲解动态 NAT 的配置方法。

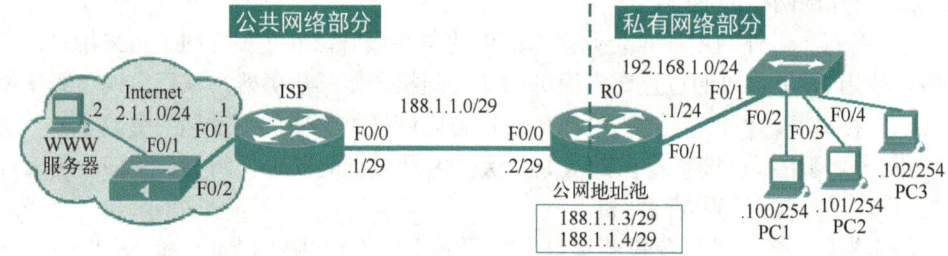

图 5-2　动态 NAT 的配置

路由器 R0 是企业的边界路由器，路由器 R0 上的配置过程如下。

```
Router>en
Router#conf t
Router(config)#host R0
R0(config)#ip route 0.0.0.0 0.0.0.0 188.1.1.1
            //配置一条指向外网的默认路由
R0(config)#int f0/0
R0(config-if)#ip add 188.1.1.2 255.255.255.248
R0(config-if)#no shut
R0(config-if)#int f0/1
R0(config-if)#ip add 192.168.1.1 255.255.255.0
R0(config-if)#no shut
R0(config-if)#exit
R0(config)#access-list 1 permit 192.168.1.0 0.0.0.255
            //定义访问控制列表 1，指定允许动态 NAT 转换的 IP 地址列表
R0(config)#ip nat pool in_pool 188.1.1.3 188.1.1.4 netmask 255.255.255.248
            //定义用于将私网 IP 地址转换成公网 IP 地址的地址池，in_pool 为池名。这里，
            //188.1.1.3 和 188.1.1.4 为地址池的起、止 IP 地址，地址池中有 2 个公网 IP
            //地址，允许同时将内网中的 2 个私网 IP 地址转换成公网 IP 地址，也就是允许同时
            //有 2 台内网主机访问外网
```

```
R0(config)#ip nat inside source list 1 pool in_pool
              //用地址池 in_pool 中指定的地址来转换访问控制列表 1 指定的私网地址
R0(config)#int f0/0
R0(config-if)#ip nat outside    //指定 F0/0 端口为外部端口
R0(config-if)#int f0/1
R0(config-if)#ip nat inside     //指定 F0/1 端口为内部端口
R0(config-if)#exit
```

然后，按照图 5-2 完成路由器 ISP、外网的 WWW 服务器、内网 PC 的基本配置。

在配置完所有设备后，进行以下测试。

依次用内网主机 PC1、PC2、PC3 ping 外网 WWW 服务器，结果发现，主机 PC1、PC2 能 ping 通外网 WWW 服务器，而主机 PC3 无法 ping 通。这是因为在路由器 R0 上定义的地址池中只有 2 个公网 IP，只允许同时将私有网络中的 2 个私网地址转换为公网地址，所以 PC3 无法 ping 通。但在主机 PC1 和 PC2 ping 完之后，PC3 就能 ping 通外网 WWW 服务器的 IP 地址了，这是由于主机 PC1 和 PC2 释放了对地址池中 IP 地址的占用。

在路由器 R0 上查看转换条目。

```
R0#show ip nat translations

Pro  Inside global    Inside local      Outside local    Outside global
icmp 188.1.1.4:2      192.168.1.100:2   2.1.1.2:2        2.1.1.2:2
icmp 188.1.1.4:3      192.168.1.100:3   2.1.1.2:3        2.1.1.2:3
icmp 188.1.1.4:4      192.168.1.100:4   2.1.1.2:4        2.1.1.2:4
icmp 188.1.1.3:5      192.168.1.102:5   2.1.1.2:5        2.1.1.2:5
icmp 188.1.1.3:6      192.168.1.102:6   2.1.1.2:6        2.1.1.2:6
icmp 188.1.1.3:7      192.168.1.102:7   2.1.1.2:7        2.1.1.2:7
icmp 188.1.1.3:8      192.168.1.102:8   2.1.1.2:8        2.1.1.2:8
```

协议为 ICMP，对应的是 PC1、PC2 对外网 WWW 服务器的 ping 测试，PC1 的内网地址 192.168.1.100（Inside local）通过公网地址 188.1.1.4（Inside global）转换出去。

可见，内网的 2 台主机是通过使用不同的外网 IP 地址转换出去的，这是 NAT 与后面讲的 PAT 的主要区别。

这里配置的公网地址池只有 2 个地址，如果内网有更多的主机需要访问外网，则同时最多只有 2 个地址能被转换出去。这样就存在一个问题：如果内部有大量主机需要同时访问外网，则需要申请大量的公网地址。这显然不可行，这时就需要用到另外一种技术，称为 PAT（Port Address Translation，端口地址转换）。

5.1.3 配置 PAT

PAT 又称为 NAT 过载。如前所述，当只申请了少量公网 IP 地址时，PAT 可使大量私网地址的主机访问外部网络。PAT 是现实中使用最多的一种地址转换方式。PAT 是把内部本地地址（私网地址）映射到内部全局地址的不同端口上，从而实现多对一的映射。

48　配置 PAT

下面以图 5-3 所示的拓扑为例来学习 PAT 的配置方法。

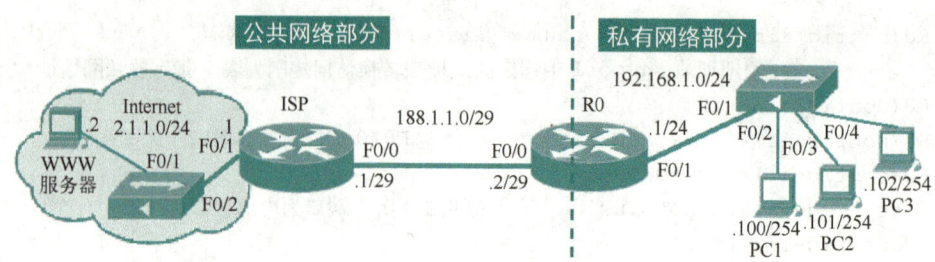

图 5-3　PAT 的配置

图 5-3 与图 5-2 相比，只是少了公网地址池，其余部分没有变化。在边界路由器 R0 上配置 PAT 时，与 NAT 相比，其不同之处有：①可以不使用公网地址池，也就是可以不使用语句"ip nat pool in_pool 188.1.1.3 188.1.1.4 netmask 255.255.255.248"；②需要将语句"ip nat inside source list 1 pool in_pool"改为"ip nat inside source list 1 int f0/0 overload"。也就是将前面的配置做如下修改即可。

```
R0(config)#no ip nat inside source list 1 pool in_pool
R0(config)#no ip nat pool in_pool 188.1.1.3 188.1.1.4 netmask 255.255.255.248
R0(config)#ip nat inside source list 1 int f0/0 overload
            //使用参数 overload 启用 NAT 过载，从而使用 F0/0 端口的 IP 地址加上端口号即可
            //转换访问控制列表 1 中定义的私网 IP 地址
```

然后分别在 3 台 PC 上 ping WWW 服务器 IP 地址，发现都能 ping 通。再查看路由器 PAT 的转换条目。

```
R0#show ip nat translations
Pro  Inside global    Inside local       Outside local    Outside global
icmp 188.1.1.2:33     192.168.1.100:33   2.1.1.2:33       2.1.1.2:33
icmp 188.1.1.2:35     192.168.1.100:35   2.1.1.2:35       2.1.1.2:35
icmp 188.1.1.2:25     192.168.1.101:25   2.1.1.2:25       2.1.1.2:25
icmp 188.1.1.2:26     192.168.1.101:26   2.1.1.2:26       2.1.1.2:26
icmp 188.1.1.2:27     192.168.1.101:27   2.1.1.2:27       2.1.1.2:27
…
```

可见，不同的内网主机是使用相同公网 IP 地址 188.1.1.2（Inside global）进行转换的，但后面的端口号不同。PAT 正是使用"IP 地址+端口号"的方式来区分不同内网主机的，可以将其理解为延长了 IP 地址的长度。在对外部主机的访问中，以（加了端口号的）Inside global 地址作为源地址，外部主机返回响应的数据后，再按 NAT 表返回到对应的内网主机中。

5.1.4　配置静态 NAT

动态 NAT 和 PAT 的使用是为了使企业内网主机能访问外网，而静态 NAT 的作用就是把企业内部的主机提供给互联网上的主机访问。通过静态 NAT，可将企业内部本地地址与内部合法地址进行一对一转换，以便让外部用户可以访问企业为外网用户提供的服务。

49　配置静态 NAT

例如，在企业内部网络中部署有 WWW 服务器、FTP 服务器等，需要外网用户来访问，直接使用公网地址将会带来安全隐患，因此可使用静态 NAT 进行地址转换。

下面以图 5-4 所示的拓扑为例来学习静态 NAT 的配置方法。

项目 5　广域网配置与管理

图 5-4　静态 NAT 的配置

在图 5-4 中，路由器 R0 是企业的边界路由器，路由器 ISP 是与企业相连的 ISP 路由器，在企业内网有一台 Web 服务器，要求公网 PC 能访问企业内网的 Web 服务器。

在边界路由器 R0 上配置静态 NAT，与配置动态 NAT 的不同之处有以下几点。

1）不需要定义地址池，也就是不需要使用语句"ip nat pool in_pool 188.1.1.3 188.1.1.4 netmask 255.255.255.248"。

2）不需要定义访问控制列表，因为只是将内网主机的私网地址与公网地址一对一转换，所以不需要使用语句"access-list 1 permit 192.168.1.0 0.0.0.255"。

3）不需要使用语句"ip nat inside source list 1 pool in_pool"将访问控制列表与地址池进行映射。

在去掉上述 3 条语句之后，需要配置一条将私网 IP 地址静态映射成公网 IP 地址的语句。

```
R0(config)#ip nat inside source static 192.168.1.100 188.1.1.3
//在内部本地地址 192.168.1.100 与内部公网地址 188.1.1.3 之间建立静态地址转换，这里就
//是将 Web 服务器的私网 IP 地址静态转换为公网 IP 地址，此公网 IP 地址是对外公告的地址，供
//外网用户访问
```

网络中的其余配置不变。下面在路由器 NAT 上查看静态转换条目。

```
R0#show ip nat translations

Pro   Inside global    Inside local      Outside local     Outside global
---   188.1.1.3        192.168.1.100     ---               ---
```

可见，已经有一个转换条目存在了，这是在路由器 NAT 上手工配置的转换条目。

现在，从外部主机 ping 对外提供的 Web 服务的公网 IP 地址 188.1.1.3，然后到路由器 R0 上查看静态转换条目。

```
R0#show ip nat translations

Pro   Inside global    Inside local      Outside local     Outside global
icmp  188.1.1.3:10     192.168.1.100:10  2.1.1.2:10        2.1.1.2:10
icmp  188.1.1.3:11     192.168.1.100:11  2.1.1.2:11        2.1.1.2:11
icmp  188.1.1.3:12     192.168.1.100:12  2.1.1.2:12        2.1.1.2:12
---   188.1.1.3        192.168.1.100     ---               ---
```

可见，从外部主机（IP 地址为 2.1.1.2）去 ping 企业对外提供的 Web 服务的地址，即内部全局地址 188.1.1.3 时，路由器 R0 查询配置的 NAT 表（即最后一行），在 NAT 表中，发现 188.1.1.3 对应的内网地址是 192.168.1.100，路由器 NAT 则将 IP 地址头部进行转换并封装，然后发给主机 Web 服务器，由主机 Web 服务器对 ping 报文进行应答，再经路由器 R0 转换后，回送给外网主机。

注意：在路由器 R0 上手工配置的转换条目在使用 "show ip nat translations" 命令查看时一直都存在，因为这是通过手工配置的静态转换条目。

【任务实施】

在七彩数码集团网络的北京总部边界路由器 Beijing1 上配置 NAT 功能，作为集团网络的出口。通过路由器 Beijing1 需要实现内网接入互联网、外网用户能访问内网服务器。在网建公司网络设计和部署项目组经理李明的带领下，按图 5-5 所示的规划拓扑分步实施了以下配置过程。

第 1 步：在边界路由器 Beijing1 上配置静态 NAT。
第 2 步：在边界路由器 Beijing1 上检查静态转换条目。
第 3 步：外网对内网服务器的访问测试。
第 4 步：在边界路由器 Beijing1 上配置 PAT。
第 5 步：测试从内网访问外网主机。
第 6 步：检查地址转换条目。

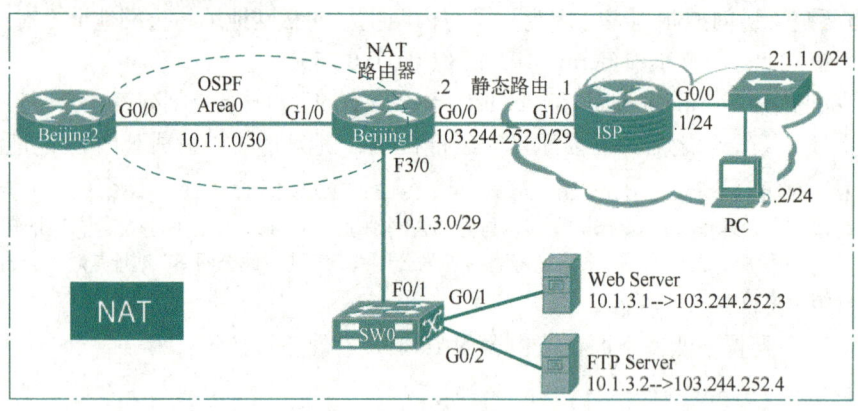

图 5-5 NAT 的配置

1. 在边界路由器 Beijing1 上配置静态 NAT

```
Beijing1#conf t
Beijing1(config)#ip nat inside source static 10.1.3.2 103.244.252.3
Beijing1(config)#ip nat inside source static 10.1.3.3 103.244.252.4
Beijing1(config)#int g0/0
Beijing1(config-if)#ip nat outside
Beijing1(config-if)#int g1/0
Beijing1(config-if)#ip nat inside
Beijing1(config-if)#int f3/0
Beijing1(config-if)#ip nat inside
Beijing1(config-if)#end
```

2. 在边界路由器 Beijing1 上检查静态转换条目

```
Beijing1#show ip nat translations

Pro Inside global Inside local Outside local Outside global
--- 103.244.252.3 10.1.3.2 --- ---
```

```
--- 103.244.252.4 10.1.3.3 --- ---
```

3. 外网对内网服务器的访问测试

测试从外网主机上 ping 对外提供的 Web 服务的公网 IP 地址 103.244.252.3，然后在边界路由器 Beijing1 上查看静态转换条目。

```
Beijing1#show ip nat translations

Pro Inside global Inside local Outside local Outside global
icmp 103.244.252.3:2 10.1.3.2:2 2.1.1.2:2 2.1.1.2:2
icmp 103.244.252.3:3 10.1.3.2:3 2.1.1.2:3 2.1.1.2:3
icmp 103.244.252.3:4 10.1.3.2:4 2.1.1.2:4 2.1.1.2:4
--- 103.244.252.3 10.1.3.2 --- ---
--- 103.244.252.4 10.1.3.3 --- ---
```

可见，在边界路由器 Beijing1 上产生了静态转换条目，外网能够成功地访问内网服务器。

4. 在边界路由器 Beijing1 上配置 PAT

```
Beijing1#conf t
Beijing1(config)#access-list 1 permit 17.16.0.0 0.0.255.255
Beijing1(config)#access-list 1 permit 192.168.0.0 0.0.255.255
Beijing1(config)#access-list 1 permit 10.1.0.0 0.0.255.255
Beijing1(config)#ip nat inside source list 1 interface g0/0
```

注意：在边界路由器 Beijing1 上需要配置一条到外网的默认路由 "ip route 0.0.0.0 0.0.0.0 GigabitEthernet0/0 103.244.252.1"，但由于在前面（讲静态路由的时候）已经在边界路由器上配置了，这里不用重复配置。

5. 测试从内网访问外网主机

```
Beijing2#ping 2.1.1.2

Type escape sequence to abort.
Sending 5, 100-byte ICMP Echos to 2.1.1.2, timeout is 2 seconds:
!!!!!
Success rate is 100 percent (5/5), round-trip min/avg/max = 0/0/1 ms
```

6. 检查地址转换条目

在边界路由器 Beijing1 上查看地址转换条目。

```
Beijing1#show ip nat translations

Pro Inside global Inside local Outside local Outside global
icmp 103.244.252.2:1 10.1.1.2:1 2.1.1.2:1 2.1.1.2:1
icmp 103.244.252.2:2 10.1.1.2:2 2.1.1.2:2 2.1.1.2:2
icmp 103.244.252.2:3 10.1.1.2:3 2.1.1.2:3 2.1.1.2:3
icmp 103.244.252.2:4 10.1.1.2:4 2.1.1.2:4 2.1.1.2:4
icmp 103.244.252.2:5 10.1.1.2:5 2.1.1.2:5 2.1.1.2:5
--- 103.244.252.3 10.1.3.2 --- ---
--- 103.244.252.4 10.1.3.3 --- ---
```

通过查看地址转换条目,可见内网与外网主机的连通性正常,NAT 配置完成。

【考赛点拨】

本任务内容涉及认证考试和全国职业院校技能竞赛的相关要求如下。

1. 认证考试

关于 NAT 配置的认证考试主要有华为、锐捷、思科等公司认证,以及 1+X 证书考试。这里列出了这些认证考试中关于 NAT 配置的要求。
- 核实网络地址转换(NAT)的基本操作和用途。
- 核实并配置 NAT 的地址类型和地址池。
- 配置静态 NAT、动态 NAT、地址重载。
- 根据给定的网络要求配置并核实 NAT。

2. 技能竞赛

NAT 技术几乎每次比赛都会考到,但是在题目中往往不会直接告诉参赛选手用此技术来实现,而是需要选手通过题意分析出来,这就要求选手对 NAT 技术的理解和掌握要十分熟练,需要选手有扎实的 NAT 基础知识,真正理解各种 NAT 技术的应用场合,能熟练配置和调试静态 NAT、动态 NAT 及 PAT。

任务 5.2　配置 PPP

【任务描述】

50　配置 PPP

广域网是连接不同地区局域网或城域网计算机通信的远程网,广域网的传输介质采用的是由 ISP 铺设的电话线或光纤。在广域网中使用 PPP 将数据在通过广域网链路之前封装成帧,PPP 封装的串行线路支持 CHAP 和 PAP 两种验证协议。由于七彩数码集团的总部与分部间的数据传输是经广域网来实现的,因此本任务的目标是要完成总部与分部间的广域网链路的 PPP 封装并采用 CHAP 安全验证。

【任务分析】

作为网建公司的网络设计和部署项目组的成员,要完成本任务的工作,需要具备关于 PPP 的以下相关知识。
- 了解 PPP 的特点以及身份验证方式。
- 掌握 PPP 验证的配置方法。

【知识储备】

5.2.1　了解 PPP

一些大公司的地理位置往往不局限于某一区域范围,而是分布在全国乃至全球,这样的企业就需要使用广域网将各个地方的局域网相互连接起来，借助于 ISP 提供的通信设施，实现数据的远程传输，达到资源共享的目的。

数据在进入广域网链路传输之前，都需要在数据链路层封装成数据帧的形式，其中 PPP（Point-to-Point Protocol，点对点协议）是最常见的一种广域网二层封装协议。在本任务中，需要完成的是在集团网络的总部和各分部的串行链路上配置 PPP，并采用 CHAP 进行安全验证。

PPP 支持大多数厂商硬件、支持多种物理链路。PPP 与另一种 Cisco 的专有协议 HDLC 相比，是一种国际标准协议，其应用环境比 HDLC 更广泛，功能更强，其优势主要表现在以下几个方面。

1）PPP 具有动态分配IP地址的能力，允许在连接时刻协商 IP 地址。
2）PPP 支持多种网络协议，比如TCP/IP、NetBEUI、NWLink 等。
3）PPP 具有错误检测及纠错能力，支持数据压缩。
4）PPP 具有身份验证功能，验证方法有 PAP 和 CHAP。
5）PPP 可以应用于多种类型的物理介质，包括串口线、电话线、电磁波和光纤。

PPP 与 OSI 有相同的物理层，在物理层之上，PPP 分为 LCP 和 NCP 两层。

LCP（Link Control Protocol，链路控制协议）用于建立点对点链路，是 PPP 中实际工作的部分。LCP 位于物理层的上方，负责建立、配置和测试数据链路连接，以及身份验证、数据压缩、错误检测、协商和设置 WAN 数据链路上的控制选项。

NCP（Network Control Protocol，网络控制协议）在 LCP 将链路建立好的基础上，将许多不同的第三层网络协议报文，如 TCP/IP、IPX/SPX、NetBEUI 等进行封装。

注意：当企业网络设备全部使用 Cisco 设备时，建议使用 HDLC 协议，因为其效率比 PPP 要高很多。

5.2.2　PPP 的配置

在同步串行口上配置 PPP，拓扑图如图 5-6 所示。

图 5-6　PPP 的配置

路由器 R1 的配置过程如下。

```
R1(config)#int s1/0
R1(config-if)#ip add 12.1.1.1 255.0.0.0
R1(config-if)#no shut
R1(config-if)#encapsulation ppp            //封装 PPP
R1(config-if)#compress predictor           //配置压缩
```

路由器 R2 的配置过程（与 R1 的配置类似）如下。

```
R2(config)#int s1/0
R2(config-if)#ip add 12.1.1.2 255.0.0.0
R2(config-if)#no shut
R2(config-if)#encapsulation ppp
```

```
R2(config-if)#compress predictor
```

1. 封装 PPP

在 Cisco 路由器上，默认的封装协议是 HDLC，虽然 HDLC 现已能支持大多数厂商的硬件，但如果将 Cisco 路由器与其他厂商路由器混用，则建议配置为国际标准协议 PPP，可减少出错的可能性。

在路由器 R1 上配置了 PPP，R2 上没有配置，则在 R1 与 R2 互 ping 时，会失败。如果 R1 和 R2 上都配置了 PPP，查看 S1/0 的封装时显示如下。

```
R1#show int s1/0

Serial1/0 is up, line protocol is up
  Hardware is M4T
  Internet address is 12.1.1.1/8
  MTU 1500 bytes, BW 1544 Kbit, DLY 20000 usec,
    reliability 255/255, txload 1/255, rxload 1/255
  Encapsulation PPP, LCP Open
  Open: CDPCP, IPCP, crc 16, loopback not set
```

由最后两行可见，封装协议为 PPP，"LCP Open"表示 LCP 层协商成功，"Open：CDPCP、IPCP"表示 NCP 协商成功，链路已建立。

如果在 R2 上没有配置 PPP，则查看 S1/0 的封装时显示如下。

```
R2#show int s1/0

Serial1/0 is up, line protocol down (disabled)
  Hardware is M4T
  Internet address is 12.1.1.2/24
  MTU 1500 bytes, BW 1544 Kbit, DLY 20000 usec,
    reliability 255/255, txload 1/255, rxload 1/255
  Encapsulation HDLC, crc 16, loopback not set
  …
```

可见封装方式为 HDLC，并且还会有"%LINEPROTO-5-UPDOWN：Line protocol on Interface Serial1/0，changed state to down"的提示信息，表示线路协议协商不成功。

2. 配置压缩

通过压缩可以使 PPP 性能最大化，能在低速链路上提供较高的数据吞吐量。一般只在传输文本文件时压缩效果最好，而对 JPEG、MPEG 及已使用 WinRAR 压缩过的文件等，反而会得不偿失。因为路由器在压缩时需要消耗路由器 CPU 时间和内存。

```
R2(config-if)#compress ?
  mppc       MPPC compression type
  predictor  predictor compression type
  stac       stac compression algorithm
  <cr>
```

对于 Cisco 路由器，推荐使用 Predictor（预压缩）方式。

项目 5 广域网配置与管理

在配置压缩方式时,同步串口的两端需要配置相同的压缩方式才有效。

3. 配置链路捆绑

如果通信双方有多条物理链路,可以配置点对点多链路负载均衡(MLP),MLP 是 LCP 的一个选项,可以在 ISDN、同步和异步串口上提供负载均衡。使用 MLP,可以将多条物理链路捆绑为一个逻辑链路,接收并重组上层数据。配置命令如下。

```
R1(config)#int multilink 1                //创建组号为1的逻辑多链路
R1(config-if)#ip address 12.1.1.1 255.255.255.0   //多链路端口 IP 地址
R1(config-if)#ppp multilink               //启用多链路功能
R1(config-if)#ppp multilink group 1       //多链路组编号为1

R1(config-if)#no shutdown
R1(config-if)#ppp mulilink fragment delay 10
    //设置链路缓冲区中报文分片大小(及转发完分片只需要 10ms)
    //以下配置是 R1 和 R2 上有两条串行线路进行连接的情况
R1(config-if)#int s1/0
R1(config-if)#encapsulation ppp
R1(config-if)#serial restart-delay 0      //S1/0 端口重启时立即重启,无延迟
R1(config-if)#ppp multilink
R1(config-if)# ppp multilink group 1  //将 S1/0 端口与虚拟端口 multilink 1 组关联
R1(config-if)#int s1/1
R1(config-if)#encapsulation ppp
R1(config-if)#serial restart-delay 0
R1(config-if)#ppp multilink
R1(config-if)# ppp multilink group 1
    //路由器 R2 也采用同样的配置,此处略
```

5.2.3 PPP 的验证

PPP 验证发生在 LCP 阶段,通过身份验证,以确定发起 PPP 呼叫的对方拥有呼叫许可,PPP 提供两种验证方式:PAP 和 CHAP。

51 CHAP 配置基础

1. PAP

PAP(Password Authentication Protocol,密码验证协议)采用明文方式传输用户名和口令发起验证,其验证过程如图 5-7 所示。

1)被验证方向验证方发起验证请求,将本端的用户名和口令发送给验证方。

2)验证方接到验证请求后,在本端数据库中查找被验证的用户名是否存在,口令是否与用户名匹配,是则返回接受报文表示通过验证,否则返回拒绝报文表示验证不通过。

PAP 由于在验证过程中以明文的方式发送用户名和口令,容易泄密;由于验证重试的频率和次数由被验证方控制,不能防止重放攻击(攻击者通过发送目的主机已接收的包来达到欺骗系统的目的)和尝试攻击;另外,使用暴力破解软件也可以破解验证过程。所以,PAP 不是一种健壮的身份验证协议,这里只作简单了解。

2. CHAP

CHAP（Challenge Handshake Authentication Protocol，挑战握手验证协议）通过三次握手周期性地校验对端的身份，在初始链路建立时完成，在链路建立之后的任何时间点上，通过递增改变的标识符和可变的询问值进行重复验证，这样可防止来自端点的重放攻击。CHAP 的三次握手如图 5-8 所示。

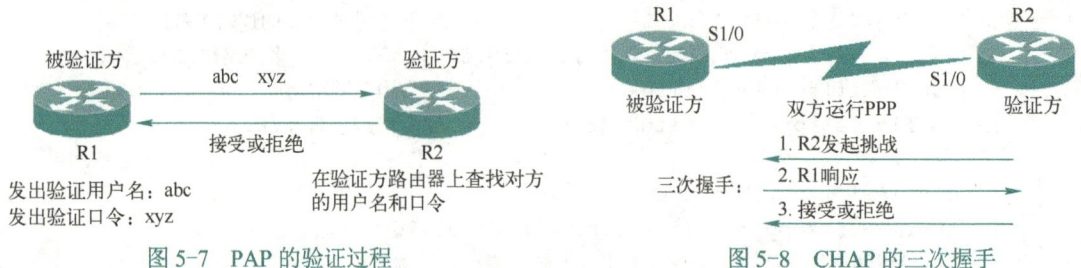

图 5-7　PAP 的验证过程　　　　　图 5-8　CHAP 的三次握手

CHAP 的验证过程如图 5-9 所示。

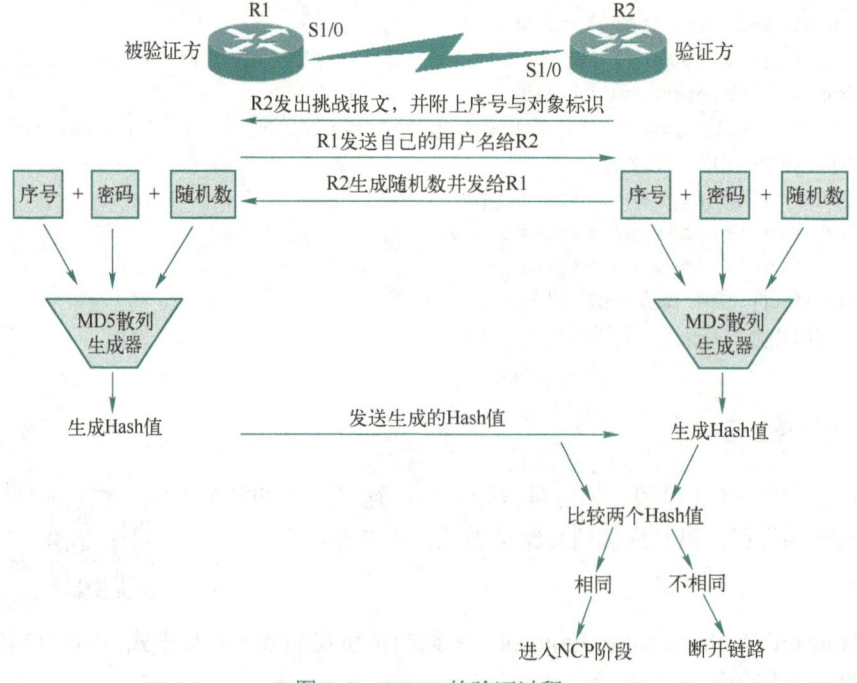

图 5-9　CHAP 的验证过程

在图 5-9 中，R1 向 R2 发起连接请求，R1 作为被验证方，R2 作为验证方。

1）R1 和 R2 在配置 PPP 及启用 CHAP 验证之后，由作为验证方的 R2 主动发起挑战报文，发送的内容包括序号与对象标识。

2）被验证方 R1 将自己的用户名发给 R2。

3）R2 生成随机数并发给 R1。

4）R1 和 R2 分别将预共享的序号、密码和随机数三者放入 MD5 散列生成器进行计算，生成 Hash 值。

5）R1 将生成的 Hash 值发送给 R2，R2 将自己生成的 Hash 值与 R1 发过来的 Hash 值进行比较。如果相同，则进入 NCP 阶段，否则，断开链路。

由于整个过程中密码都没在链路上以明文传输，传输的只是经 MD5 计算出来的 Hash 值，而 Hash 算法不可逆，因此攻击者不可能推导出使用的密码。下面以图 5-10 所示的拓扑为例，讲解 CHAP 验证的配置。

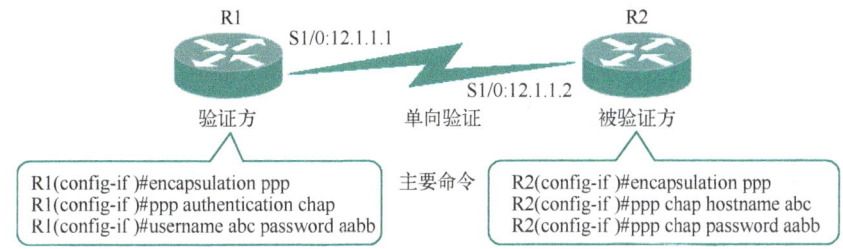

图 5-10　单向 CHAP 验证

CHAP 验证有三种配置方式：单向验证；两端使用路由器主机名为用户名的双向验证；两端不使用路由器主机名为用户名的双向验证。下面分别采用这三种方式进行配置。

（1）单向验证的配置

在路由器 R1 上的配置过程如下。

```
R1(config)#int s1/0
R1(config-if)#ip add 12.1.1.1 255.255.255.0
R1(config-if)#no shut
R1(config-if)#encapsulation ppp          //配置 PAP 验证前须先配置 PPP
R1(config-if)#ppp authentication chap    //启用 CHAP 验证方式
R1(config-if)#exit
R1(config-if)#username abc password aabb
    //配置本地验证数据库，供对方来匹配，这里配置的用户名 abc 是被验证方发送过来的，密码
    //aabb 是双方预共享的，不在链路上以明文传输
```

在路由器 R2 上的配置过程如下。

```
R2(config)#int s1/0
R2(config-if)#ip add 12.1.1.2 255.255.255.0
R2(config-if)#no shut
R2(config-if)#encapsulation ppp
R2(config-if)#ppp chap hostname abc      //将自己的用户名 abc 发送到对端
R2(config-if)#ppp chap password aabb
//告知本路由器预共享的密码，这个密码需要与在 R1 的验证数据库中所配置的相同
```

（2）两端使用路由器主机名为用户名的双向验证

在路由器 R1 上的配置过程如下。

```
    …                                   //这部分与单向验证中的 R1 配置相同
    R1(config)#username R2 password aabb  //使用对端主机名 R2 为用户名
```

在路由器 R2 上的配置过程如下。

```
    …                                   //这部分与单向验证中的 R2 配置相同
    R2(config)#username R1 password aabb  //使用对端主机名 R1 为用户名
```

（3）两端不使用路由器主机名为用户名的双向验证

在路由器 R1 上的配置过程如下。

```
R1(config)#username abc password aabb
```
//配置本地验证数据库,供对方来匹配,这里配置的用户名 abc 是被验证方发送过来验证的,密码
//aabb 由双方预共享
```
R1(config)#int s1/0
R1(config-if)#ip add 12.1.1.1 255.255.255.0
R1(config-if)#no shut
R1(config-if)#encapsulation ppp           //配置 CHAP 验证前,需先配置 PPP
R1(config-if)#ppp authentication chap     //启用 CHAP 验证方式
R1(config-if)#ppp chap hostname xyz
```
//不发送主机名 R1,而是另发送用户名 xyz 到对端去验证,在对端的验证数据库中需要配置有用
//户名 xyz
```
R1(config-if)#ppp chap password aabb
```

在路由器 R2 上的配置过程如下。

```
R2(config)#username xyz  password aabb
```
//配置本地验证数据库,供对方来匹配,这里配置的用户名 xyz 是被验证方发送过来验证的,密码
//aabb 由双方预共享
```
R2(config)#int s1/0
R2(config-if)#ip add 12.1.1.2 255.255.255.0
R2(config-if)#no shut
R2(config-if)#encapsulation ppp
R2(config-if)#ppp chap hostname abc
```
//不发送主机名 R2,而是另发送用户名 abc 到对端去验证,在对端的验证数据库中需要配置有用
//户名 abc
```
R2(config-if)#ppp chap password aabb
```

> **说明**:CHAP 验证是随机的,并非每一次数据传输都验证对端。例如,按上面的配置完成后,R1 和 R2 的串行口能正常通信,如果将 R2 上配置的发送用户名命令去掉,CHAP 验证也可能不会马上体现出来(可先关闭端口再打开,能让 CHAP 立即验证)。

下面了解一下关于 CHAP 诊断命令"debug ppp authentication"的使用。

如果在上面第 3 种 CHAP 验证方式中,在 R2 上执行命令"R2(config-if)#no ppp chap hostname abc",将不发送用户名 abc 到 R1 上验证,关闭 S1/0 端口后再打开,让 CHAP 验证立即生效,然后开启诊断命令。

```
R2#debug ppp authentication    //开启 PPP 验证调试,以观察路由器的 CHAP 验证

PPP authentication debugging is on
R2#
*Feb 13 22:43:39.919: Se1/0 PPP: Authorization required
*Feb 13 22:43:39.979: Se1/0 CHAP: O CHALLENGE id 145 len 23 from "R2"
*Feb 13 22:43:39.979: Se1/0 CHAP: I CHALLENGE id 158 len 24 from "xyz"
*Feb 13 22:43:39.983: Se1/0 CHAP: Using hostname from unknown source
*Feb 13 22:43:39.983: Se1/0 CHAP: Using password from AAA
...               //如此反复,一直没有产生通过 CHAP 验证的消息
```

现在重新执行发送用户名 abc 的命令"R2(config-if)#ppp chap hostname abc"后,再开启诊断命令。

```
R2#debug ppp authentication

PPP authentication debugging is on
R2#
*Feb 13 23:00:50.515: Se1/0 PPP: Authorization required
*Feb 13 23:00:50.523: Se1/0 CHAP: O CHALLENGE id 203 len 24 from "abc"
*Feb 13 23:00:50.523: Se1/0 CHAP: I CHALLENGE id 216 len 24 from "xyz"
*Feb 13 23:00:50.527: Se1/0 CHAP: Using hostname from interface CHAP
*Feb 13 23:00:50.531: Se1/0 CHAP: Using password from AAA
*Feb 13 23:00:50.531: Se1/0 CHAP: O RESPONSE id 216 len 24 from "abc"
*Feb 13 23:00:50.531: Se1/0 CHAP: I RESPONSE id 203 len 24 from "xyz"
*Feb 13 23:00:50.535: Se1/0 PPP: Sent CHAP LOGIN Request
*Feb 13 23:00:50.539: Se1/0 PPP: Received LOGIN Response PASS
*Feb 13 23:00:50.539: Se1/0 PPP: Sent LCP AUTHOR Request
*Feb 13 23:00:50.543: Se1/0 CHAP: I SUCCESS id 216 len 4
*Feb 13 23:00:50.543: Se1/0 LCP: Received AAA AUTHOR Response PASS
*Feb 13 23:00:50.543: Se1/0 CHAP: O SUCCESS id 203 len 4
…
```

可见，重新执行发送用户名 abc 的命令后，验证路由器最终收到了验证方发送过来的正确的"挑战"回应数据包，双方链路建立成功。上面输出中的"O"表示发出，是将用户名 abc 发送出去验证；"I"表示进入，是对方将用户名 xyz 送来验证。最后的"I SUCCESS"和"O SUCCESS"表示两个方向均验证通过。

【任务实施】

由于七彩数码集团的总部与分部间的数据传输是经广域网来实现的，为了确保北京总部和各分部之间数据传输的安全性，需要在串行链路上配置 PPP 封装并启用 PPP 安全验证。这里以实现北京总部与重庆分部间的串行链路 PPP 封装配置安全验证为例。任务实施拓扑如图 5-11 中加框部分所示。

主要实施步骤如下。

第 1 步：配置 PPP。

第 2 步：配置压缩。

第 3 步：配置 CHAP 安全验证。

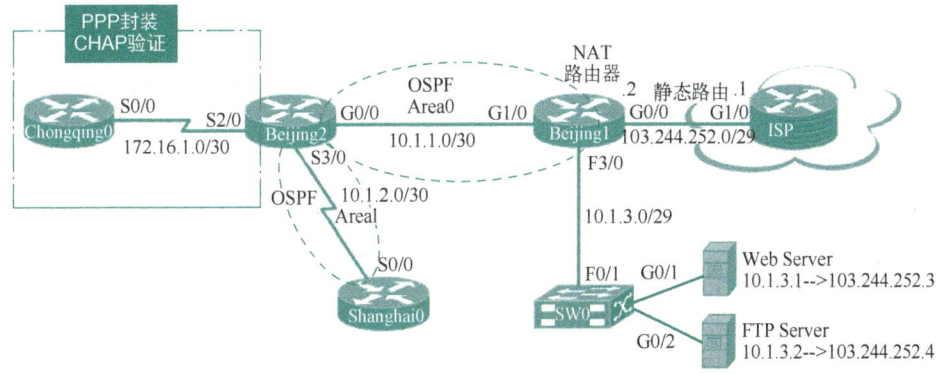

图 5-11 PPP 的配置

1. 配置 PPP

```
Chongqing0(config)#int s0/0
Chongqing0(config-if)#encapsulation ppp
Beijing2(config)#int s2/0
Beijing2(config-if)#encapsulation ppp
Beijing2(config-if)#clock rate 56000
```

注意这里没有配置 IP 地址及开启端口，由于在前面的任务中已完成此工作。在链路的一端封装了 PPP 后，需要在另一端也封装 PPP，因为 Cisco 路由器默认是 HDLC，否则链路两端会由于封装协议不一致而通信中断，弹出如下信息。

```
%LINEPROTO-5-UPDOWN: Line protocol on Interface Serial0/0, changed state to down
%DUAL-5-NBRCHANGE: IP-EIGRP 1: Neighbor 172.16.1.1 (Serial0/0) is down: interface down
```

此时，线路协议状态变为 down 了，与 172.16.1.1（Serial0/0）建立的邻居关系也变为 down 状态了。当两端都封装 PPP 后，线路状态转为 up，邻居关系重新建立。

2. 配置压缩

```
Chongqing0(config)#int s0/0
Chongqing0(config-if)#compress predictor        //推荐使用预压缩方式
Beijing2(config)#int s2/0
Beijing2(config-if)# compress predictor
```

3. 配置 CHAP 安全验证

这里在配置 CHAP 安全验证时，采用链路两端使用路由器主机名为用户名的双向验证方式。

```
Chongqing0(config)#int s0/0
Chongqing0(config-if)#ppp authentication chap
Chongqing0(config-if)#exit
Chongqing0(config)#username Beijing2 password wxyz
```

在路由器 Chongqing0 的 S0/0 端口上启用了 CHAP 验证之后，会弹出如下提示信息。

```
%LINEPROTO-5-UPDOWN: Line protocol on Interface Serial0/0, changed state to down
%DUAL-5-NBRCHANGE: IP-EIGRP 1: Neighbor 172.16.1.1 (Serial0/0) is down: interface down
```

可见，线路协议状态变为 down 了，与 172.16.1.1（Serial0/0）建立的邻居关系也变为 down 状态了。这说明，在路由器一端启用 CHAP 验证，而另一端没有启用 CHAP 验证时，通信链路断开了。

```
Beijing2(config)#int s2/0
Beijing2(config-if)#ppp authentication chap
Beijing2(config-if)#exit
Beijing2(config)#username Chongqing0 password wxyz
```

在路由器 Beijing2 的 S2/0 端口上启用了 CHAP 验证之后，会弹出如下提示信息。

```
%LINEPROTO-5-UPDOWN: Line protocol on Interface Serial2/0, changed state
```

```
to up
         %DUAL-5-NBRCHANGE: IP-EIGRP 1: Neighbor 172.16.1.2 (Serial2/0) is up:
new adjacency
```

可见，在两端都配置了 CHAP 验证并验证成功后，线路协议状态变为 up 了，两端的邻居关系已重新建立了。这说明了 PPP 的 CHAP 验证配置成功了。

【考赛点拨】

本任务内容涉及认证考试和全国职业院校技能竞赛的相关要求如下。

1. 认证考试

关于 PPP 配置的认证考试主要有华为、锐捷、思科等公司认证，以及 1+X 证书考试。这里列出了这些认证考试中关于 PPP 配置的要求。

- 认识各种 WAN 技术。
- 配置及核实基本的 WAN 串行连接。
- 配置及核实路由器之间的 PPP 连接。
- 配置及核实 PPP 验证。

2. 技能竞赛

在网络设备竞赛操作模块中，需要掌握的关于 PPP 配置的内容包括 PPP 封装、压缩、链路捆绑、PPP 验证等。在每次竞赛中，PPP 都是重点考查内容。配置验证方式 PAP 和 CHAP 时，要特别注意题目要求的是采用哪种方式验证，是单向验证还是双向验证，是否使用对端主机名等。对该部分知识的掌握，要求参赛选手达到非常熟练的程度。

项目 6　网络安全

📚 学习目标

【知识目标】
了解 ACL 的定义、类型和处理过程。
理解通配符掩码。
理解 ACL 的放置位置。
掌握 ACL 的配置方法。
掌握 ACL 的修改方法。
了解交换机上常见的攻击类型及安全措施。
掌握交换机安全配置。

【能力目标】
能根据需要配置 ACL。
能修改 ACL 的配置。
能够对交换机进行安全配置和管理。

【素质目标】
培养学生对网络安全的管理能力。
培养学生信息检索、资料查阅及自主学习能力。
培养学生良好的设备操作规范和习惯。
培养学生严谨治学的工作态度和工作作风。
培养学生运用知识解决实际应用问题的能力。

📖 项目简介

对于一个企业来说，如何确保企业网络的安全是一个非常重要的任务。在七彩数码集团网络中，只允许有权限的人才对网络中的设备进行访问和管理。为此，网建公司的网络设计和部署项目组在项目经理李明的带领下，针对七彩数码集团总部和分部网络的具体情况，对集团总部的服务器、路由器和交换机进行了安全配置，以提高网络的安全性。

根据七彩数码集网络的具体情况，对网络安全管理进行了如下规划。

1）只允许技术部的人员远程登录总部路由器。
2）不允许普通员工在指定时间内访问服务器。
3）对所有路由器和交换机配置特权口令。
4）对总部交换机配置端口安全。

本项目将围绕图 6-1 所示的网络拓扑完成配置。

项目 6　网络安全

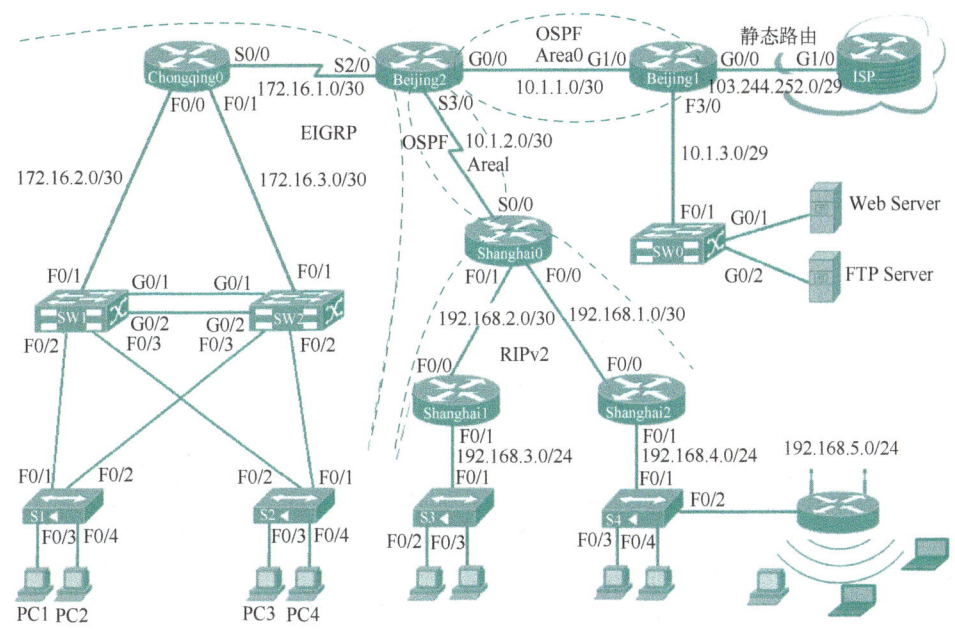

图 6-1　网络安全配置

📖 项目意义

随着全球信息高速公路的建设，特别是互联网的发展，网络在各种信息系统中的作用变得越来越重要。网络给我国社会的科技、文化和经济带来了巨大的推动与冲击，同时也带来了许多挑战。随着我国网络应用的进一步加强，信息共享与信息安全的矛盾日益突出，人们也越来越关心网络安全问题，保障网络安全是对网络信息保密性、完整性和网络系统可用性的保护。例如，2013 年爆发的"棱镜门"事件告诉我们，有效地维护网络系统的安全，保护国家和企业的重要信息数据具有非常重要的意义。

在本项目中，学习访问控制列表可以对通过网络的数据流进行过滤，实现基本的网络安全管理，然后通过学习网络设备的安全管理配置，从而使企业网络的安全管理需求得到进一步的强化。

任务 6.1　配置访问控制列表

【任务描述】

ACL（Access Control Lists，访问控制列表）被广泛地应用于路由器和三层交换机，这些设备借助 ACL，可以有效地控制用户对网络的访问，从而最大限度地保障网络安全。在七彩数码集团网络中，可通过配置 ACL，来实现对集团员工的网络访问进行安全控制。

【任务分析】

作为网建公司的网络设计和部署项目组的成员，要完成本任务的工作，需要具备关于 ACL

的以下相关知识。

> 了解 ACL 的定义、类型和处理过程。
> 理解通配符掩码。
> 理解 ACL 的放置位置。
> 掌握 ACL 的配置方法。
> 掌握 ACL 的修改方法。

【知识储备】

6.1.1 了解 ACL 的基础知识

ACL 是一个命令集，这个命令集由多条访问控制命令组成。ACL 应用到路由器的某端口，以控制路由器转发哪些数据包、拒绝哪些数据包。使用 ACL 可以提供一种安全控制，能限制来自或到达某个网络或某个主机的指定类型的数据流量通过路由器，还可以提供队列管理，以及区分数据流量的优先次序。

54 ACL 基础

1. ACL 的工作过程

ACL 配置在路由器端口的 in（进入）方向，也要配置在路由器端口的 out（外出）方向，如图 6-2 所示。

图 6-2 数据流的两个方向

当路由器的某个端口从 in 方向收到一个数据包后，如果该端口配置有 in 方向的 ACL，则根据 ACL 中配置的指令来判断该数据包是否被允许经过。如果该 ACL 中配置有多条语句，首先检查 ACL 中的第一条指令是否与数据包相匹配。当匹配时，如果指令规定的动作是允许的，则去查找路由表并允许通过；如果该指令规定的动作是拒绝，则丢弃该分组，并退出该 ACL，不再往下比较。当数据包与 ACL 中的第一条指令不匹配时，按同样的方法比较 ACL 中的第二条指令，并按同样的方法进行处理。这样依次执行下去，如果所有指令都不匹配，则该数据包将被直接丢弃，因为 ACL 的隐含动作是拒绝。

数据包在经过路由器查询路由表，选择好外出端口后，如果此外出端口配有 out 方向的 ACL，则需要按与 in 方向 ACL 一样方法的判断该数据包能否被允许通过该端口，允许则向外转发，否则丢弃该数据包。

2. ACL 的类型

根据功能不同，ACL 被分为多种类型：标准数字式 ACL、标准命名式 ACL、扩展数字式 ACL、扩展命名式 ACL、动态 ACL、反射 ACL，以及基于时间的 ACL 等。

6.1.2 配置标准 ACL

标准 ACL 仅根据数据包内的源 IP 地址进行过滤，分为标准数字式 ACL 和标准命名式 ACL。数字式 ACL 和命名式 ACL 的区别在于：当在路由器或防火墙上设置多条 ACL 时，用命名式 ACL 能直观体现其用途，并且在对 ACL 进行修改时，命名式更方便；另外，在反射 ACL 中，只能用命名式 ACL。

1. 通配符掩码

在配置 ACL 之前，需要先学习通配符掩码（Wildcard Mask）的表示方法和作用。

例如，有一来自 192.168.1.0/24 网络的数据包，从 F0/0 端口进入路由器 R0，如图 6-3 所示。

如果在路由器 R0 的 F0/0 端口上配置有标准 ACL，此 ACL 允许 192.168.1.0/24 网络的数据包经过，则该网络的通配符掩码为 0.0.0.255。

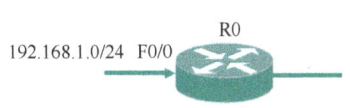

图 6-3 通配符掩码

这条 ACL 的写法是：access-list 1 permit 192.168.1.0 0.0.0.255。其中，"access-list"是定义访问控制列表的固定语法格式，"1"是标准 ACL 的表号，"permit"表示许可的意思，"192.168.1.0 0.0.0.255"是这条语句控制的对象，这个地址掩码对用于说明哪些地址是被允许通过的或禁止通过的。

从表面上看，这个通配符掩码不正是 24 位子网掩码的反码吗？其实，通配符掩码和子网掩码的反码并不是一回事。

在子网掩码中，为 1 的位对应 IP 地址中的网络号部分，为 0 的位对应 IP 地址中的主机号部分，子网掩码的反码则是将子网掩码中的 1 变 0，0 变 1；而在通配符掩码中，设置成 1 的位不做匹配性检查，设置成 0 的位与给定 IP 地址（或网络）中的对应位做匹配性检查，可总结为"0 配 1 不配"。注意这里说的 0 和 1 都是二进制形式。所以说，通配符掩码与子网掩码的反码是两个概念。

举例分析：在"access-list 1 permit 192.168.1.0 0.0.0.255"语句中，为什么是 192.168.1.0 网络的数据包将被允许通过？

分析：首先需要转化为二进制形式，如图 6-4 所示。

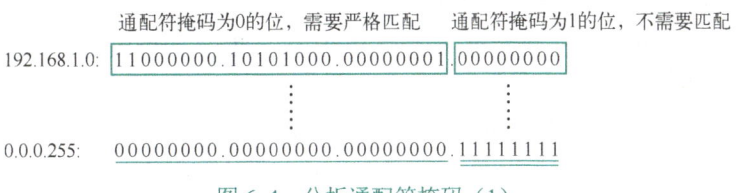

图 6-4 分析通配符掩码（1）

可见，前三个字节所对应的通配符掩码是 0，需要匹配，即需要和给定 IP 地址的对应位相同，为 192.168.1；最后一个字节对应的通配符掩码是 1，不需要匹配，即不需要和给定 IP 地址的对应位相同。所以，只要是 192.168.1.0 网络中的地址，都满足此要求，即此 ACL 允许来自 192.168.1.0 网络的所有数据流量通过。

根据上述分析，这条 ACL 语句也可以写成"access-list 1 permit 192.168.1.123 0.0.0.255"或"access-list 1 permit 192.168.1.211 0.0.0.255"等，都与"access-list 1 permit 192.168.1.0 0.0.0.255"的效果是一样的。因为，最后一个字节对应通配符掩码是 255，不做匹配检查；通配符掩码前三字节为 0，所以只检查前三个字节，在本例中前三个字节只要是 192.168.1 即可。

再举一例：分析"access-list 1 permit 192.168.1.70 0.0.192.128"语句，允许通过的 IP 地址有哪些。

分析：通配符掩码中凡是为 0 的字节都是必须匹配的，在转化为二进制时就不需要再去转化这部分了。下面将其余字节转化为二进制进行分析，如图 6-5 所示。

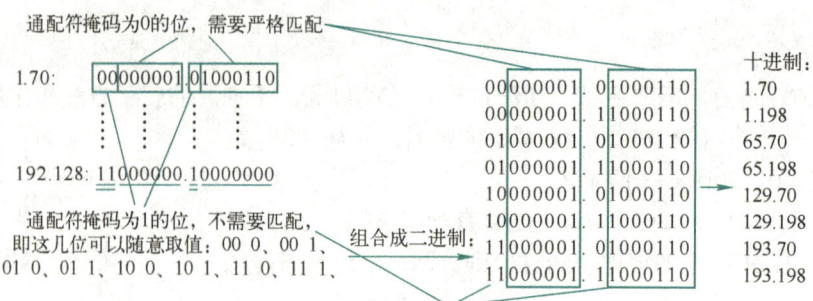

图 6-5 分析通配符掩码（2）

经上述分析后，组合为十进制形式的 IP 地址，即得到允许通过的 IP 地址：

  192.168.1.70、 192.168.1.198、 192.168.65.70、 192.168.65.198
  192.168.129.70、192.168.129.198、192.168.193.70、 192.168.193.198

表示此 ACL 语句允许来自上述 8 个 IP 地址的数据流量经过。

 思考：允许最后一位十进制数为奇数的 IP 地址通过，如何表达？（答案有很多，只要 IP 地址的最后位为奇数，通配符掩码为 255.255.255.254 即可，如 "access-list 1 permit 1.0.0.1 255.255.255.254" 等。）

2. 标准数字式 ACL

（1）标准数字式 ACL 的基本格式

  access-list access-list-number {deny/permit}{source [source-wildcard]/any}[log]

55 标准数字式 ACL 配置基础

access-list-number：指标准数字式 ACL 表号，取值范围为 1～99 和 1300～1999（扩展数字式 ACL 表号取值范围为 100～199 和 2000～2699）。

deny/permit：说明此 ACL 是拒绝还是许可流量，此流量是由后面的 "source [source-wildcard]" 来确定的。

source：可以用于指定一个确定的 IP 地址，如 192.168.1.100；可以用 host 来代替后面的通配符掩码 0.0.0.0，如 "access-list 1 permit 192.168.1.100 0.0.0.0" 可写成 "access-list 1 permit host 192.168.1.100"；还可以将 host 也省略掉，写成 "access-list 1 permit 192.168.1.100"。这 3 种方式都表示允许 IP 地址为 192.168.1.100 的流量通过。

source 还可以用于指定一些地址，如前面讲的 "access-list 1 permit 192.168.1.0 0.0.0.255" 表示允许 192.168.1.0 网络的流量通过。

any：表示 0.0.0.0 255.255.255.255（即所有地址）都可匹配。例如 "access-list 1 permit any" 表示允许所有流量通过。

56 配置标准数字式 ACL

log：日志选项。

（2）配置标准数字式 ACL

以图 6-6 所示的拓扑为例，要求 PC0 不能 ping 通 PC1，PC2 能 ping 通 PC1，PC0 与 PC2 之间也能相互 ping 通。这需要使用 ACL 来对 PC0 到 PC1 方向的流量做限制。

第 1 步：完成基本配置。

在配置 ACL 之前，首先要保证整个网络的基本通信是正常的，这里需要按照图 6-6 配置路由器各端口的 IP 地址，配置 PC0、PC1、PC2 的 IP 地址、子网掩码及网关地址。（基本配置的具体过程略）

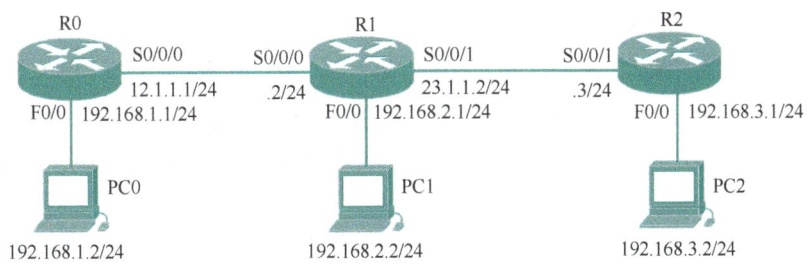

图 6-6 配置标准数字式 ACL

基本配置完成后，PC0 和 PC2 可以 ping 通 PC1，PC0 和 PC2 之间也能互相 ping 通。

第 2 步：配置访问控制列表。

配置标准数字式 ACL，使 PC0 不能 ping 通 PC1。在路由器 R1 上，增加以下配置。

```
R1(config)#access-list 1 deny 192.168.1.2
    //定义 access-list 1，拒绝主机 192.168.1.2 的流量
R1(config)#access-list 1 permit any
    //定义 access-list 1，允许所有的 IP 地址。这一行不能省略，因为在 ACL 最后隐含了一条
    //deny any 的语句，如果没有这一行，则所有的 IP 地址都将被拒绝，这样 PC2 也不能 ping 通
    //PC1 了
R1(config)#int f0/0
R1(config-if)#ip access-group 1 out
    //在 F0/0 端口的外出方向上应用上面定义的 access-list 1。这里针对的是从 PC0 到 PC1
    //的流量，已经进入了路由器 R1，所以应在路由器 R1 的外出方向上应用所定义的 ACL
```

在 R1 上配置完 ACL 后，测试其连通性：在 PC0 上不能 ping 通 PC1，PC2 能 ping 通 PC1，PC0 与 PC2 之间也能相互 ping 通。

 注意： 在配置 ACL 时应注意其配置顺序，先配置的语句在 ACL 语句列表的前面，在执行时是按配置顺序依次执行的。

（3）编辑标准数字式 ACL

1）删除 ACL。

```
R1(config)#no access-list 1
```

在删除定义的 ACL 时，只需要删除该 ACL 对应的表号即可，不需要输入具体的 ACL 语句。

2）取消 ACL 在端口上的应用。

```
R1(config)#int f0/0
R1(config-if)#no ip access-group 1 out    //在原应用语句前加 no 即可
```

3）编辑 ACL。对于数字式 ACL，在编辑 ACL 时，不能删除一行，也不能在原 ACL 语句中插入一行。较快的编辑方法是：先用 show run 命令显示当前配置，然后把所配置的 ACL 语句复制下来放到记事本中进行编辑，再在路由器上删除原 ACL，最后把记事本中编辑好的 ACL 语句复制到路由器中。

 注意： 在将编辑好的 ACL 语句复制到路由器前，一定要先删除原 ACL，否则只会在原 ACL 语句后添加新的语句。

（4）标准数字式 ACL 的放置位置

所谓放置位置，是指将所定义的 ACL 放到哪个路由器、哪个端口上，以及方向如何指定。其放置规则是：标准 ACL（包括数字式和命名式），放到距目标最近的那个端口上，并且方向一般用外出方向 out。如在本节的标准数字式 ACL 的配置实验中，就是放到 PC1 最近的路由器端口 F0/0 上，方向用 out。下面来分析原因。

因为标准 ACL 仅对源 IP 地址进行过滤，如果放置在距源 IP 地址更近的地方，那么将会使 ACL 过滤掉到达其他目标的流量。如果将定义的 ACL 放置到路由器 R0 的端口 F0/0 或 S0/0/0，或放到路由器 R1 的 S0/0/0 端口上，将会使 PC0 除了无法 ping 通 PC1 外，还无法 ping 通 PC2。

路由器 R1 的 F0/0 端口直接与目标 PC1 相连，是距目标最近的端口，此时的数据流量是从路由器出来的，所以方向是 out，而不是 in（如果是在路由器 R1 的 S0/0/0 端口上应用 ACL，此时数据流量还没有进入路由器，方向应该用 in）。

3. 标准命名式 ACL

数字式 ACL 在编辑时不是很方便，并且不直观，而命名式 ACL 则没有这些缺点。现采用标准命名式 ACL 实现上例要求。在路由器 R1 上的配置如下所示（基本配置略）。

```
R1(config)#ip access-list standard denypc0    //创建命名式ACL denypc0
R1(config-std-nacl)#deny host 192.168.1.2     //拒绝来自主机192.168.1.2的流量
R1(config-std-nacl)#permit any                //许可其余流量
R1(config-std-nacl)#exit
R1(config)#int f0/0
R1(config-if)#ip access-group denypc0 out
//将命名式ACL denypc0应用在f0/0端口的外出方向上
```

配置完成后测试各 PC 间的连通性，其结果与标准数字式 ACL 相同。

标准命名式 ACL 的编辑，可以在不删除原 ACL 的情况下完成。例如，现需要使 PC0 能 ping 通 PC1，使 PC2 不能 ping 通 PC1，可以在路由器 R1 上进行如下配置。

```
R1(config)#ip access-list standard denypc0
R1(config-std-nacl)#no deny 192.168.1.2   //可直接删除命名式ACL中的一行
R1(config-std-nacl)#no permit any
//这条也应删除，否则，它将在其他ACL语句之前，使后面的ACL语句不起作用
R1(config-std-nacl)#deny 192.168.3.2      //配置拒绝PC2的ACL
R1(config-std-nacl)#permit any            //最后重新配置许可其余流量
R1(config-std-nacl)#exit
```

配置完成后测试：PC0 能 ping 通 PC1，PC2 不能 ping 通 PC1。可见，命名式 ACL 的编辑比数字式 ACL 的编辑更方便。

对于标准命名式 ACL，删除整个 ACL 的方法以及取消在端口上的应用，与数字式 ACL 相同。

```
Router1(config)#no ip access-list standard denypc0   //删除标准命名式ACL
Router1(config)#int f0/0
Router1(config-if)#no ip access-group denypc0 out
//取消标准命名式ACL在端口上的应用
```

6.1.3 配置扩展 ACL

前面讲了标准 ACL 只能对源地址进行过滤，而扩展 ACL 则可以同时对源地址、目标地址、协议、端口号、时间范围等进行过滤。可见，扩展 ACL 的功能比标准 ACL 更强。

58　配置扩展数字式 ACL

1. 扩展数字式 ACL

扩展数字式 ACL 的语法格式如下所示。

```
access-list access-list-number {permit|deny} protocol {source source-wildcard destination destination-wildcard} [operator operand] [port port-number or name] [established]
```

access-list-number：指访问控制列表表号，对于扩展 ACL 来说，其取值范围是 100～199。

permit | deny：满足条件时，允许/拒绝该流量。

protocol：用于指定协议类型，如 IP、TCP、UDP、ICMP 等。

source source-wildcard：用于指定源地址和通配符掩码。

destination destination-wildcard：用于指定目的地址和通配符掩码。

operator operand：用于指定操作符（lt 为小于，gt 为大于，eq 为等于，neq 为不等于）和一个端口。

port port-number or name：以端口号或名称方式指定。

established：是 TCP 使用的一个关键字，表示已建立，用于识别是否为 TCP 初始连接。

下面仍以图 6-6 为例，来讲解扩展数字式 ACL 的配置方法。在图 6-6 中，允许主机 PC0 telnet 路由器 R2，但不允许 ping 通路由器 R2。

由于扩展 ACL 对流量的源地址和目标地址都非常明确，因此将扩展 ACL 放置在距源地址更近的地方更好。在本例中，路由器 R0 的 F0/0 端口距源地址 PC0 最近。如果将 ACL 定义在其他端口或其他路由器上，例如放在 R1 的 S0/0/1 出口上，从 PC0 到路由器 R2 的 telnet 流量将经由路由器 R0、R1 的路由和转发，到了 R1 的 S0/0/1 端口后被拒绝，这样就浪费了带宽资源及路由器计算路由的 CPU 资源。

在路由器 R0 上配置扩展数字式 ACL 的过程如下所示。（网络的基本配置略）

```
R0(config)#access-list 100 permit tcp host 192.168.1.2 host 23.1.1.3 eq telnet
        //其中，"100" 是扩展数字式ACL表号； "tcp" 指telnet流量使用的协议是TCP； "host
        //192.168.1.2" 是源地址； "host 23.1.1.3" 是目标地址； "eq telnet" 表示要匹配
        //的流量是telnet流量，由于telnet的TCP端口号是23，也可以写为 "eq 23"。整个
        //语句的的作用是表号为100的ACL，允许从主机192.168.1.2 telnet到路由器R2
R0(config)#access-list 100 deny icmp host 192.168.1.2 host 23.1.1.3
        //由于ping命令使用的协议是ICMP，这里的协议用ICMP，整条语句的作用是拒绝从主机
        //192.168.1.2 ping通Router 2
R0(config)#access-list 100 permit ip any any
        //允许其余所有的IP流量，前一个any表示任意的源地址，后一个any表示任意的目标地址
R0(config)#int f0/0
R0(config-if)#ip access-group 100 in
        //将ACL 100 应用到F0/0端口的进入方向。为什么用in？是因为数据的流向是从PC0进
        //入路由器，所以用in
```

注意： 如果要求拒绝路由器 R0 向 R2 的 telnet，则不能把 ACL 配置在 R0 的任何端口上，因为 ACL 只对穿越路由器的流量进行过滤，对本路由器作为源地址的流量不做过滤。

2. 扩展命名式 ACL

以图 6-7 所示拓扑为例，配置扩展命名式 ACL：要求禁止 192.168.1.0/24 网络中 PC3 到 192.168.3.0/24 网络的 FTP 服务，禁止 PC4 到 192.168.3.0/24 网络的 Telnet 服务，192.168.1.0/24 网络的所有主机允许使用到 192.168.3.0/24 网络的 WWW 服务，整个 192.168.1.0/24 网络不允许 ping 通 192.168.3.0/24 网络的主机。

59　配置扩展命名式 ACL

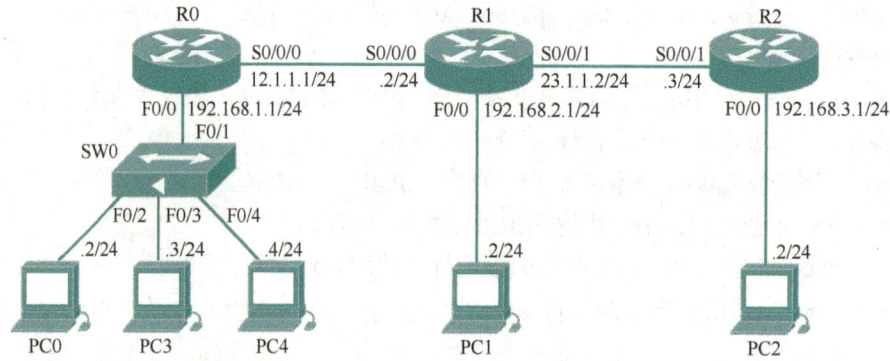

图 6-7　扩展命名式 ACL 的配置

扩展命名式 ACL 的功能与扩展数字式 ACL 的类似，都可以实现对源地址、目标地址、协议类型、端口号、时间范围等过滤。由于是扩展 ACL，因此需要配置在离源网络更近的路由器 R0 上。

在路由器 R0 上配置扩展命名式 ACL 的过程如下所示。（网络的基本配置略）

```
Router0(config)#ip access-list extended EXT-ACL
Router0(config-ext-nacl)#deny tcp host 192.168.1.3 192.168.3.0 0.0.0.255 eq 21
Router0(config-ext-nacl)#deny tcp host 192.168.1.4 192.168.3.0 0.0.0.255 eq 23
Router0(config-ext-nacl)#permit tcp 192.168.1.0 0.0.0.255 192.168.3.0 0.0.0.255 eq www
Router0(config-ext-nacl)#deny icmp 192.168.1.0 0.0.0.255 192.168.3.0 0.0.0.255
Router0(config-ext-nacl)#permit ip any any
Router0(config-ext-nacl)#exit
Router0(config)#int f0/0
Router0(config-if)#ip access-group EXT-ACL in
```

60　配置基于时间的 ACL（1）

6.1.4　配置基于时间的 ACL

基于时间的 ACL 的功能类似于扩展 ACL，但它允许根据时间执行访问控制。基于时间的 ACL 是在普通 ACL 的基础上加入了对时间范围的控制功能。

以图 6-7 所示拓扑为例，配置基于时间的 ACL（假设路由器 R2 是与外网相连的边界路由器）：要求与路由器 R0 和 R1 相连的所有 PC 只能在周一到周五的 8:00—12:00 和 14:00—18:00 进行邮件收发，不能进行其他网络访问操作。

61　配置基于时间的 ACL（2）

```
R2(config)#time-range worktime          //定义时间范围的名称为worktime
R2(config-time-range)#periodic weekdays 8:00 to 12:00
                //定义工作日的上午8点到12点，其中参数weekdays指工作日（周一到周
                //五），可用命令"periodic ？"来查看表示时间的参数值
R2(config-time-range)#periodic weekdays 14:00 to 18:00
R2(config-time-range)#exit
R2(config)#access-list 100 permit tcp any any eq 53      //允许DNS解析
R2(config)#access-list 100 permit tcp any any eq smtp    //允许发邮件
R2(config)#access-list 100 permit tcp any any eq pop3    //允许收邮件
//上面这几条是在任何时间都允许的，包括工作时间
R2(config)#access-list 100 deny ip any any time-range worktime
//在工作时间内拒绝所有的 IP 流量。注意：这里的 IP 流量包括所有的网络流量，如 TCP、
//ICMP、UDP、FTP、Telnet、WWW 等。当然，根据 ACL 过滤规则，在前面已经许可的流量是
//允许通过的
R2(config)#access-list 100 permit ip any any
                //允许所有IP流量
R2(config)#int s0/0/1
R2(config-if)#ip access-group 100 in    //将ACL配置在R2的S0/0/1端口上
R2(config-if)#end
```

6.1.5 动态 ACL

动态 ACL 是对基础 ACL 的应用扩展，动态 ACL 要求在访问受保护的网络资源前先经过身份验证，然后由路由器自动创建访问控制列表项来允许访问会话的建立。关于动态 ACL 的应用见下面的"任务实施"。

【任务实施】

在七彩数码集网络中，需要通过配置 ACL 来实现网络的安全控制。要求：只有技术部员工可以远程登录访问北京总部和上海分部设备的操作；生产部员工和上海分部员工在访问 Web 服务器和 FTP 服务器前需要进行身份验证；凌晨 0 点到 2 点是系统维护时间，除技术部员可以远程登录 Web 服务器和 FTP 服务器外，其余员工不能访问（这里以重庆分部为例）。任务实施拓扑如图 6-1 所示。主要实施步骤如下所示。

第 1 步：配置 ACL 限制远程登录。
第 2 步：配置动态 ACL 和基于时间的 ACL。
第 3 步：测试 ACL。

1. 配置 ACL 限制远程登录

在路由器 Chongqing0 上配置 ACL，限制只有技术部员工可以进行远程登录访问北京总部和上海分部网络设备的操作。

```
Chongqing0#conf t
Chongqing0(config)#access-list 100 permit tcp 172.16.7.0 0.0.0.255 any eq telnet
Chongqing0(config)#access-list 100 deny tcp any any eq telnet
                //只允许技术部员工可以进行远程登录，禁止其他员工
Chongqing0(config)#access-list 100 permit ip any any      //许可其他的IP流量
```

```
Chongqing0(config)#int f0/0                    //在 F0/0 端口上应用 ACL 100
Chongqing0(config-if)#ip access-group 100 in
Chongqing0(config-if)#int f0/1                 //在 F0/1 端口上应用 ACL 100
Chongqing0(config-if)#ip access-group 100 in
```

2. 配置动态 ACL 和基于时间的 ACL

```
Beijing1#conf t
Beijing1(config)#username server password 123456
            //建立本地验证数据库,用户名为 server,密码为 123456
Beijing1(config)#username server autocommand access-enable host timeout 10
            //为 server 用户配置动态 ACL,空闲超时为 10min
Beijing1(config)#access-list 101 permit tcp 172.16.4.0 0.0.0.255 host 10.1.1.1 eq telnet
Beijing1(config)#access-list 101 permit tcp 192.168.0.0 0.0.255.255 host 10.1.1.1 eq telnet
            //允许生产部员工和上海分部员工访问服务器前使用 telnet 形式完成身份验证
Beijing1(config)#access-list 101 dynamic server timeout 300 permit ip any host 10.1.3.2
Beijing1(config)#access-list 101 dynamic server timeout 300 permit ip any host 10.1.3.3
            //配置动态 ACL 具体内容,以 dynamic 声明这是一条名为 server 的动态 ACL,用
            //timeout 来指定绝对超时时间为 300s,超过这个时间无论是否有匹配数据均需要
            //重新验证
Beijing1(config)#time-range systime
            //配置一个名为 systime 的系统维护时间段
Beijing1(config-time-range)# periodic daily 0:00 to 02:00
            //指定系统维护时间段为每天凌晨 0 点到 2 点
Beijing1(config-time-range)#exit
Beijing1(config)#access-list 101 permit tcp 172.16.7.0 0.0.0.255 host 10.1.3.2 eq telnet time-range systime
Beijing1(config)#access-list 101 permit tcp 172.16.7.0 0.0.0.255 host 10.1.3.3 eq telnet time-range systime
            //在系统维护时间内,只允许技术部员工远程登录服务器
Beijing1(config)#access-list 101 deny tcp any host 10.1.3.2 eq www time-range systime
Beijing1(config)#access-list 101 deny tcp any host 10.1.3.3 eq FTP time-range systime
            //在系统维护时间内,不允许其他员工访问服务器
Beijing1(config)#access-list 101 permit ip any any
Beijing1(config)#line vty 0 4
Beijing1(config-line)#login local
Beijing1(config-line)#int g1/0
Beijing1(config-if)#ip access-group 101 in
Beijing1(config-if)#
```

3. 测试 ACL

在生产部的 PC(IP 地址为 172.16.4.4)上 telnet 路由器 Beijing1(IP 地址为 10.1.1.1)。

```
C:\>telnet 10.1.1.1

Trying 10.1.1.1 ...
% Connection timed out; remote host not responding
```

提示不能进行远程登录,这是由于只允许技术部员工进行远程登录。下面再用技术部的主机(IP 地址为 172.16.7.6)进行远程登录。

```
C:\>telnet 10.1.1.1

Trying 10.1.1.1 ...Open
User Access Verification
Username: server
Password:
Beijing1>en
Password:
Beijing1#
```

可见,技术部员工可以远程登录。

用类似的方法,可以验证对 Web 服务器和 FTP 服务器的访问。

【考赛点拨】

本任务内容涉及认证考试和全国职业院校技能竞赛的相关要求如下。

1. 认证考试

关于访问控制列表(ACL)的认证考试主要有华为、锐捷、思科等公司认证,以及 1+X 证书考试。这里列出了这些认证考试中关于 ACL 的要求。

- 描述访问控制列表(ACL)的类型、特征、应用、序列号、编辑、标准、扩展、命名、编号、时间、日志选项。
- 配置及核实 ACL 以过滤网络流量。
- 配置和应用访问控制列表,以限制 telnet 和 SSH 对路由器的访问。
- 排错及解决 ACL 问题:统计数据、经许可的网络、方向。

2. 技能竞赛

在网络设备竞赛操作模块中,需要掌握的关于 ACL 的内容包括 ACL 的定义、通配符掩码、放置的端口、各种 ACL 的配置等。需要注意的是,在竞赛中,参赛选手往往没有将 ACL 应用到合适的端口而产生非预期的效果,达不到题目的要求;另外也可能是不知道选用哪种 ACL 来实现导致丢分;再有,对基于时间的 ACL 不能准确定义出时间段,这也是常见的丢分点。

任务 6.2 设备安全管理配置

【任务描述】

为了确保七彩数码集团网络安全稳定的运行,需要对集团网络中的设备进行安全管理配置,包括设置设备访问口令、口令遗忘时的恢复重置、IOS 的备份与恢复、配置信息的备份与恢复,以及交换机端口的安全配置等。

【任务分析】

作为网建公司的网络设计和部署项目组的成员,要完成本任务的工作,需要具备以下关于设备安全管理配置的知识。

- 配置路由器(或交换机)口令的方法。
- (掌握)口令重置的方法。
- (掌握)IOS 的备份与恢复方法。
- (掌握)配置的备份与恢复方法。
- (掌握)交换机端口的安全配置方法。

【知识储备】

6.2.1 配置路由器(或交换机)口令

在路由器或交换机上设置口令可以限制用户进入用户模式和特权模式以访问和修改配置。在路由器或交换机上配置口令的方法是相同的。

62 设置口令

1. 配置 Console 线访问口令

使用 Console 线将路由器的 Console 端口与计算机的 COM 口相连来完成对路由器的基本配置。在默认情况下,Console 线的访问是没有设置密码的,路由器启动后一般会进入其用户模式,但这样做存在安全威胁,因此需要配置 Console 线访问口令。

```
Beijing1(config)#line console 0
Beijing1(config-line)#password abcd
Beijing1(config-line)#login
Beijing1(config-line)#^Z
Beijing1#
```

其中,"line console 0"命令用于进入控制台端口,命令关键字 line 是用于进入线路模式的命令,在 console 之后的 0 指的是控制台端口的编号。控制台端口只有一个,并且是从 0 开始编号的。

在"password abcd"前的提示符变成了"Beijing1(config-line)"了,这种提示符称为线路模式提示符。"abcd"就是用户配置的口令。注意:口令是区分大小写的。

"login"表示对控制线路进行登录配置。

在完成上面的配置后,保存并退出。用户下次开机再从 Console 端口进入交换机时,要求输入最后一次配置的口令。

 注意:一定要记住最后一次配置的控制台端口(也就是 Console 端口)的口令。如果在做实验时只记住了前几次的练习口令,而没记住最后一次的,就不能直接进入配置界面了,需要重置口令。

2. 配置进入特权模式的口令

在特权模式下，管理员可以查看和改变路由器的配置。因此，拥有一套特权口令集是非常重要的。特权口令又称使能口令，其配置过程如下。

```
Router#conf t
Router(config)#host Beijing1
Beijing1(config)#enable password 1234      ❶
Beijing1(config)#enable secret 2345        ❷
Beijing1(config)#end
Beijing1#
```

其中，❶和❷两条语句配置的口令的区别是：使用 password 配置的口令不被加密保存，而使用 secret 配置的口令是加密保存的，并且两种口令同时配置时，使用 secret 配置的口令生效而使用 password 配置的口令失效。用户可以通过查看配置来证实。

```
Beijing1#show run      ❶
Building configuration...

Current configuration:1084 bytes
!
version 12.1
no service timestamps log datetime msec
no service timestamps debug datetime msec
no service password-encryption
!
hostname Beijing1      ❷
!
enable secret 5 $1$mERr$ob4H19B4t2AvtsZbg.28A1    ❸
enable password 1234    ❹
!
...
```

其中，❶处是查看路由器的配置信息的命令；❷处表示路由器主机名为 Beijing1；❸处是采用 secret 所配置的口令，可见是被加密保存在配置文件中的，使用 show run 命令查看配置信息时，显示的是一串无规律的乱码；❹处是采用 password 所配置的口令，是以明文方式保存在配置文件中的，可以看见配置的口令就是 1234。

可以在全局模式下使用一条命令"service password-encryption"来对使用 password 命令配置的明文口令进行加密，使其变为密文。

将路由器从特权模式退出，重新登录，验证前面所配置的口令。

```
Beijing1#exit      ❶

Password:       ❷

Beijing1>en
Password:       ❸
Password:       ❹
Beijing1#
```

其中，❶处是从特权模式退出的命令；❷处要求输入控制台口令才能登录路由器（重新启动也需要在此输入控制台口令才能登录路由器）；❸处输入的口令是 1234，结果不能进入特权模式，说明 password 口令失效；❹处输入的口令是 2345，成功进入特权模式。

> **建议**：一般不要使用 enable password 和 service password-encryption 这两条口令，因为在 Cisco 官方网站上，甚至在互联网上，都有能够破解用这种方式加密的软件，但至今还没有能破解使用 enable secret 加密的软件。

6.2.2 口令重置

如果忘记了某台路由器的口令，如何实现该路由器口令的重置呢？

路由器配置寄存器的值在默认情况下是 0x2102，其中第 3 个字符是用于改变路由器加载配置文件的方式，如果配置寄存器的值为 0x2102，那么在启动时将会加载保存在 NVRAM 中的配置文件，这个配置文件就是在上一个任务中提到的 startup-config，在这个配置文件中包含了在进入系统时要求输入的口令。

有什么办法可以使路由器在启动时不去读取 startup-config 配置文件呢？可以通过修改配置寄存器的值，使路由器在开机启动时不读取这个配置文件，从而绕过输入口令的过程。

整个口令重置的过程如图 6-8 所示。左边是恢复口令的操作过程，右边是对各操作的解释。

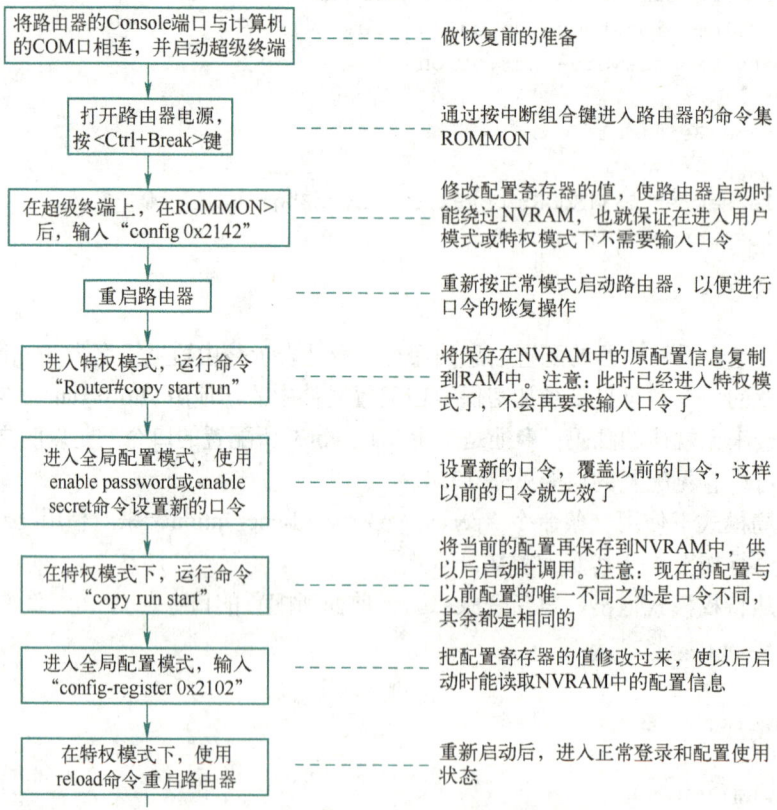

图 6-8　口令重置过程

6.2.3 IOS 的备份与恢复

由于 Cisco 会对其路由器的操作系统（IOS）进行漏洞修正或升级，产生更新版本。当一个路由器原有的 IOS 比较老旧需要升级时，为了避免升级新版本时失败，就需要对旧版本的 IOS 进行备份，以便以后恢复时使用。

1. IOS 的备份

IOS 一般是采用 TFTP 服务器进行备份的。TFTP 服务器实际上就是一台运行有 TFTP 备份软件的普通计算机。

具体操作过程如下。

1）准备 TFTP 服务器。确保作为备份的计算机上安装了 TFTP 服务器软件。

2）连接设备。使用一条交叉线，将路由器的以太网口与 TFTP 服务器的网卡相连，用一台笔记本计算机通过 Console 线缆与路由器的 Console 端口相连，用于操作路由器，如图 6-9 所示。

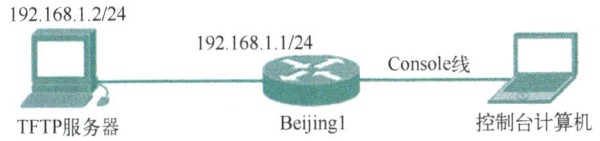

图 6-9 连接 TFTP 服务器

3）设置 IP 地址。将 TFTP 服务器网卡与相连的路由器端口设为同一个网段，如 192.168.1.0/24 网段（如果路由器与 TFTP 服务器之间还需要通过网络连接，那么要保证路由器通过静态路由或路由协议能达到此 TFTP 服务器，采用这种方式将涉及后面的路由配置知识），确保路由器能 ping 通 TFTP 服务器。

4）输入命令。在控制台计算机上，在特权模式下输入"copy flash tftp"命令，然后根据 IOS 的提示回答问题即可。

```
Beijing1#copy flash tftp     ❶
Source filename[]? c2600-i-mz.122-28.bin     ❷
Address or name of remote host[]?192.168.1.2     ❸
Destination filename [c2600-i-mz.122-28.bin]?     ❹
Writing c2600-i-mz.122.28.bin
…
```

其中，❶处是在特权模式下输入"copy flash tftp"命令，表示将保存在 Flash 中的 IOS 复制到 TFTP 服务器中；❷处是询问需要保存闪存中的 IOS 的文件名是什么，这个文件名需要事先利用 show flash 或 show version 命令来查看并记录下来，以便在这里输入；❸处要求输入的作为 TFTP 服务器的 IP 地址，这里输入 192.168.1.2，这就是 TFTP 服务器的 IP 地址；❹处是询问将 IOS 保存为什么名字，其中的默认提示为"[c2600-i-mz.122-28.bin]"，如果不想另起文件名，可直接按〈Enter〉键，那么将在 TFTP 服务器中产生一个名为 c2600-i-mz.122-28.bin 的 IOS 备份文件，然后开始备份。

2. 加载或恢复 IOS

这个过程是从 TFTP 服务器中将 IOS 文件复制到路由器中。其操作过程与备份 IOS 类似，只是执行的命令是"copy tftp flash"。

注意：关于 Cisco 交换机的 IOS 的备份与恢复过程与路由器类似。不同型号的路由器或交换机，在进行此操作时可能有部分差异，但基本操作过程是相同的。

6.2.4 配置的备份与恢复

通过前面的学习了解到路由器正在使用的配置信息在 RAM 中，而 NVRAM 是用于保存路由器的配置文件的。但如果用户不小心将 NVRAM 中的配置文件删除了，或者保存了一个被错误修改的配置信息，怎么办？解决这类问题的办法是使用 TFTP 服务器中的备份配置文件将正确的配置文件恢复回来。

63　配置的备份与恢复

1. 备份配置文件

将配置文件备份到 TFTP 服务器中的方法同备份 IOS 的相似：准备好 TFTP 服务器，并设置好 IP 地址，执行 copy run tftp 命令。

```
Beijing1#copy run tftp         ❶
Address or name of remote host[]?192.168.1.2   ❷
Destination filename [Beijing1-confg]?   ❸
```

其中，在❶处输入备份命令，在这里是将 RAM 中的配置信息存储到 TFTP 服务器中，也可以输入命令"copy start tftp"，表示将 NVRAM 中的配置文件保存到 TFTP 服务器中；在❷处输入 TFTP 服务器的 IP 地址；❸处要求输入备份配置文件名，以便以后需要时能找到该文件。

2. 恢复备份文件

如果当前路由器的配置文件受到破坏，就需要从 TFTP 服务器中恢复配置文件。其操作过程与备份配置文件类似，只是执行的命令是 copy tftp start 或 copy tftp run。前一个命令是将配置文件恢复到 NVRAM 中，后一个命令是将备份文件复制到 RAM 中。

6.2.5 交换机端口的安全配置

在现代企业网络中，越来越多的威胁来自于企业内部。例如，无限制的主机接入、移动设备接入、共享数据等都是来自于企业内部的安全威胁。

64　交换机端口的安全配置

采用交换机端口安全技术是限制非法计算机等联网设备接入的有效手段。

配置交换机端口安全的过程如下。

```
Switch#conf t
Switch(config)#int f0/1
Switch(config-if)#switchport mode access        //在配置端口安全之前必须指定端口模式
Switch(config-if)#switchport port-security?     //启动交换机端口安全，并查看安全参数
    mac-address   Secure mac address            ❶
    maximum       Max secure addresses          ❷
    violation     Security violation mode       ❸
```

其中，❶处设定安全 MAC 地址，可以由管理员手工配置合法 MAC 地址，如"Switch

(config-if)#switchport port-security mac-address 0007.ECE7.C3AE",这样就只有 MAC 地址为 0007.ECE7.C3AE 的主机可以接入该端口,其他 MAC 地址的主机接入就违反了端口安全策略。手工配置合法 MAC 地址不适合在大型网络中使用。在大型网络中,可以使用命令 "Switch(config-if)#switchport port-security mac-address sticky" 配置黏滞安全 MAC 地址,让该端口自动记录下第一次 MAC 地址,从而减少了大量手工输入的工作量。

❷处定义了一个交换机物理端口的最大 MAC 地址数量。一般情况下,一个端口只对应一个 MAC 地址。但是,如果某交换机端口与一台集线器相连,那么这个端口可能对应多个 MAC 地址,如 "Switch(config-if)#switchport port-security maximum 8",表示此端口最多可以对应 8 个 MAC 地址。

❸处指定违反端口安全策略后的行为。

```
Switch(config-if)#switchport port-security violation ?
    protect     Security violation protect mode
    restrict    Security violation restrict mode
    shutdown    Security violation shutdown mode
```

其中,protect 表示当超过所允许的最大 MAC 地址数量时,交换机将来自新主机的数据帧丢掉,并继续工作,不发出任何警告;restrict 表示当发生安全违规时,交换机对非法数据的通信仍然可以继续,但要通过 Console 平台发出警告;shutdown 表示当发生安全违规时,关闭端口为 err-disable 状态,该端口失效,需要管理员进行手工激活。

【任务实施】

为了进一步提高对七彩数码集网络的安全管理和控制,要求对集团网络设备进行安全管理配置。任务实施拓扑如图 6-10 所示。

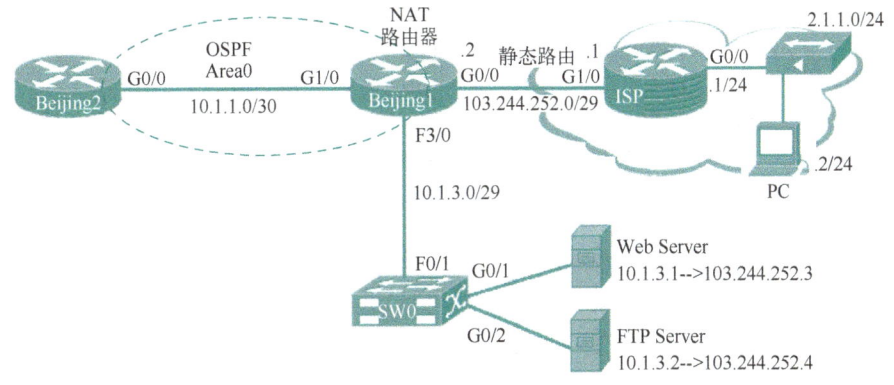

图 6-10 与服务器相连的交换机

主要实施步骤如下。

第 1 步:配置路由器和交换机口令。
第 2 步:备份 IOS。
第 3 步:备份配置信息。
第 4 步:配置交换机安全端口。

1. 配置路由器和交换机口令

这里只介绍配置路由器 Beijing1 的控制台口令、特权口令,其余设备的配置方法与此相同。

```
Beijing1#conf t
Beijing1(config)#line console 0
Beijing1(config-line)#password abc
Beijing1(config-line)#login
Beijing1(config-line)#exit
Beijing1(config)#enable secret 234
Beijing1(config)#
```

可见，Beijing1 路由器的控制台口令设为 abc，特权口令设置 secret 口令为 234，没有配置 password 口令。

2．备份 IOS

这里只介绍配置路由器 Beijing1 的 IOS，其余设备的 IOS 备份方法与此相同。

```
Beijing1#copy flash tftp
```

3．备份配置信息

这里只介绍备份路由器 Beijing1 的配置信息，其余设备的配置信息的备份方法与此相同。

```
Beijing1#copy run tftp
```

4．配置交换机安全端口

由于与交换机 SW0 相连的是七彩数码集团网络主要服务器，需要分别在与 Web 服务器和 FTP 服务器相连的两个交换机端口 G0/1 和 G0/2 上配置静态端口安全。

```
SW0(config)#int G0/1
SW0(config-if)#switchport mode access
SW0(config-if)#switchport port-security
SW0(config-if)#switchport port-security maximum 1
SW0(config-if)#switchport port-security mac-address 0001.C755.4372
SW0(config-if)#switchport port-security violation shutdown
SW0(config)#int G0/2
SW0(config-if)#switchport mode access
SW0(config-if)#switchport port-security
SW0(config-if)#switchport port-security maximum 1
SW0(config-if)#switchport port-security mac-address 000D.BDAB.B097
SW0(config-if)#switchport port-security violation shutdown
```

查看交换机 SW0 的 MAC 地址表。

```
SW0#show mac address-table

          Mac Address Table
      -------------------------------------------

      Vlan    Mac Address       Type       Ports
      ----    -----------       --------   -----
      1       0001.c755.4372    STATIC     Gig0/1    //服务器的 MAC 地址，静态类型，端口 G0/1
      1       000d.bdab.b097    STATIC     Gig0/2
```

再查看交换机 SW0 的端口安全。

```
SW0#show port-security

Secure Port  MaxSecureAddr  CurrentAddr  SecurityViolation  Security Action
             (Count)        (Count)      (Count)
---------------------------------------------------------------------------
Gig0/1       1              1            0                  Shutdown
Gig0/2       1              1            0                  Shutdown
---------------------------------------------------------------------------
```

结果显示了交换机端口、对应的最大 MAC 地址数、当前 MAC 地址数、安全违规次数及处理方式。

同样，重庆分部的接入层交换机 S1 和 S2 上的各端口均划分到不同的 VLAN，也需要对每个端口手工静态指定对应主机的 MAC 地址，以确保不同 VLAN 的安全，配置方式与 SW0 类似。

【考赛点拨】

本任务内容涉及认证考试和全国职业院校技能竞赛的相关要求如下。

1. 认证考试

设备安全管理配置的认证考试主要有华为、锐捷、思科等公司认证，以及 1+X 证书考试。这里列出了这些认证考试中关于设备安全管理配置的要求。

- 管理和恢复思科 IOS，密码重置，配置信息管理。
- 配置并核实网络设备的安全性特征：密码安全性、加密密码与明文密码。
- 配置及核实交换机端口的安全特征：黏滞安全 MAC 地址、MAC 地址限制、静态/动态、违规模式、假死、关闭。

2. 技能竞赛

设备安全管理相关知识在网络设备竞赛操作模块中一般占 5 分左右。需要掌握的内容主要包括配置设备口令（包括 Console 线口令和特权口令）、交换机端口安全等，另外，也需要了解 IOS 及配置信息的备份与恢复、口令重置等内容。有时在试卷中不会直接告诉参赛选手做什么，需要参赛选手自己分析，这就需要对这部分知识掌握得非常熟练才行。

附录　构建实验环境

在网络设备配置的实训中，如何解决实训环境是一个非常重要的环节。因为一套网络设备配置的实训设备，一般在数万元昂贵，对于很多没有硬件实验环境的学习者，使用模拟软件完成学习是一个非常好的选择。在国内外很多学校及培训机构都使用模拟软件作为网络设备配置的实训环境。

【Cisco Packet Tracer 模拟软件】

Cisco Packet Tracer 是由Cisco公司发布的一个辅助学习工具，为Cisco 网络课程的初学者学习设计、配置、排除网络故障提供了网络模拟环境。学习者可以在软件的图形用户界面上直接使用拖拽的方法建立网络拓扑。软件还提供数据包在网络中的详细处理过程，以便于学习者观察网络实时运行情况。此外，利用该软件可以学习IOS的配置，锻炼故障排查能力。

65 Cisco Packet Tracer 模拟软件

当然，Cisco Packet Tracer 模拟软件也有一些不足之处，部分较复杂的实验不能在其上进行。在这种情况下，可以用另一个模拟软件 DynamipsGUI 来完成。

Cisco Packet Tracer 模拟软件的操作方法请见教材配套资源及教学视频。

【DynamipsGUI 模拟软件】

由青岛小凡在 Dynamips 的基础上开发出来的 DynamipsGUI，是使用真实的 Cisco IOS 构建的一个学习和培训的平台。DynamipsGUI 可作为 Cisco Packet Tracer 的补充性工具，也可以作为准备 CCNA/CCNP/CCIE 考试的辅助工具。

66 Dynamips-GUI 模拟软件

DynamipsGUI 与 Cisco Packet Tracer 相比，其缺点是构建的拓扑图不直观，不能在配置过程中增减设备，但其功能强大，甚至可以完成 CCIE 中的大部分实验。

DynamipsGUI 模拟软件的操作方法请见教材配套资源及教学视频。

参 考 文 献

[1] 多伊尔. TCP/IP 路由技术：第一卷 [M]. 2 版. 葛建立，吴剑章，夏俊杰，译. 北京：人民邮电出版社，2013.
[2] 多伊尔. TCP/IP 路由技术：第二卷[M]. 全新翻译版. 葛建立，吴剑章，夏俊杰，译. 北京：人民邮电出版社，2013.
[3] 戴尔. CCNA 学习指南[M]. 邢京武，何涛，译. 北京：人民邮电出版社，2006.
[4] 崔北亮. CCNA 认证指南[M]. 北京：电子工业出版社，2009.
[5] 谢希仁. 计算机网络[M]. 7 版. 北京：电子工业出版社，2017.

网络设备配置与管理 第2版

实训工作手册

姓　　名＿＿＿＿＿＿＿＿

专　　业＿＿＿＿＿＿＿＿

班　　级＿＿＿＿＿＿＿＿

任课教师＿＿＿＿＿＿＿＿

机械工业出版社

目　　录

实训 1-1　企业子网规划 1
实训 1-2　交换机与路由器的基本配置 3
实训 1-3　网络设备管理 5
实训 2-1　配置静态路由和默认路由 7
实训 2-2　配置 RIPv2 9
实训 2-3　配置 EIGRP 11
实训 2-4　配置 OSPF 13
实训 3-1　交换机的配置 15
实训 3-2　配置 HSRP 18
实训 4-1　配置无线网络 20
实训 4-2　配置 DHCP 22
实训 5-1　配置 NAT 24
实训 5-2　配置 PPP 封装与 CHAP 验证 26
实训 6-1　配置 ACL 28
实训 6-2　网络安全管理 30

实训 1-1 企业子网规划

【实训目的】

1．子网划分。
2．子网中的 IP 地址数计算。
3．VLSM 计算。

【实训环境】

小李是网络工程专业应届大学毕业生，应聘到网建公司参加实习工作，项目经理李明让张工作为小李的实习师傅。张工为小李设计了一个网络 IP 地址规划的案例："某企业有分属于远距离的 4 个部门，其中总部有主机 120 台，分部 1 主机数是 50 台，分部 2 的主机数是 25 台，分部 3 的主机数是 12 台，现申请到了一个 C 类网络 193.2.3.0，由于公共 IP 地址很珍贵，要求最大限度地减少 IP 地址的浪费，请为该企业规划 IP 子网（不考虑 NAT 技术）"。

【实训要求】

1．根据项目描述，企业有 4 个分部，在 IP 地址规划设计时，需要为之建立 4 个子网。在规划子网时，有等长子网掩码和可变长子网掩码（VLSM）两种方案，在本案例中应该采用哪种方案设计 IP 地址更为合理？

2．总部需要多少位子网掩码？其容纳的主机数最多是多少？按照你的规划，设计出总部的子网号、广播地址、可使用的 IP 地址范围，填写在表 1-1 中。

3．分部 1 需要多少位子网掩码？其容纳的主机数最多是多少？按照你的规划，设计出分部 1 的子网号、广播地址、可使用的 IP 地址范围，填写在表 1-1 中。

4．分部 2 需要多少位子网掩码？其容纳的主机数最多是多少？按照你的规划，设计出分部 2 的子网号、广播地址、可使用的 IP 地址范围，填写在表 1-1 中。

5．分部 3 需要多少位子网掩码？其容纳的主机数最多是多少？按照你的规划，设计出分部 3 的子网号、广播地址、可使用的 IP 地址范围，填写在表 1-1 中。

表 1-1 划分子网结果

部门	子网掩码长度	子网号	广播地址	可用 IP 地址范围	主机数
总部	25 位	____	____	____ ~ ____	126
分部 1	____ 位	192.2.3.128	____	____ ~ ____	____
分部 2	____ 位	____	193.2.3.223	____ ~ ____	____
分部 3	____ 位	____	____	193.2.3.225 ~ 193.2.3.238	____
路由器端口	28 位	193.2.3.240	根据需要进一步规划		

【学习评价】

能力与素质	评价指标	分值	自评	互评	师评
IP地址基础知识	1. IP地址的作用、组成	5分			
	2. IP地址类别的识别	4分			
	3. 主类IP地址的特点	6分			
	4. 保留IP地址的识别	5分			
	5. 子网掩码的作用、特点	8分			
	6. 可变长子网掩码的作用	8分			
	7. 网关地址的作用	4分			
	小计:40分				
IP地址计算能力	1. 判断IP地址是否可分配使用	7分			
	2. 计算子网数与地址数	7分			
	3. 判断IP地址的子网归属	7分			
	4. 计算子网号及子网IP地址数	7分			
	5. 整体规划项目IP地址	12分			
	小计:40分				
职业素养	1. 对行业前景的理解和专业学习的态度	3分			
	2. 信息检索和资料查阅能力	3分			
	3. 治学态度与行为作风	4分			
	小计:10分				
团队协作	1. 独立思考和分析问题的能力	3分			
	2. 团队合作意识	3分			
	3. 团队合作解决问题的能力	4分			
	小计:10分				
姓名:	班级:		总分:		
教师签字:	日期:		组:	组长签字:	

实训 1-2　交换机与路由器的基本配置

【实训目的】
1. 在 CLI 模式下的工作模式。
2. 配置设备主机名称。
3. 路由器与交换机的基本安全配置。
4. 路由器端口地址的配置。
5. 交换机管理配置。
6. 查看与保存配置。

【实训环境】
网建公司的七彩数码集团项目经理李明要求新来的实习生小李跟随师傅张工一起完成七彩数码集团总部网络设备的基本配置工作，拓扑图如图 1-1 所示。

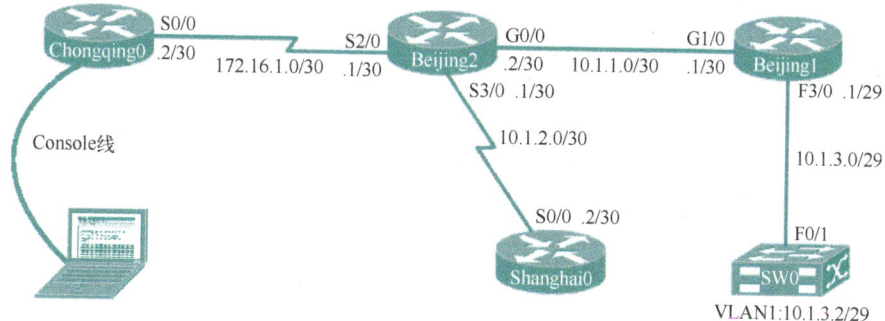

图 1-1　总部网络设备的基本配置

【实训要求】
1. 按照图 1-1 完成设备间的线缆连接。
2. 将一台带有 COM 口的笔记本计算机，分别连接到路由器或交换机的 Console 口，以便完成路由器或交换机的初始配置。
3. 在笔记本计算机上下载超级终端软件 Hyper Terminal。
4. 开启路由器与交换机。
5. 将交换机的主机名配置为 SW0，为交换机配置管理 IP 地址为 10.1.3.2/29，网关地址为 10.1.3.1/29，交换机端口 F0/1 速率配置为 100Mbit/s，将双工模式配置为 FULL。
6. 将路由器的主机名按图 1-1 进行配置，并对各端口的 IP 地址按图 1-1 进行配置，其中路由器 Beijing2 作为 DCE 端配置串行线路时钟频率为 4×10^6Hz。
7. 查看路由器各端口的信息。
8. 查看路由器与交换机的配置信息。
9. 保存路由器和交换机的配置信息。
10. 完成实训报告。

【学习评价】

能力与素质	评价指标	分值	自评	互评	师评
网络设备配置基础知识	1. 路由器与交换机的分类	2分			
	2. 路由器与交换机端口的命名规则	4分			
	3. 路由器或交换机的硬件及功能	4分			
	4. 路由器或交换机的会话模式	4分			
	5. 命令简写原则	2分			
	6. 识别命令错误提示	4分			
	7. 命令帮助提示	2分			
	8. 常用命令快捷键	4分			
	9. 交换机与路由器的基本配置	10分			
	10. 配置文件管理	4分			
	小计：40分				
网络设备基本配置能力	1. 根据拓扑图搭建实验环境	4分			
	2. 交换机的基本配置操作	12分			
	3. 路由器的基本配置操作	12分			
	4. 设备配置信息的查看	6分			
	5. 配置文件的管理操作	6分			
	小计：40分				
职业素养	1. 设备操作规范	2分			
	2. 清晰的配置故障排查思路	2分			
	3. 信息检索和报告书写能力	3分			
	4. 治学态度与行为作风	3分			
	小计：10分				
团队协作	1. 独立思考和分析问题的能力	3分			
	2. 团队合作意识	3分			
	3. 团队合作解决问题的能力	4分			
	小计：10分				

姓名： 班级： 总分：

教师签字： 日期： 组： 组长签字：

实训 1-3　网络设备管理

【实训目的】

1．配置主机名解析。
2．远程登录。
3．启用和查看 CDP。
4．连通性测试。

【实训环境】

为了让新来的实习生小李尽快融入工作，项目经理李明让小李跟随师傅张工一起，在公司员工培训部练习对网络设备的管理。张工为小李设计的网络拓扑如图 1-2 所示。

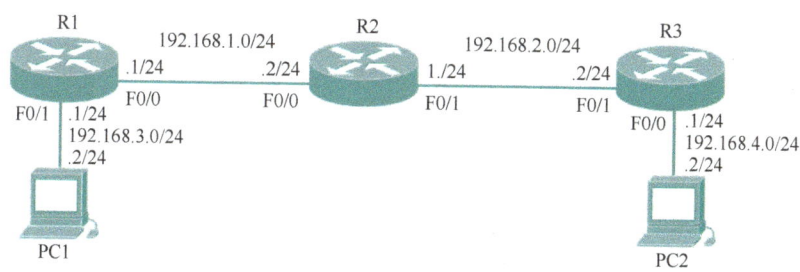

图 1-2　网络设备管理网络拓扑

【实训要求】

1．按照图 1-2 完成网络拓扑的搭建。
2．完成图 1-2 所示各设备 IP 地址的配置。
3．为使路由器 R3 能使用名称方式访问其他路由器或实现主机访问，创建一个方便访问的静态解析表。
4．当网络出现问题时，为了使管理员不必亲临现场，需要给路由器 R1、R2 和 R3 配置远程登录功能。
5．为了能发现直连设备的信息，需要在所有路由器上启用 CDP，然后查看 CDP 信息。
6．预习静态路由的配置方法，并在图 1-2 所示的网络中配置静态路由，然后使用 ping 命令和 traceroute 命令测试网络的连通性。
7．测试图 1-2 中各设备能否接受远程登录请求。
8．保存所在设备的配置信息。
9．完成实训报告。

【学习评价】

能力与素质	评价指标	分值	自评	互评	师评
网络设备管理基础知识	1. IOS 文件的命令规则及查看	3 分			
	2. 远程登录	7 分			
	3. CDP	3 分			
	4. 配置主机名解析	4 分			
	5. ping 命令	8 分			
	6. traceroute 命令	5 分			
	小计：30 分				
网络设备基本配置与管理能力	1. 根据拓扑图搭建实验环境	5 分			
	2. 路由器远程登录的配置	9 分			
	3. 交换机远程登录的配置	9 分			
	4. ping 远程地址操作	7 分			
	5. traceroute 远程地址操作	7 分			
	6. 远程登录功能测试	8 分			
	7. 对设备配置信息的查看与配置文件的管理	5 分			
	小计：50 分				
职业素养	1. 设备操作规范	2 分			
	2. 清晰的配置故障排查思路	2 分			
	3. 信息检索和报告书写能力	3 分			
	4. 治学态度与行为作风	3 分			
	小计：10 分				
团队协作	1. 独立思考和分析问题的能力	3 分			
	2. 团队合作意识	3 分			
	3. 团队合作解决问题的能力	4 分			
	小计：10 分				

姓名：	班级：		总分：	
教师签字：	日期：	组：	组长签字：	

实训 2-1　配置静态路由和默认路由

【实训目的】

1．路由器的基本配置。
2．在计算机上配置 IP 地址。
3．配置静态路由。
4．配置默认路由。
5．配置浮动默认路由。
6．测试网络连通性。

【实训环境】

网建公司希望新来的实习生小李能尽快掌握静态路由的配置技术。项目经理李明让实习师傅张工为其构建了一个网络拓扑（见图 2-1）：假设在某企业网络中，路由器 R0 与 R1 间的距离较远，线路出现故障的可能性相对较大，因此需要有一条备份链路，在路由器 R0 与 R1 间的千兆以太网端口形成主链路，百兆以太网端口形成备份链路。要求小李按照拓扑图完成网络配置。

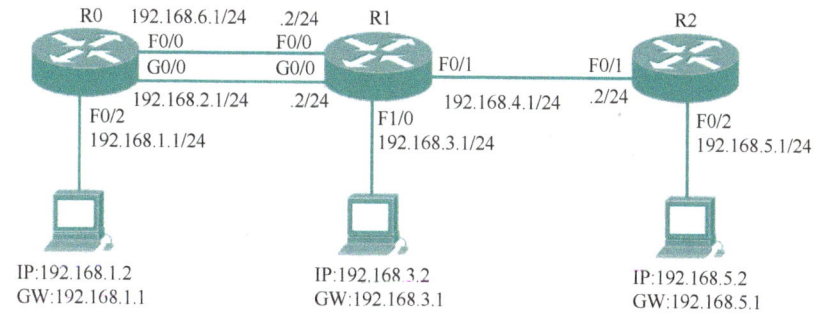

图 2-1　配置静态路由和默认路由

【实训要求】

1．按照网络拓扑图完成设备间的线缆连接。
2．完成各 PC 和路由器的 IP 地址配置。
3．在 R2 上配置默认路由，使其能访问除直连路由之外的网络。
4．在 R0 的 G0/0 端口上配置默认路由，使其能访问除直连路由之外的网络；同时，还要在 R0 的 F0/0 端口上配置浮动默认路由作为备份链路。
5．在 R1 上配置静态路由，使之能访问除直连路由之外的网络。
6．查看各路由器的路由表。
7．测试配置情况。
8．关闭 R1 的 G0/0 端口，测试浮动默认路由是否起到备份链路的作用。
9．保存配置信息。
10．完成实训报告。

【学习评价】

能力与素质	评价指标	分值	自评	互评	师评
路由基础知识	1. 路由与路由表的概念及分类	5分			
	2. 静态路由及其优缺点	6分			
	3. 动态路由及其优缺点	5分			
	4. 管理距离与度量值	5分			
	5. 默认路由	5分			
	6. 浮动静态路由	4分			
	小计：30分				
静态路由的配置与调试能力	1. 根据拓扑图搭建实验环境	5分			
	2. 直连网络的配置	5分			
	3. 静态路由的配置	8分			
	4. 默认路由的配置	8分			
	5. 浮动静态路由的配置	8分			
	6. 路由表的查看	5分			
	7. 路由故障的排查	6分			
	8. 对设备配置信息的查看与配置文件的管理	5分			
	小计：50分				
职业素养	1. 设备操作规范	2分			
	2. 清晰的配置故障排查思路	2分			
	3. 信息检索和报告书写能力	3分			
	4. 治学态度与行为作风	3分			
	小计：10分				
团队协作	1. 独立思考和分析问题的能力	3分			
	2. 团队合作意识	3分			
	3. 团队合作解决问题的能力	4分			
	小计：10分				
姓名：	班级：		总分：		
教师签字：	日期：		组：	组长签字：	

实训 2-2　配置 RIPv2

【实训目的】

1．了解 RIPv1 与 RIPv2 的区别。
2．启动 RIPv2 路由进程。
3．公告 RIP 网络。
4．在 RIPv2 路由进程关闭自动汇总功能。
5．掌握 VLSM 的配置。
6．掌握不连续子网的配置。
7．掌握 RIPv2 中的 MD5 路由验证。
8．测试网络连通性。

【实训环境】

网建公司希望新来的实习生小李能尽快掌握 RIP 的配置方法。项目经理李明让实习师傅张工为其构建了一个网络拓扑（见图 2-2）：假设一个小型企业网采用的路由协议是 RIPv2。要求小李按照拓扑图完成网络配置。

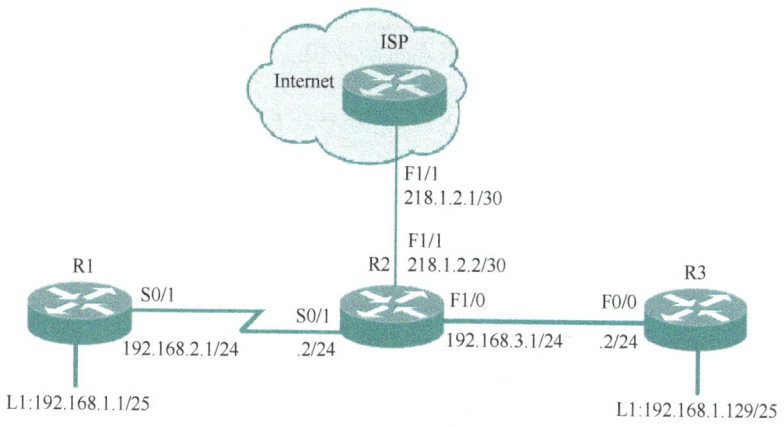

图 2-2　配置 RIPv2

【实训要求】

1．按照网络拓扑图完成设备间的线缆连接。
2．完成路由器 IP 地址的配置。
3．在路由器 R1、R2、R3 上配置 RIPv2。
4．关闭自动汇总功能，以便子网互通。
5．在 R2 上配置到 ISP 的默认路由，实现与 Internet 的连接。
6．在 R2 上配置向 RIPv2 注入默认路由，使内网用户能访问 Internet。
7．在路由器 R1 和 R2 的串口上启用 RIPv2 触发更新，以更好地利用和节省串口带宽。
8．在路由器 R2 与 R1 和 R3 相连的端口上配置 RIPv2 的 MD5 路由验证，以提高网络安全性。
9．查看各路由器的路由表，测试网络连通性。
10．保存配置信息。
11．完成实训报告。

【学习评价】

能力与素质	评价指标	分值	自评	互评	师评
RIP 基础知识	1. 路由选择原则	4 分			
	2. 距离矢量路由协议	5 分			
	3. 环路问题与 RIP 防环机制	4 分			
	4. RIP 的主要特征	4 分			
	5. RIP 计时器	4 分			
	6. 触发更新	4 分			
	7. RIP 路由验证	5 分			
	小计:30 分				
RIP 的配置与调试能力	1. 根据拓扑图搭建实验环境	5 分			
	2. 网络的基本配置	5 分			
	3. RIPv2 的配置	7 分			
	4. 查看和分析路由表	6 分			
	5. 在串行口上启用触发更新	3 分			
	6. 配置 RIPv2 支持 VLSM	6 分			
	7. 配置 RIPv2 支持不连续子网	6 分			
	8. 配置 RIPv2 的路由验证	7 分			
	9. 对设备配置信息的查看与配置文件的管理	5 分			
	小计:50 分				
职业素养	1. 设备操作规范	2 分			
	2. 清晰的配置故障排查思路	2 分			
	3. 信息检索和报告书写能力	3 分			
	4. 治学态度与行为作风	3 分			
	小计:10 分				
团队协作	1. 独立思考和分析问题的能力	3 分			
	2. 团队合作意识	3 分			
	3. 团队合作解决问题的能力	4 分			
	小计:10 分				
姓名:	班级:		总分:		
教师签字:	日期:		组:	组长签字:	

实训 2-3 配置 EIGRP

【实训目的】
1. 了解 EIGRP 的主要特征。
2. 掌握 EIGRP 的配置方法。
3. 理解 EIGRP 的三张表。
4. 理解 EIGRP 度量值的计算。
5. 理解可行距离、通告距离和可行条件。
6. 配置非等价负载均衡。
7. 掌握 EIGRP 的汇总。
8. 掌握 EIGRP 路由验证的配置。
9. 测试网络连通性。

【实训环境】
网建公司希望新来的实习生小李能尽快掌握 EIGRP 的配置方法。项目经理李明让实习师傅张工为其构建了一个网络拓扑（见图 2-3）：模拟了一家小型企业的核心网络结构，其中路由器 R1 是边界路由器，与 ISP 相连；为增加网络的可靠性，路由器 R1 与 R2 间采用了普通以太网端口链路作为链路备份，在路由器 R2 上配置了 4 个环回端口用于模拟内部网络。要求小李按照拓扑图完成网络配置。

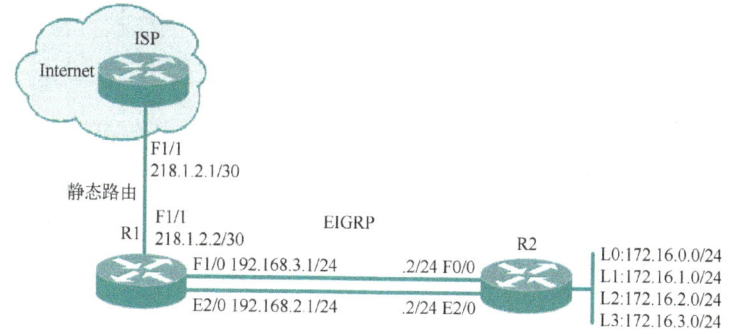

图 2-3 配置 EIGRP

【实训要求】
1. 按照网络拓扑图完成设备间的线缆连接。
2. 完成路由器 IP 地址的配置。
3. 在路由器 R1 和 R2 上配置 EIGRP。
4. 关闭路由的自动汇总功能。
5. 在路由器 R1 和 R2 上配置 EIGRP 非等价负载均衡。
6. 在 R1 上配置到 ISP 的默认路由，实现与 Internet 的连接。
7. 在 R1 上配置向 EIGRP 注入默认路由，使内网用户能访问 Internet。
8. 在路由器 R2 上手工汇总 EIGRP 路由。
9. 在路由器 R1 与 R2 相连的端口上配置 EIGRP 的 MD5 路由验证。
10. 查看各路由器的 EIGRP 邻居表、拓扑表和路由表。
11. 测试网络连通性。
12. 保存配置信息。
13. 完成实训报告。

【学习评价】

能力与素质	评价指标	分值	自评	互评	师评
EIGRP 基础知识	1. EIGRP 的主要特征	2 分			
	2. EIGRP 公告网络与 RIP 的区别	3 分			
	3. EIGRP 的邻居表	5 分			
	4. EIGRP 的拓扑表和路由表	5 分			
	5. EIGRP 的路由表	5 分			
	6. EIGRP 度量值的计算	5 分			
	7. EIGRP 的 DULL 算法	5 分			
	小计：30 分				
EIGRP 的配置与调试能力	1. 根据拓扑图搭建实验环境	5 分			
	2. 网络的基本配置	5 分			
	3. EIGRP 的基本配置	5 分			
	4. 查看和分析路由表	6 分			
	5. 在串行口上启用触发更新	3 分			
	6. 配置 IEGRP 汇总	7 分			
	7. 配置 EIGRP 非等价负载均衡	7 分			
	8. 配置 EIGRP 的路由验证	7 分			
	9. 对设备配置信息的查看与配置文件的管理	5 分			
	小计：50 分				
职业素养	1. 设备操作规范	2 分			
	2. 清晰的配置故障排查思路	2 分			
	3. 信息检索和报告书写能力	3 分			
	4. 治学态度与行为作风	3 分			
	小计：10 分				
团队协作	1. 独立思考和分析问题的能力	3 分			
	2. 团队合作意识	3 分			
	3. 团队合作解决问题的能力	4 分			
	小计：10 分				
姓名：	班级：		总分：		
教师签字：	日期：	组：	组长签字：		

实训 2-4　配置 OSPF

【实训目的】
1. 了解 OSPF 的主要特征。
2. 掌握 OSPF 的配置方法。
3. 理解 OSPF 的三张表。
4. 理解 DR 和 BDR 的选择规则。
5. 配置区域验证和链路验证。
6. 路由再发布。
7. 测试网络连通性。

【实训环境】
网建公司希望新来的实习生小李能尽快掌握 OSPF 路由协议的配置方法。项目经理李明让实习师傅张工为其构建了一个网络拓扑：在该网络拓扑中，要求完成 OSPF、RIPv2 和 EIGRP 路由协议的综合配置，如图 2-4 所示。

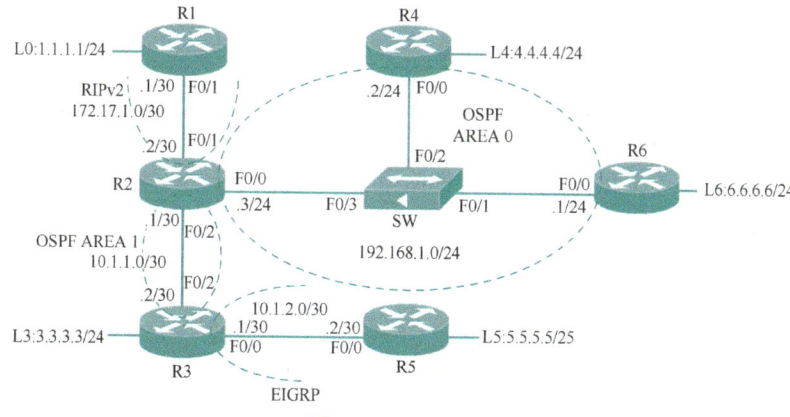

图 2-4　配置 OSPF

【实训要求】
1. 按照网络拓扑图完成设备间的线缆连接。
2. 按照网络拓扑图完成整个网络的基本配置。
3. 配置 OSPF 主干区域。
4. 配置 OSPF 标准区域。
5. 在 OSPF 主干区域中，将路由器 R4 配置为 DR，将路由器 R6 配置为 BDR。
6. 配置区域验证和链路验证：要求在 OSPF 区域 0 配置区域验证，在 OSPF 区域 1 配置链路验证。
7. 将 RIP 路由重发布到 OSPF 区域，设置重发布后的 metric 值为 60。
8. 将 OSPF 路由重发布到 RIP 区域，设置重发布后的 metric 值为 2。
9. 将 EIGRP 路由重发布到 OSPF 区域。
10. 将 OSPF 路由重发布到 EIGRP 区域，metric 参数为 100000 100 255 1 1500。
11. 测试网络连通性，要求所有路由器到其余端口都能正常通信。
12. 保存配置信息。
13. 完成实训报告。

【学习评价】

能力与素质	评价指标	分值	自评	互评	师评
OSPF 基础知识	1．OSPF 的主要特点及相关术语	5分			
	2．OSPF 包类型	3分			
	3．OSPF 邻接关系的建立过程	3分			
	4．OSPF 的收敛过程	3分			
	5．OSPF 的三张表	10分			
	6．DR/BDR 的选举过程	6分			
	小计：30 分				
OSPF 的配置与调试能力	1．根据拓扑图搭建实验环境	5分			
	2．网络的基本配置	5分			
	3．OSPF 的基本配置	5分			
	4．查看和分析 OSPF 的三张表	6分			
	5．配置 RID 确定 DR 和 BDR	3分			
	6．配置 OSPF 区域验证和链路验证	6分			
	7．配置 RIP 与 OSPF 路由相互发布	8分			
	8．配置 EIGRP 路由和 OSPF 路由的相互发布	8分			
	9．对配置信息与配置文件的管理	4分			
	小计：50 分				
职业素养	1．设备操作规范	2分			
	2．清晰的配置故障排查思路	2分			
	3．信息检索和报告书写能力	3分			
	4．治学态度与行为作风	3分			
	小计：10 分				
团队协作	1．独立思考和分析问题的能力	3分			
	2．团队合作意识	3分			
	3．团队合作解决问题的能力	4分			
	小计：10 分				
姓名：	班级：	总分：			
教师签字：	日期：	组：	组长签字：		

实训 3-1　交换机的配置

【实训目的】

1. 了解 VLAN 的概念及优点。
2. 掌握创建 VLAN 的方法。
3. 理解并配置端口的 Trunk 模式和 Access 模式。
4. 掌握将端口指定给 VLAN 的方法。
5. 理解 VTP 的作用及配置方法。
6. 理解 STP/RSTP 的作用及配置方法。
7. 掌握路由器物理端口 VLAN 间路由转发的配置方法。
8. 掌握独臂路由的配置方法。
9. 掌握采用三层交换机实现 VLAN 间路由的方法。
10. 理解 RSTP 负载均衡的作用及配置方法。
11. 掌握边缘端口的配置方法。
12. 测试网络连通性。

【实训环境】

网建公司希望新来的实习生小李能尽快掌握交换机的配置方法。项目经理李明让实习师傅张工为其构建了两个网络拓扑（见图 3-1 和图 3-2）：要求按图 3-1 所示，通过路由器完成 VLAN 间路由功能以及 STP/RSTP 的配置；按图 3-2 所示实现三层路由及 RSTP 负载均衡。

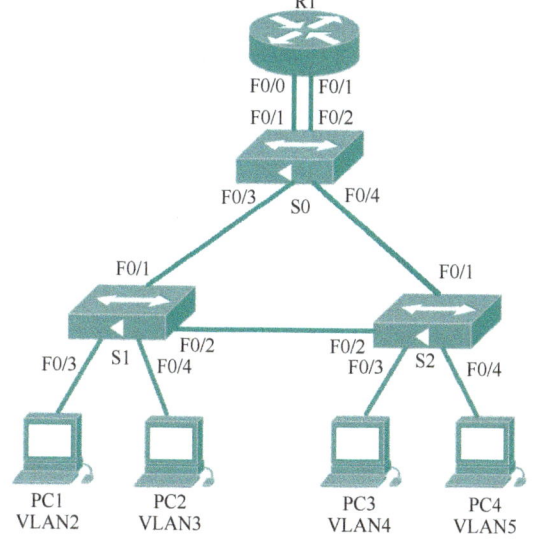

图 3-1　通过路由器实现 VLAN 间路由功能

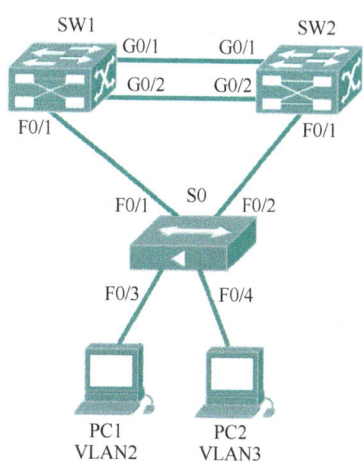

图 3-2　三层路由及 RSTP 负载均衡

【实训要求】

1．按照图 3-1 完成设备间的线缆连接。
2．在交换机 S0 上创建 VLAN 2～5。
3．将图 3-1 中各设备间的链路配置为 Trunk 链路。
4．在图 3-1 中，设置交换机 S0 的 VTP 模式为 Server，交换机 S1 和 S2 为 VTP Client 模式。
5．设置 3 台交换机的 VTP 域名为 abc，口令为 xyz，启用 VTP 修剪功能，VTP 版本为第 2 版。
6．按图 3-1 将端口指定给 VLAN。
7．按图 3-1，给交换机配置 RSTP。
8．修改权限，将交换机 S0 设置为根桥。
9．将图 3-1 中与计算机相连的交换机端口设置为边缘端口。
10．自行规划 VLAN 2～5 的 SVI 地址。
11．按照图 3-1 配置使用路由器物理端口来实现 VLAN 间路由的转发。
12．修改拓扑，去掉 F0/1 到 F0/2 的物理端口链路。
13．配置独臂路由，实现 VLAN 间路由功能。
14．自行规划各 PC 的 IP 地址和路由器端口地址，并测试相互间的连通性，检查采用路由器物理端口和子端口的 VLAN 间路由。
15．测试网络连通性。
16．保存配置信息。
17．按照图 3-2 完成设备间的线缆连接。
18．在交换机 S0 上创建 VLAN，并设 VTP 模式为 Server，交换机 SW1 和 SW2 为 Client，VTP 域名为 abc，口令为 xyz，启用 VTP 修剪功能，VTP 版本为 2。
19．按图 3-2 将交换机端口指定给 VLAN。
20．自行规划并配置两台三层交换机 SW1 和 SW2，为各个 VLAN 指定 SVI 地址。
21．配置三层交换机实现 VLAN 间路由。
22．配置 RSTP 负载均衡：为 VLAN 2 在交换机 SW1 上指定优先级为 4096，在交换机 SW2 上指定优先级为 8192；为 VLAN3 在交换机 SW1 上指定优先级为 8192，在交换机 SW2 上指定优先级为 4096。
23．查看交换机的 RSTP 信息。
24．测试网络连通性。
25．保存配置信息。
26．完成实训报告。

【学习评价】

能力与素质	评价指标	分值	自评	互评	师评
交换机配置基础知识	1. VLAN 的特性及优点	3 分			
	2. 交换机端口工作模式	2 分			
	3. 基于三层交换机的 VLAN 间路由	3 分			
	4. 基于路由器物理端口的 VLAN 间路由	3 分			
	5. 独臂路由	3 分			
	6. 路由器与三层交换机的区别	2 分			
	7. VTP	4 分			
	8. STP/RSTP	4 分			
	9. 交换机端口状态与端口类型	4 分			
	10. 交换机新增端口类型	2 分			
	小计：30 分				
交换机的配置与调试能力	1. 根据拓扑图搭建实验环境	3 分			
	2. 网络的基本配置	3 分			
	3. VLAN 的基本配置	5 分			
	4. 查看和分析 VLAN 信息	4 分			
	5. 基于三层交换机的 VLAN 间路由	5 分			
	6. 基于路由器物理端口的 VLAN 间路由	5 分			
	7. 独臂路由的配置	5 分			
	8. 配置 VLAN 中继协议	6 分			
	9. 配置 STP	3 分			
	10. 配置 RSTP	4 分			
	11. 配置 RSTP 负载均衡	4 分			
	12. 对配置信息与配置文件的管理	3 分			
	小计：50 分				
职业素养	1. 设备操作规范	2 分			
	2. 清晰的配置故障排查思路	2 分			
	3. 信息检索和报告书写能力	3 分			
	4. 治学态度与行为作风	3 分			
	小计：10 分				
团队协作	1. 独立思考和分析问题的能力	3 分			
	2. 团队合作意识	3 分			
	3. 团队合作解决问题的能力	4 分			
	小计：10 分				
姓名：	班级：	总分：			
教师签字：	日期：	组：	组长签字：		

实训 3-2　配置 HSRP

【实训目的】

1．理解设备冗余的含义。
2．掌握 HSRP 的工作过程。
3．掌握 HSRP 的配置方法。
4．掌握配置 HSRP 优先级和抢占的方法。
5．掌握配置端口跟踪的方法。
6．掌握 HSRP 的验证方法。
7．了解故障切换功能。

【实训环境】

网建公司希望新来的实习生小李能尽快掌握关于 HSRP 的配置方法。项目经理李明让实习师傅张工为其构建了网络拓扑（见图 3-3）：由两台三层交换机 SW1 和 SW2 组成一个热备组，其虚拟 IP 地址为 192.168.3.254。要求小李按照要求完成网络配置。

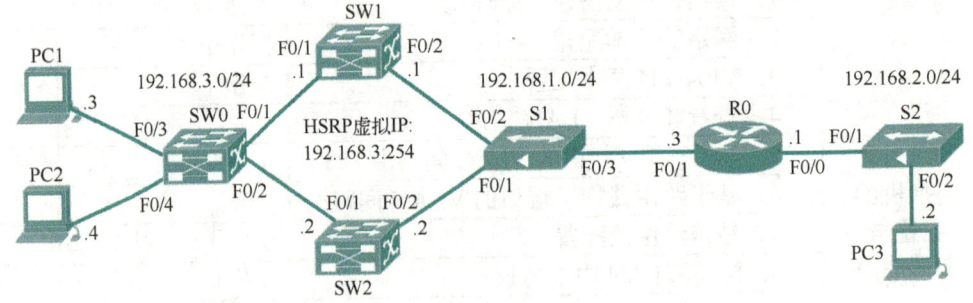

图 3-3　配置 HSRP

【实训要求】

1．按照图 3-3 完成设备间的线缆连接。
2．交换机 SW0、SW1 和 SW2 均是三层交换机，但交换机 SW0 只充当二层交换机，不启动三层路由功能。
3．完成各 PC 的配置，其中 PC1 和 PC2 的网关地址为 HSRP 的虚拟 IP 地址。
4．完成交换机和路由器的基本配置。
5．配置 OSPF，保证网络的基本连通性。
6．在交换机 SW1 和 SW2 上配置 HSRP，HSRP 热备组号为 10。
7．在交换机 SW1 和 SW2 上配置 HSRP 优先级和抢占，SW1 配置为 HSRP 活动路由器，优先级配置为 105。
8．在交换机 SW1 和 SW2 上配置端口跟踪功能。
9．在 SW1 和 SW2 上的使用 show standby 命令来验证交换机的 HSRP 信息。
10．测试连通性：在 PC1 和 PC2 上 ping PC3，并跟踪 PC1 和 PC2 到 PC3 的路由。
11．在活动路由器 SW1 上使链路中断，再次在 SW1 和 SW2 上使用 show standby

命令来验证交换机的 HSRP 信息。

12. 测试连通性：在 PC1 和 PC2 上 ping PC3，并跟踪 PC1 和 PC2 到 PC3 的路由。
13. 保存配置信息。
14. 完成实训报告。

【学习评价】

能力与素质	评价指标	分值	自评	互评	师评
HSRP 基础知识	1．HSRP 热备组	5 分			
	2．HSRP 虚拟路由器	5 分			
	3．HSRP 活动路由器与备份路由器	8 分			
	4．HSRP 的工作过程	6 分			
	5．HSRP 优先级和抢占	6 分			
	小计：30 分				
HSRP 的配置与调试能力	1．根据拓扑图搭建实验环境	5 分			
	2．网络的基本配置	4 分			
	3．配置路由协议保证连通性	5 分			
	4．配置 HSRP 及优先级和抢占	12 分			
	5．配置端口跟踪功能	6 分			
	6．验证交换机的 HSRP 信息	4 分			
	7．连通性测试及路由跟踪	4 分			
	8．制造故障条件后，进行连通性测试及路由跟踪	6 分			
	9．对配置信息与配置文件的管理	4 分			
	小计：50 分				
职业素养	1．设备操作规范	2 分			
	2．清晰的配置故障排查思路	2 分			
	3．信息检索和报告书写能力	3 分			
	4．治学态度与行为作风	3 分			
	小计：10 分				
团队协作	1．独立思考和分析问题的能力	3 分			
	2．团队合作意识	3 分			
	3．团队合作解决问题的能力	4 分			
	小计：10 分				
姓名：	班级：		总分：		
教师签字：	日期：		组：	组长签字：	

实训 4-1　配置无线网络

【实训目的】

1. 了解无线网络的优点。
2. 了解无线网络连接互联网的方式。
3. 了解无线网络中 SSID 的作用。
4. 了解无线网络的加密方法。
5. 掌握无线网络的配置方法。
6. 掌握无线终端的配置方法。
7. 测试无线网络的连通性。

【实训环境】

无线网络在七彩数码集团内部的很多地方都需要使用,因此网建公司希望新来的实习生小李能尽快掌握关于无线网络的配置方法。项目经理李明让实习师傅张工为其构建了网络拓扑(见图 4-1):在企业的办公室或会议室中,一般无线路由器都是安装在墙上,通过 RJ45 接口与交换机相连,然后再连接路由器。要求小李按照拓扑图完成无线网络的配置。

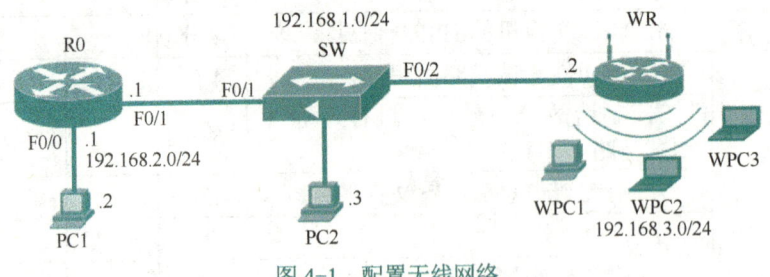

图 4-1　配置无线网络

【实训要求】

1. 按图 4-1 完成网络线缆的连接。
2. 按图 4-1 配置路由器 R0。
3. 配置无线路由器。由于是在局域网中接入无线路由器,因此采用 Static 方式指定外网地址。
4. 将 DNS 地址配置为本地电信的 DNS 地址。
5. 启用 DHCP 功能,最大可接入用户数为 50 人。
6. 设置无线网络 SSID 名为 CQCET。
7. 无线网络模式采用 Mixed。
8. 安全模式采用 WAP2 Personal,加密方式采用 AES 方式,密码设置为

1357qq!!。

9．按图 4-1 配置 PC1 和 PC2 的 IP 地址，将 WPC1、WPC2 和 WPC3 设置为自动获取 IP 地址。

10．测试无线设备 WPC 与 PC1、PC2 的连通性。

11．完成实训报告。

【学习评价】

能力与素质	评价指标	分值	自评	互评	师评
无线网络基础知识	1．无线局域网的优点	4 分			
	2．无线局域网的拓扑结构与标位	6 分			
	3．无线局域网的安全	8 分			
	4．无线局域网的应用环境	6 分			
	5．无线路由器的安放位置	6 分			
	小计：30 分				
无线网络的配置与调试能力	1．根据拓扑图搭建实验环境	5 分			
	2．无线网络的基本配置	6 分			
	3．规划无线路由器的安放位置	6 分			
	4．配置无线局域网	15 分			
	5．配置无线终端	5 分			
	6．无线网络验证及故障排查	8 分			
	7．对配置信息与配置文件的管理	5 分			
	小计：50 分				
职业素养	1．设备操作规范	2 分			
	2．清晰的配置故障排查思路	2 分			
	3．信息检索和报告书写能力	3 分			
	4．治学态度与行为作风	3 分			
	小计：10 分				
团队协作	1．独立思考和分析问题的能力	3 分			
	2．团队合作意识	3 分			
	3．团队合作解决问题的能力	4 分			
	小计：10 分				
姓名：	班级：		总分：		
教师签字：	日期：		组：	组长签字：	

实训 4-2　配置 DHCP

【实训目的】
1. 了解 DHCP 的工作过程。
2. 掌握 DHCP 服务器的配置过程。
3. 掌握 DHCP 中继的配置过程。
4. 掌握 DHCP 客户端的配置过程。
5. 掌握验证 DHCP 功能的方法。

【实训环境】
重庆分公司员工众多，时常有人反映 IP 地址冲突导致无法使用，这引起了公司经理的注意，经理要求网络管理员小张彻底解决这个问题。小张分析了公司的网络情况：原网络中计算机的 IP 地址是采用手工分配的，计算机数量多导致 IP 地址手工分配容易出错，引起 IP 地址产生冲突。为了不增加公司的办公成本，决定在网络中心的一台路由器上配置 DHCP 服务，实现为办公计算机自动分配 IP 地址。网络拓扑如图 4-2 所示。

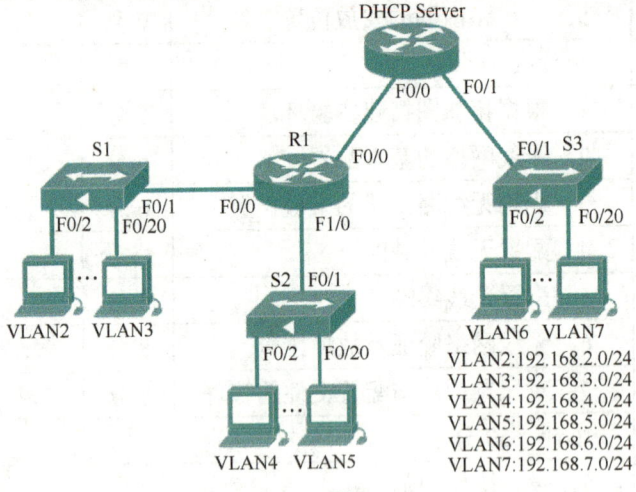

图 4-2　配置 DHCP

【实训要求】
1. 按图 4-2 完成网络线缆连接。
2. 按图 4-2 完成网络的基本配置。
3. 在网络中配置 RIP，完成网络连通性配置。
4. 分别在交换机 S1、S2 和 S3 上配置图 4-2 所示的 VLAN 信息，将端口划分到不同的 VLAN 中。
5. 配置 VLAN 间路由功能，使各 VLAN 能相互通信，其中每个 VLAN 中可用的最后一个地址作为 VLAN 内计算机网关地址。
6. 按图 4-2 所示，在 DHCP Server 路由器上关闭日志冲突，配置 DHCP 服务，为每个 VLAN 配置 DHCP 地址池，将每个 VLAN 中的最后 5 个地址配置地址保留，用于 VLAN 内计算机的网关和各部门公用设备固定分配使用，DNS 地址是 114.114.114.114，租约期限为默认。

7. 在路由器 R1 上配置 DHCP 中继。
8. 配置各 PC 为 DHCP 方式自动获取 IP 地址。
9. 检查各 PC 获取 IP 地址的情况，并相互间进行连通性测试。
10. 保存配置文件。
11. 完成实训报告。

【学习评价】

能力与素质	评价指标	分值	自评	互评	师评
DHCP 基础知识	1. DHCP 的优点	6 分			
	2. DHCP 的工作过程	9 分			
	3. DHCP 地址池	5 分			
	4. DHCP 中继	5 分			
	5. DHCP 客户端	5 分			
	小计：30 分				
DHCP 的配置与调试能力	1. 根据拓扑图搭建实验环境	5 分			
	2. 网络的基本配置	5 分			
	3. 配置 DHCP 服务器	12 分			
	4. 配置 DHCP 中继	5 分			
	5. 配置 DHCP 客户端 PC	5 分			
	6. 查看 PC 上获取的 IP 地址	5 分			
	7. 测试网络连通性及故障排查	8 分			
	8. 对配置信息与配置文件的管理	5 分			
	小计：50 分				
职业素养	1. 设备操作规范	2 分			
	2. 清晰的配置故障排查思路	2 分			
	3. 信息检索和报告书写能力	3 分			
	4. 治学态度与行为作风	3 分			
	小计：10 分				
团队协作	1. 独立思考和分析问题的能力	3 分			
	2. 团队合作意识	3 分			
	3. 团队合作解决问题的能力	4 分			
	小计：10 分				
姓名：	班级：		总分：		
教师签字：	日期：		组：	组长签字：	

实训 5-1　配置 NAT

【实训目的】

1. 了解 NAT 的工作原理及类型。
2. 掌握静态 NAT 的作用及配置过程。
3. 掌握静态 NAT 的访问测试方法。
4. 掌握 PAT 的作用及配置过程。
5. 掌握 PAT 的访问测试方法。

【实训环境】

网建公司希望新来的实习生小李能尽快掌握 NAT 技术。项目经理李明让实习师傅张工为其构建了一个网络拓扑（见图 5-1）：内网有两台服务器，需要向外网用户提供访问，内网用户因工作需要访问外网。假设已申请了少量公网 IP 地址，现要求小李按照拓扑图完成网络配置。

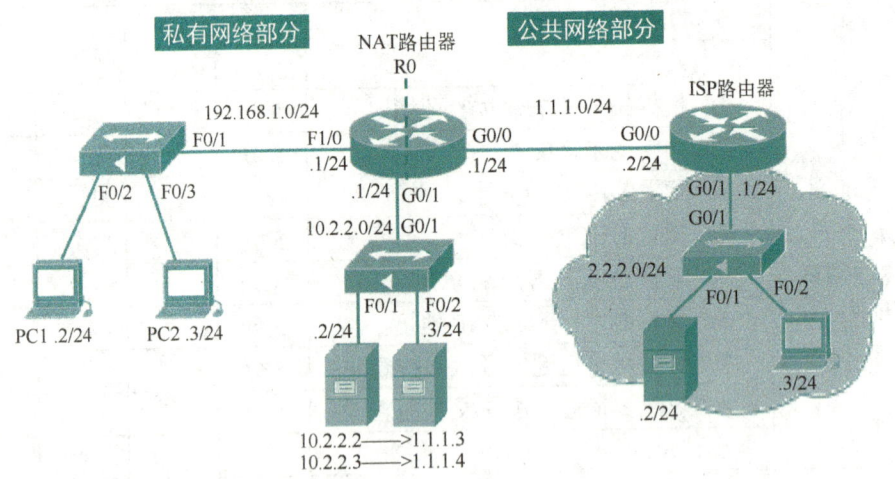

图 5-1　配置 NAT

【实训要求】

1. 按图 5-1 完成网络线缆的连接。
2. 按图 5-1 完成网络中各设备的基本配置。
3. 在边界路由器 R0 上配置默认路由。
4. 按图 5-1 所示的 IP 地址转换要求，在边界路由器上配置静态 NAT，使外网 PC 能访问内网服务器。
5. 测试外网 PC 是否能 ping 通内网服务器。
6. 按图 5-1 所示的 IP 地址配置 PAT，使内网 PC 能访问外网服务器。
7. 测试内网主机是否能 ping 通外网服务器。

8. 查看边界路由器 R0 上的地址转换条目并分析地址转换情况。
9. 保存配置文件。
10. 完成实训报告。

【学习评价】

能力与素质	评价指标	分值	自评	互评	师评
NAT 基础知识	1. 私网地址与公网地址	6 分			
	2. NAT 的优缺点	5 分			
	3. NAT 涉及的术语	4 分			
	4. 动态 NAT	5 分			
	5. 端口地址转换（PAT）	5 分			
	6. 静态 NAT	5 分			
	小计：30 分				
NAT 的配置与调试能力	1. 根据拓扑图搭建实验环境	5 分			
	2. 网络的基本配置	5 分			
	3. 配置静态 NAT	7 分			
	4. 配置 PAT	7 分			
	5. 配置动态 NAT	7 分			
	6. 查看地址转换条目	6 分			
	7. 测试网络连通性及故障排查	8 分			
	8. 对配置信息与配置文件的管理	5 分			
	小计：50 分				
职业素养	1. 设备操作规范	2 分			
	2. 清晰的配置故障排查思路	2 分			
	3. 信息检索和报告书写能力	3 分			
	4. 治学态度与行为作风	3 分			
	小计：10 分				
团队协作	1. 独立思考和分析问题的能力	3 分			
	2. 团队合作意识	3 分			
	3. 团队合作解决问题的能力	4 分			
	小计：10 分				
姓名：	班级：		总分：		
教师签字：	日期：		组：	组长签字：	

实训 5-2　配置 PPP 封装与 CHAP 验证

【实训目的】

1．了解 PPP 的特点。
2．掌握 PPP 的配置过程。
3．配置链路压缩。
4．配置链路捆绑。
5．理解 CHAP 验证的三次握手。
6．理解 CHAP 的验证过程。
7．掌握 CHAP 三种验证方式的配置过程。
8．验证上述配置。

【实训环境】

网建公司希望新来的实习生小李能尽快掌握 PPP 的相关配置。项目经理李明让实习师傅张工为其构建了一个网络拓扑（见图 5-2）：两台路由器采用两条串行链路相连。要求小李按照拓扑图完成 PPP 的相关配置。

图 5-2　配置 PPP

【实训要求】

1．按图 5-2 完成网络线缆的连接。
2．在两台路由器串口上配置 PPP 封装，启用多链路捆绑，并将物理端口加入到多链路捆绑中。
3．按图 5-2 创建多链路捆绑，组号为 1，并配置 IP 地址。
4．在多链路端口上配置预压缩。
5．在多链路端口上启用 CHAP 验证，要求采用不使用路由器主机名为用户名的双向验证方式。其中路由器 R1 发向路由器 R2 采用的用户名是 abc，路由器 R2 发向路由器 R1 采用的用户名是 cba，双方预共享密码是 aabb。
6．在配置过程中，注意观察路由器串口变化的报告信息，并做好记录。
7．验证测试过程：①将路由器 R1 端链路的封装方式改为 HDLC；②在 R1 中将本地验证数据库中的用户名改为 ccc；③在 R1 中将预共享密码改为 bbaa；④在链路端口中采用不同的压缩方式。对这些验证测试结果进行分析，然后恢复到正确配置。
8．保存配置文件。
9．完成实训报告。

【学习评价】

能力与素质	评价指标	分值	自评	互评	师评
PPP 基础知识	1. PPP 的作用	4 分			
	2. PPP 的子层	4 分			
	3. 二层封装协议类型	4 分			
	4. PPP 压缩	3 分			
	5. PPP 链路捆绑	3 分			
	6. PAP 的验证	4 分			
	7. CHAP 的验证过程	8 分			
	小计：30 分				
PPP 的配置与调试能力	1. 根据拓扑图搭建实验环境	4 分			
	2. 网络的基本配置	4 分			
	3. 配置 PPP	3 分			
	4. 配置压缩	3 分			
	5. 配置链路捆绑	5 分			
	6. CHAP 单向验证的配置	7 分			
	7. 配置 CHAP 两端使用路由器主机名为用户名的双向验证	7 分			
	8. 配置 CHAP 两端不使用路由器主机名为用户名的双向验证	7 分			
	9. PPP 验证调试	5 分			
	10. 对配置信息与配置文件的管理	5 分			
	小计：50 分				
职业素养	1. 设备操作规范	2 分			
	2. 清晰的配置故障排查思路	2 分			
	3. 信息检索和报告书写能力	3 分			
	4. 治学态度与行为作风	3 分			
	小计：10 分				
团队协作	1. 独立思考和分析问题的能力	3 分			
	2. 团队合作意识	3 分			
	3. 团队合作解决问题的能力	4 分			
	小计：10 分				
姓名：	班级：		总分：		
教师签字：	日期：		组：	组长签字：	

实训 6-1 配置 ACL

【实训目的】

1. 了解 ACL 的功能。
2. 掌握标准 ACL 的配置方法。
3. 掌握扩展 ACL 的配置方法。
4. 掌握时间 ACL 的配置方法。
5. 掌握动态 ACL 的配置方法。
6. 验证 ACL 功能。

【实训环境】

网建公司希望新来的实习生小李能尽快掌握 ACL 的配置方法。项目经理李明让实习师傅张工为其构建了一个网络拓扑（见图 6-1）：假设某公司的网络中有 3 台服务器，需要在网络中配置 ACL 以提高服务器访问的安全性。要求小李按照拓扑图完成 ACL 的相关配置。

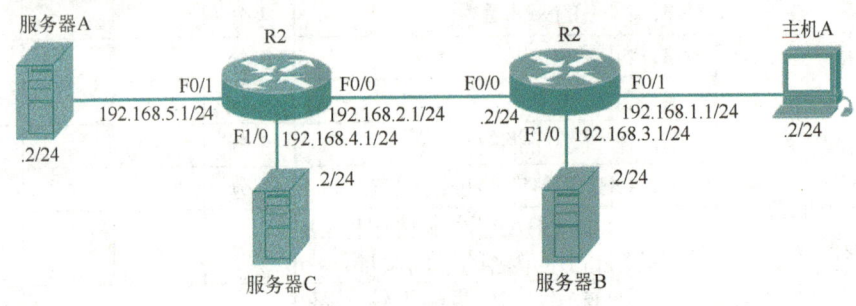

图 6-1 配置 ACL

【实训要求】

1. 按图 6-1 完成网络拓扑的搭建，并以及网络的基本配置，包括各设备的 IP 地址和路由协议的配置，确保网络的基本连通性。

2. 配置标准 ACL，拒绝网络 192.168.1.0 访问服务器 A 所在子网，但是允许网络 192.168.1.0 访问服务器 B 和服务器 C 所在子网。

3. 配置扩展 ACL，使主机 A 能够访问服务器 A 的 FTP 服务，但不允许主机 A ping 通服务器 A；允许主机 A ping 通服务器 B 和服务器 C 所在子网。

4. 验证上述 ACL 功能。

5. 删除前面配置的 ACL，但不删除基本配置。

6. 配置基于时间的 ACL，要求主机 A 在工作时间（周一到周五上午 9 点到下午 6 点）能够访问服务器 A 的 FTP 服务，其余时间主机 A 不能访问这台服务器。

7. 配置动态 ACL，要求主机 A 在访问服务器 B 的 Web 服务和服务器 C 的 Mail 服务前进行身份验证，如果身份合法，则允许主机 A 访问服务器 B 和服务器 C。要求在路由器上建立本地验证数据库，用户名为 abc，密码为 xyz。

8. 验证上述 ACL 功能。

9．保存配置信息。
10．完成实训报告。

【学习评价】

能力与素质	评价指标	分值	自评	互评	师评
ACL 基础知识	1．ACL 的工作过程与类型	2 分			
	2．通配符掩码	4 分			
	3．标准 ACL	7 分			
	4．扩展 ACL	7 分			
	5．ACL 的放置位置	3 分			
	6．基于时间的 ACL	4 分			
	7．动态 ACL	3 分			
	小计：30 分				
ACL 的配置与调试能力	1．根据拓扑图搭建实验环境	5 分			
	2．网络的基本配置	5 分			
	3．配置标准 ACL	8 分			
	4．配置扩展 ACL	8 分			
	5．配置基于时间的 ACL	7 分			
	6．配置动态 ACL	6 分			
	7．ACL 验证调试	6 分			
	8．对配置信息与配置文件的管理	5 分			
	小计：50 分				
职业素养	1．设备操作规范	2 分			
	2．清晰的配置故障排查思路	2 分			
	3．信息检索和报告书写能力	3 分			
	4．治学态度与行为作风	3 分			
	小计：10 分				
团队协作	1．独立思考和分析问题的能力	3 分			
	2．团队合作意识	3 分			
	3．团队合作解决问题的能力	4 分			
	小计：10 分				
姓名：	班级：		总分：		
教师签字：	日期：	组：	组长签字：		

实训 6-2　网络安全管理

【实训目的】

1．掌握配置交换机口令的方法。
2．掌握重置交换机口令的方法。
3．掌握备份与恢复交换机 IOS 的方法。
4．掌握配置信息的备份与恢复的方法。
5．掌握交换机端口安全配置的方法。

【实训环境】

网建公司希望新来的实习生小李能尽快掌握网络设备安全管理的相关配置。项目经理李明让其实习师傅张工为其构建了一个网络拓扑（见图 6-2）：在某企业网络过渡期，采用了一台集线器与交换机端口相连，同时使用了一台计算机 PC1 作为终端设备使用 Console 线与交换机相连，并且将 PC1 作为 TFTP 服务器用于存放交换机 IOS 的备份。要求小李按照拓扑图完成网络的安全配置。

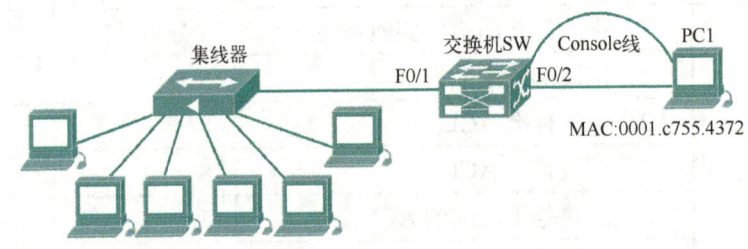

图 6-2　网络安全管理配置

【实训要求】

1．配置交换机 SW 的 Console 线访问口令为 abc。
2．配置进入特权模式口令，采用 secret 方式配置口令为 xyz。
3．对交换机 SW 进行口令重置，重置后新口令为 wxyz。
4．在交换机 SW 上配置远程登录，并在 PC1 上下载 TFTP 服务软件，为备份 IOS 及配置文件做好准备。
5．将交换机 SW 的 IOS 备份到 PC1 上，交换机的管理 IP 地址与 PC1 的 IP 地址自行设定。
6．将备份到 PC1 上的交换机 SW 的 IOS 还原到交换机 SW 上。
7．将交换机 SW 的配置信息备份到 PC1 上。
8．将备份到 PC1 上的交换机 SW 的配置信息还原到交换机 SW 上。
9．配置交换机端口安全，对交换机 SW 的 F0/2 端口采用手工配置合法 MAC 地址的方式，配置图 6-2 所示的 MAC 地址，该端口只能与该 MAC 地址的主机 PC1 相连。当产生违规时，关闭该端口。
10．配置交换机端口安全，将交换机 SW 的 F0/1 端口配置为 MAC 地址自动记录的方式，最多允许记录前 6 个 MAC 地址。如果产生违规，该端口仍然转发违规数据帧，但是向交换机的控制台发送相关信息。

11．验证上述配置。
12．保存配置信息。
13．完成实训报告。

【学习评价】

能力与素质	评价指标	分值	自评	互评	师评
设备安全管理基础知识	1．Console 线访问口令	4 分			
	2．特权模式口令	4 分			
	3．口令重置	6 分			
	4．IOS 的备份与恢复	5 分			
	5．配置的备份与恢复	5 分			
	6．交换机端口安全	6 分			
	小计：30 分				
设备安全管理配置与调试能力	1．根据拓扑图搭建实验环境	5 分			
	2．网络的基本配置	5 分			
	3．配置 TFTP 服务器	5 分			
	4．备份与恢复 IOS	6 分			
	5．备份与恢复配置信息	6 分			
	6．配置交换机端口安全	10 分			
	7．查看与验证交换机端口安全	8 分			
	8．对配置信息与配置文件的管理	5 分			
	小计：50 分				
职业素养	1．设备操作规范	2 分			
	2．清晰的配置故障排查思路	2 分			
	3．信息检索和报告书写能力	3 分			
	4．治学态度与行为作风	3 分			
	小计：10 分				
团队协作	1．独立思考和分析问题的能力	3 分			
	2．团队合作意识	3 分			
	3．团队合作解决问题的能力	4 分			
	小计：10 分				
姓名：	班级：		总分：		
教师签字：	日期：	组：	组长签字：		